디지털 공학실험

최병철 · 이근만
고재원 · 김재일 공저

북스힐

머 리 말

오늘날의 정보화 사회에서 디지털기술은 전자 및 컴퓨터 관련 분야에서 핵심기술로서 큰 영향을 미치고 있으며 다른 산업분야에서도 응용기술로서 광범위하게 확산되어 가고 있다. 이러한 디지털기술을 활용하기 위해서는 디지털공학의 기본이론을 이해한 후 실험을 통하여 응용능력을 기르는 것이 무엇보다 중요하다.

본 교재는 전문대학 또는 대학과정의 전자, 전기, 컴퓨터, 정보통신 분야의 기초과목인 디지털공학의 실험교재로서 활용될 수 있을 뿐만 아니라 디지털기술을 필요로 하는 관련 산업 종사자들이 전자공학에 대한 전문적인 지식이 없어도 실험을 통하여 디지털기술을 습득할 수 있도록 배려하였다. 따라서 실험에 사용되는 디지털회로의 구성방법과 동작원리를 충분히 이해할 수 있도록 관련이론을 상세히 설명하였으며 실험내용도 기본이론에 대한 기초실험에서부터 상용화된 집적회로를 응용할 수 있는 응용실험까지 실무 적응능력을 높이기 위한 단계별 실험을 할 수 있도록 구성하였다.

본 교재는 15개의 실험으로 구성되어 있고, 실험 1에서 실험 9까지는 각종 게이트 및 다양한 조합논리회로에 대한 실험을 다루고 있으며 실험 10에서 실험 15까지는 플립플롭으로 구성되는 순서논리회로에 대한 실험을 다루고 있다.

본 교재의 미비한 부분이나 새로운 분야들에 대해서는 추후 보완해 나갈 것을 약속드리며 본 교재가 출판되기까지 심혈을 기울여 주신 북스힐 임직원 여러분과 많은 도움을 준 주위 분들께 감사를 드립니다.

저자 씀

차　례

실험 1

AND, OR 및 NOT 게이트

1. 목 적

AND, OR 및 NOT 게이트의 기본 논리기능을 이해하고 실험을 통하여 기본 게이트의 동작 특성을 확인한다.

2. 이 론

디지털회로는 입출력의 상태가 HIGH나 LOW만으로 표현되는 소자들로 구성되며, 이러한 디지털회로의 논리동작은 부울대수의 기본연산인 AND, OR 및 NOT 연산을 사용하여 표현될 수 있다. 기본 논리동작을 수행하도록 다이오드, 트랜지스터, 저항들의 소자를 사용하여 구성한 디지털회로를 논리게이트라 하며, 기본 논리게이트에는 AND, OR 및 NOT 게이트가 있다.

(1) AND 게이트

AND 게이트는 모든 논리 기능을 구성하는데 필요한 기본 게이트 중 하나로 2개 이상의 입력을 가지며 AND 연산을 수행한다.

그림 1-1은 2입력 AND 게이트의 논리기호와 진리표이다.

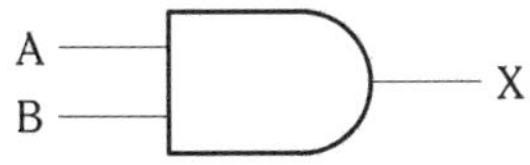

(a) 논리기호

A	B	X
0	0	0
0	1	0
1	0	0
1	1	1

(b) 진 리 표

그림 1-1 2입력 AND 게이트

AND 게이트는 입력이 모두 HIGH일 때만 출력이 HIGH이고, 입력 중 하나라도 LOW이면 출력은 LOW가 된다. 입력이 A, B이고 출력이 X인 2입력 AND 게이트의 논리식은 X=AB로 표현된다. AND 연산은 2개이상의 입력을 갖는 AND 게이트에 대해서도 적용될 수 있다.

그림 1-2는 3입력 AND 게이트의 논리기호와 진리표이다.

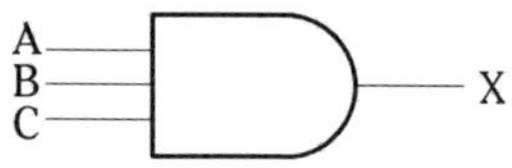

(a) 논리기호

A	B	C	X
0	0	0	0
0	0	1	0
0	1	0	0
0	1	1	0
1	0	0	0
1	0	1	0
1	1	0	0
1	1	1	1

(b) 진 리 표

그림 1-2 3입력 AND 게이트

입력이 모두 1일 때만 출력이 1이고, 그 외에는 출력이 0이다. 3입력 AND 게이트의 논리식은 X=ABC로 표현된다.

논리회로에 대한 진리표는 입력의 모든 논리상태 조합과 대응하는 출력의 상태를 나타낸 것이다. 진리표의 왼쪽에는 모든 입력조합을 표시하며, 오른쪽에는 출력을 표시한다. 진리표는 여러 입력에 대해서도 확장될 수 있고, N입력 진리표의 모든 입력 조합의 수는 2^N이다.

(2) OR 게이트

OR 게이트는 모든 논리 기능을 구성하는데 필요한 기본 게이트 중의 하나로 2개 이상의 입력을 가지며 OR 연산을 수행한다.

그림 1-3은 2입력 OR 게이트의 논리기호와 진리표이다.

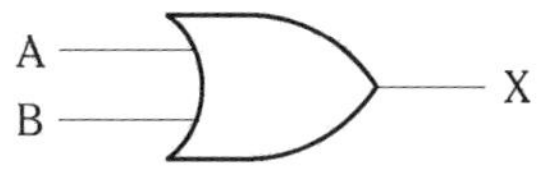

(a) 논리기호

A	B	X
0	0	0
0	1	1
1	0	1
1	1	1

(b) 진 리 표

그림 1-3 2입력 OR 게이트

OR 게이트는 입력 중 어느 하나라도 HIGH이면 출력이 HIGH이고, 입력이 모두 LOW일 때만 출력은 LOW가 된다. 입력이 A, B이고 출력이 X인 2입력 OR 게이트의 논리식은 X=A+B로 표현된다. 입력이 2개이상인 경우도 마찬가지이다.

그림 1-4는 3입력 OR 게이트의 논리기호와 진리표이다.

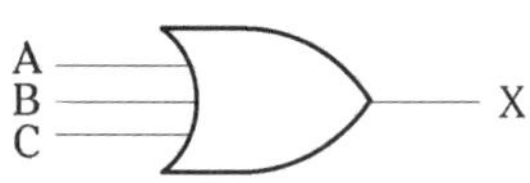

(a) 논리기호

A	B	C	X
0	0	0	0
0	0	1	1
0	1	0	1
0	1	1	1
1	0	0	1
1	0	1	1
1	1	0	1
1	1	1	1

(b) 진 리 표

그림 1-4 3입력 OR 게이트

하나 이상의 입력이 1이면 출력이 1이고, 모든 입력이 0일 때만 출력은 0이 된다. 3입력 OR 게이트의 논리식은 X=A+B+C로 표현된다.

(3) NOT 게이트

NOT 게이트는 모든 논리 기능을 구성하는데 필요한 기본 게이트중의 하나로 인버터라고도 하며 항상 1개의 입력만 가지고 NOT 연산을 수행한다.
그림 1-5는 NOT 게이트의 논리기호와 진리표이다.

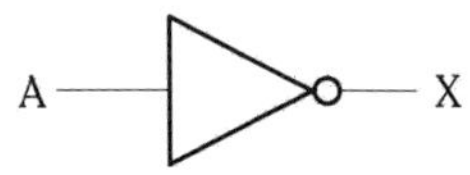

(a) 논리기호

A	X
0	1
1	0

(b) 진 리 표

그림 1-5 NOT 게이트

NOT 게이트는 입력 변수가 하나라는 점에서 AND 게이트나 OR 게이트와는 다르다. 입력이 HIGH일 때 출력이 LOW이고, 입력이 LOW이면 출력은 HIGH가 된다. 입력이 A이고 출력이 X인 NOT 게이트의 논리식은 $X = \overline{A}$ 로 표현된다. 인버터는 1의 보수회로를 구성하는데 이용될 수 있다. 그림 1-6은 인버터를 이용하여 구성한 1의 보수회로이다.

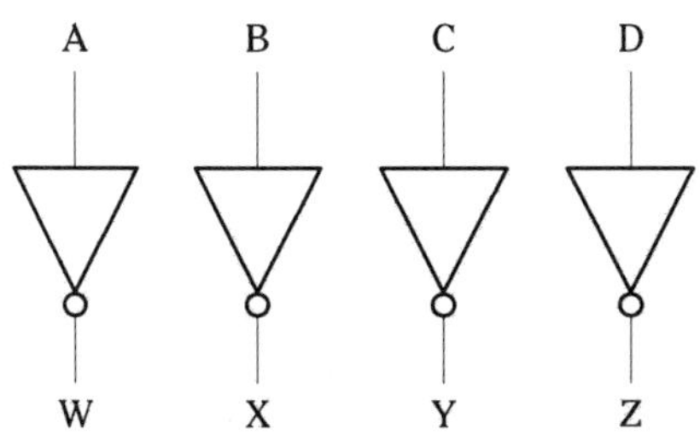

그림 1-6 인버터를 이용한 1의 보수회로

2진수의 각 비트들이 인버터의 입력에 인가되면 2진수의 1의 보수가 출력된다.

3. 사용기기 및 부품

- 디지털실험장치
- 74LS04 인버터

- 74LS08 2입력 AND 게이트
- 74LS11 3입력 AND 게이트
- 74LS32 OR 게이트

4. 실험방법

(1) 그림 1-7과 같은 2입력 AND 게이트의 입력에 대한 출력의 상태를 측정하여 표 1-1에 기록하시오.

표 1-1

A	B	X
0	0	
0	+5	
+5	0	
+5	+5	

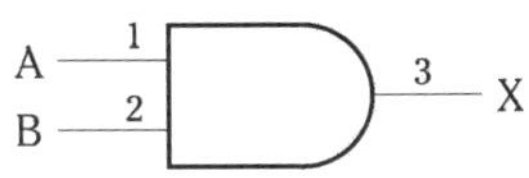

그림 1-7 2입력 AND 게이트

(2) 그림 1-8의 회로를 구성하고 입력에 대한 출력의 상태를 측정하여 표 1-2에 기록하시오.

표 1-2

A	B	C	X
0	0	0	
0	0	+5	
0	+5	0	
0	+5	+5	
+5	0	0	
+5	0	+5	
+5	+5	0	
+5	+5	+5	

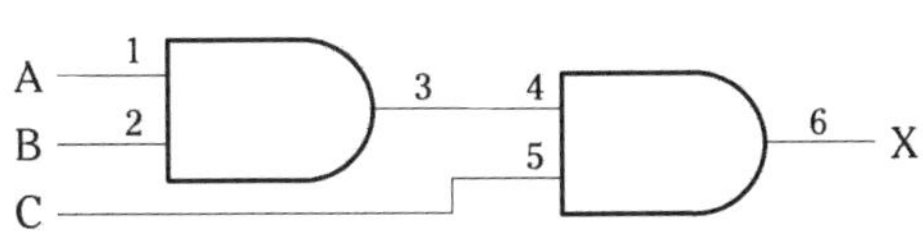

그림 1-8 3입력 AND 회로

(3) 그림 1-9와 같은 3입력 AND 게이트의 입력에 대한 출력의 상태를 측정하여 표 1-3에 기록하시오.

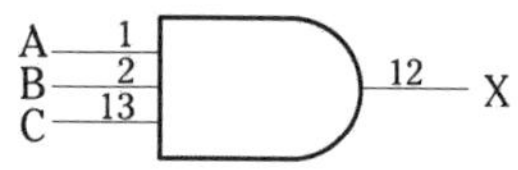

그림 1-9 3입력 AND 게이트

표 1-3

A	B	C	X
0	0	0	
0	0	+5	
0	+5	0	
0	+5	+5	
+5	0	0	
+5	0	+5	
+5	+5	0	
+5	+5	+5	

(4) 그림 1-10과 같은 2입력 OR 게이트의 입력에 대한 출력의 상태를 측정하여 표 1-4에 기록하시오.

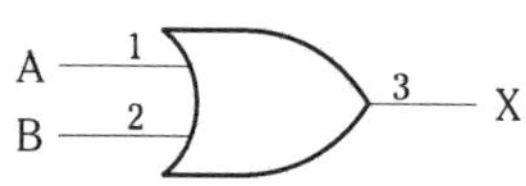

그림 1-10 2입력 OR 게이트

표 1-4

A	B	X
0	0	
0	+5	
+5	0	
+5	+5	

(5) 그림 1-11의 회로를 구성하고 입력에 대한 출력의 상태를 측정하여 표 1-5에 기록하시오.

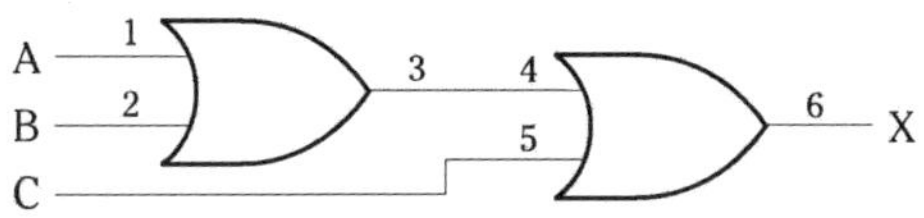

그림 1-11 3입력 OR 회로

표 1-5

A	B	C	X
0	0	0	
0	0	+5	
0	+5	0	
0	+5	+5	
+5	0	0	
+5	0	+5	
+5	+5	0	
+5	+5	+5	

(6) 그림 1-12와 같은 NOT 게이트의 입력에 대한 출력의 상태를 측정하여 표 1-6에 기록하시오.

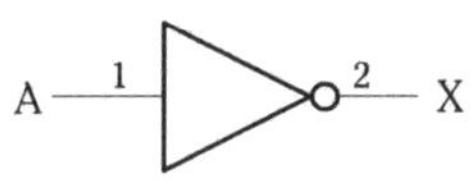

그림 1-12 NOT 게이트

표 1-6

A	X
0	
+5	

(7) 그림 1-13의 회로를 구성하고 입력에 대한 출력의 상태를 측정하여 표 1-7에 기록하시오.

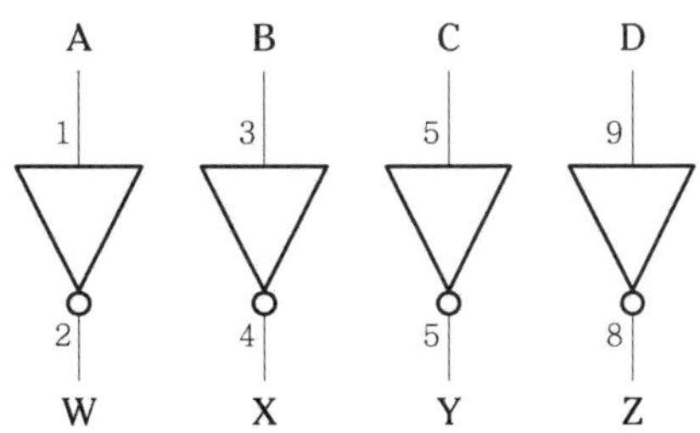

그림 1-13 1의 보수회로

표 1-7

A	B	C	D	W	X	Y	Z
0	0	0	0				
0	0	+5	+5				
0	+5	0	+5				
0	+5	+5	+5				
+5	0	0	+5				
+5	0	+5	+5				
+5	+5	0	+5				
+5	+5	+5	+5				

AND, OR 및 NOT 게이트

학과 :	학년 :	번호 :	조 :	성명 :

[예비보고사항]

(1) 디지털회로에서 HIGH상태와 LOW상태의 전압범위에 대해서 설명하시오.

(2) 2입력 AND 게이트의 진리표를 작성하시오.

(3) 3입력 OR 게이트의 진리표를 작성하시오.

(4) 1의 보수에 대해서 설명하시오.

AND, OR 및 NOT 게이트

학과 : 학년 : 번호 : 조 : 성명 :

[실험결과]

표 1-1R

A	B	X
0	0	
0	+5	
+5	0	
+5	+5	

표 1-2R

A	B	C	X
0	0	0	
0	0	+5	
0	+5	0	
0	+5	+5	
+5	0	0	
+5	0	+5	
+5	+5	0	
+5	+5	+5	

표 1-3R

A	B	C	X
0	0	0	
0	0	+5	
0	+5	0	
0	+5	+5	
+5	0	0	
+5	0	+5	
+5	+5	0	
+5	+5	+5	

표 1-4R

A	B	X
0	0	
0	+5	
+5	0	
+5	+5	

표 1-6R

A	X
0	
+5	

표 1-5R

A	B	C	X
0	0	0	
0	0	+5	
0	+5	0	
0	+5	+5	
+5	0	0	
+5	0	+5	
+5	+5	0	
+5	+5	+5	

표 1-7R

A	B	C	D	W	X	Y	Z
0	0	0	0				
0	0	+5	+5				
0	+5	0	+5				
0	+5	+5	+5				
+5	0	0	+5				
+5	0	+5	+5				
+5	+5	0	+5				
+5	+5	+5	+5				

[검토사항]

(1) 표 1-1R과 2입력 AND 게이트의 진리표를 비교하시오.

(2) 표 1-2R과 표 1-3R을 비교하여 동일한 논리기능을 수행함을 확인하시오.

(3) 표 1-4R과 2입력 OR 게이트의 진리표를 비교하시오.

(4) 표 1-5R로부터 3입력 OR 게이트의 논리기능을 확인하시오.

실험 2

NAND 및 NOR 게이트

1. 목 적

NAND 및 NOR 게이트의 구성과 논리기능을 이해하고 실험을 통하여 NAND 및 NOR 게이트의 동작특성을 확인한다.

2. 이 론

디지털회로에서 NAND 및 NOR 게이트는 광범위하게 사용되고 있으며, 이 게이트들은 AND, OR 및 NOT 게이트를 결합하여 구성할 수 있다.

(1) NAND 게이트

NAND 게이트는 AND 게이트와 인버터가 결합된 것으로 AND 게이트의 출력이 반전되어 나타난다.

그림 2-1은 2입력 NAND 게이트의 논리기호와 진리표이다. .

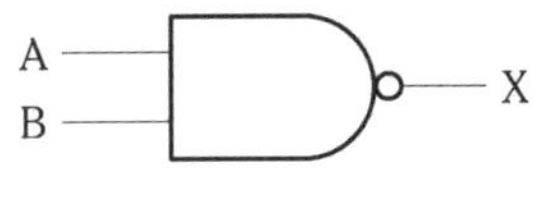

(a) 논리기호

A	B	X
0	0	1
0	1	1
1	0	1
1	1	0

(b) 진 리 표

그림 2-1 2입력 NAND 게이트

NAND 게이트는 모든 입력이 HIGH일 때만 LOW이고, 입력 중 어느 하나라도 LOW이면 출력은 HIGH가 된다. 2입력 NAND 게이트의 논리식은 $X=\overline{AB}$ 이며, NAND 게이트의 출력에는 AND 게이트의 출력이 반전됨을 의미하는 작은 원이 부착되어 있다.

(2) NAND 게이트의 일반성

NAND 게이트는 여러 논리기능을 수행하기 때문에 유용한 논리소자이다. 즉, NAND 게이트로 AND, OR 및 NOT 게이트를 구현할 수 있다.

그림 2-2는 NAND 게이트에 의한 AND, OR 및 NOT 게이트의 구현을 나타내고 있다.

그림 2-2(a)는 인버터의 기능을 수행하기 위해 NAND 게이트의 모든 입력을 묶어서 하나의 입력 A로 연결한 것이다. 출력 $X=\overline{A \cdot A}=\overline{A}$ 이므로 NAND 게이트는 인버터로 사용된다.

그림 2-2(b)는 AND 게이트의 기능을 수행하기 위해 2개의 NAND 게이트를 연결한 것이다. 뒤의 NAND 게이트는 인버터로 사용되어 앞 NAND 게이트의 출력을 반전시킨다. 출력 $X=\overline{\overline{AB}}=AB$이므로 AND 게이트의 기능을 한다.

그림 2-2(c)는 OR 게이트의 기능을 수행하기 위해 3개의 NAND 게이트를 연결하여 구성한 것이다. 앞의 두 NAND 게이트는 인버터로 사용되어 입력 A와 B를 반전시킨다. 출력 $X=\overline{\overline{A} \cdot \overline{B}}$ 이고, 드 모르강의 정리를 적용하면 $A+B$이므로 OR 게이트의 기능을 한다.

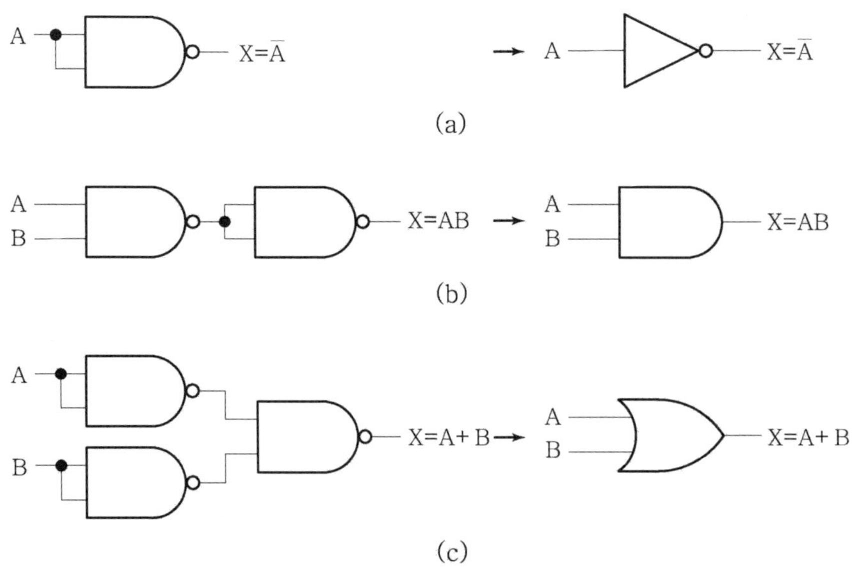

그림 2-2 NAND 게이트에 의한 AND, OR 및 NOT 게이트의 구현

AND, OR 및 NOT 게이트에 의해 구현될 수 있는 논리식은 단지 NAND 게이트만으로도 구현될 수 있다. 예로서 X = AB + CD는 그림 2-3과 같이 두 회로로 구현될 수 있다.

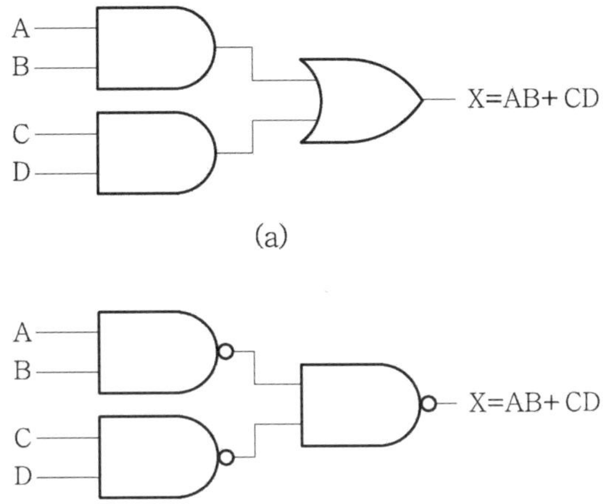

(b)

그림 2-3 X=AB+CD의 구현회로

그림 2-3(a)는 주어진 논리식대로 회로를 구현한 것으로 2개의 AND 게이트와 1개의 OR 게이트가 사용되므로 74LS08과 74LS32의 집적회로가 하나씩 필요하다. 그림 2-3(b)는 NAND 게이트만으로 회로를 구현한 것으로 3개의 NAND 게이트가 사용되므로 하나의 74LS00 집적회로가 필요하다.

(3) NOR 게이트

NOR 게이트는 OR 게이트와 인버터가 결합된 것으로 OR 게이트의 출력이 반전되어 나타난다.

그림 2-4는 2입력 NOR 게이트의 논리기호와 진리표이다.

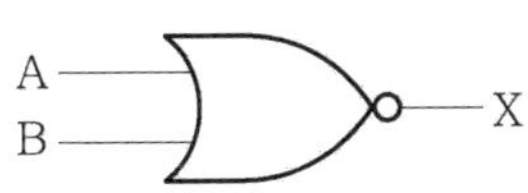

(a) 논리기호

A	B	X
0	0	1
0	1	0
1	0	0
1	1	0

(b) 진 리 표

그림 2-4 2입력 NOR 게이트

NOR 게이트는 모든 입력이 LOW일 때만 출력이 HIGH이고, 입력 중 어느 하나라도 HIGH이면 출력은 LOW가 된다. 2입력 NOR 게이트의 논리식은 $X=\overline{A+B}$이고, NOR 게이트의 논리기호에는 OR 게이트의 출력이 반전됨을 의미하는 작은 원이 부착되어 있다.

(4) NOR 게이트의 일반성

NOR 게이트도 NAND 게이트와 마찬가지로 여러 논리기능을 수행하기 때문에 유용한 논리소자이다. 즉, NOR 게이트로 AND, OR 및 NOT 게이트를 구현할 수 있다.

그림 2-5는 NOR 게이트에 의한 AND, OR 및 NOT 게이트의 구현을 나타내고 있다.

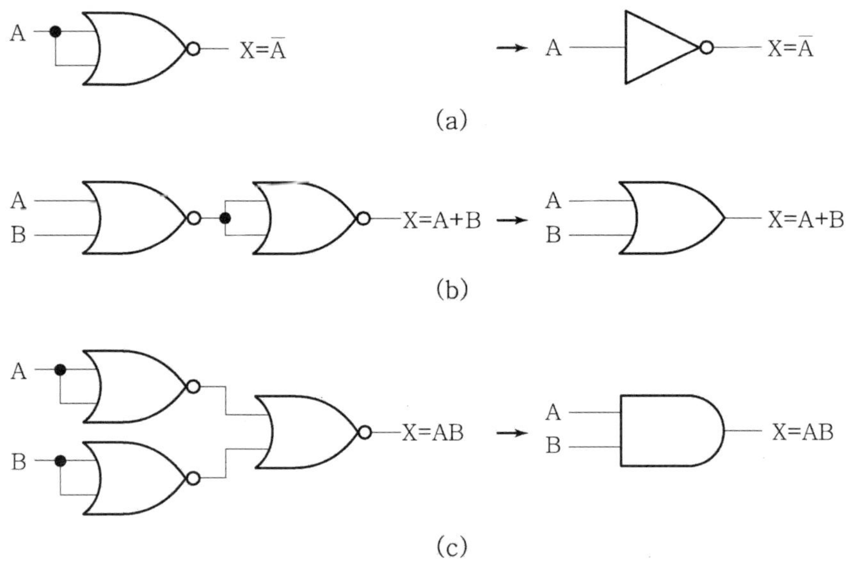

그림 2-5 NOR 게이트에 의한 AND, OR 및 NOT 게이트의 구현

그림 2-5(a)는 인버터의 기능을 수행하기 위해 NOR 게이트의 모든 입력을 묶어서 하나의 입력 A로 연결한 것이다. 출력 $X=\overline{A+A}=\overline{A}$이므로 NOR 게이트는 인버터로 사용된다.

그림 2-5(b)는 OR 게이트의 기능을 수행하기 위해 2개의 NOR 게이트를 연결한 것이다. 앞의 NOR 게이트는 인버터의 역할을 하므로 뒤 NOR 게이트의 출력을 반전시킨다. 출력 $X=\overline{\overline{A+B}}=A+B$이므로 OR 게이트의 기능을 한다.

그림 2-5(c)는 AND 게이트의 기능을 수행하기 위해 3개의 NOR 게이트를 연결하여 구성한 것이다. 앞의 두 NOR 게이트는 인버터로 사용되어 입력 A와 B를 반전시킨다. 출력 $X = \overline{\overline{A} + \overline{B}}$ 이고, 드 모르강의 정리를 적용하면 AB이므로 AND 게이트의 기능을 한다.

3. 사용기기 및 부품

- 디지털실험장치
- 74LS00 NAND 게이트
- 74LS02 NOR 게이트
- 74LS04 인버터
- 74LS08 AND 게이트
- 74LS32 OR 게이트

4. 실험방법

(1) 그림 2-6과 같은 2입력 NAND 게이트의 입력에 대한 출력의 상태를 측정하여 표 2-1에 기록하시오.

그림 2-6 2입력 NAND 게이트

표 2-1

A	B	X
0	0	
0	+5	
+5	0	
+5	+5	

(2) 그림 2-7과 같은 2입력 NOR 게이트의 입력에 대한 출력의 상태를 측정하여 표 2-2에 기록하시오.

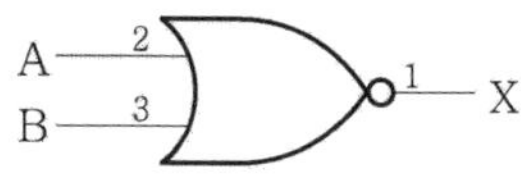

그림 2-7 2입력 NOR 게이트

표 2-2

A	B	X
0	0	
0	+5	
+5	0	
+5	+5	

(3) 그림 2-8(a), (b)의 회로를 구성하고 각각의 입력에 대한 출력의 상태를 측정하여 표 2-3에 기록하시오.

그림 2-8 인버터 기능

표 2-3

A	X	Y
0		
+5		

(4) 그림 2-9(a), (b)의 회로를 구성하고 각각의 입력에 대한 출력의 상태를 측정하여 표 2-4에 기록하시오.

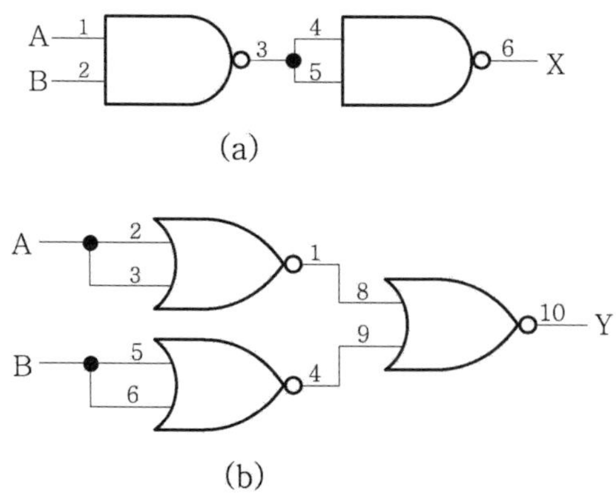

그림 2-9 AND 게이트 기능

표 2-4

A	B	X	Y
0	0		
0	+5		
+5	0		
+5	+5		

(5) 그림 2-10(a), (b)의 회로를 구성하고 각각의 입력에 대한 출력의 상태를 측정하여 표 2-5에 기록하시오.

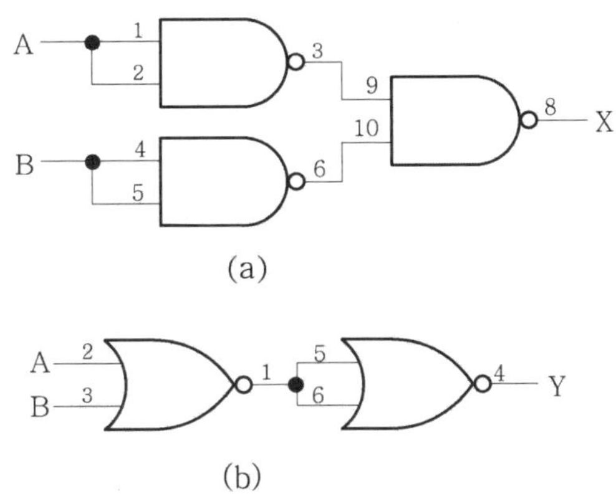

그림 2-10 OR 게이트 기능

표 2-5

A	B	X	Y
0	0		
0	+5		
+5	0		
+5	+5		

(6) 그림 2-11(a), (b)의 회로를 구성하고 각각의 입력에 대한 출력의 상태를 측정하여 표 2-6에 기록하시오.

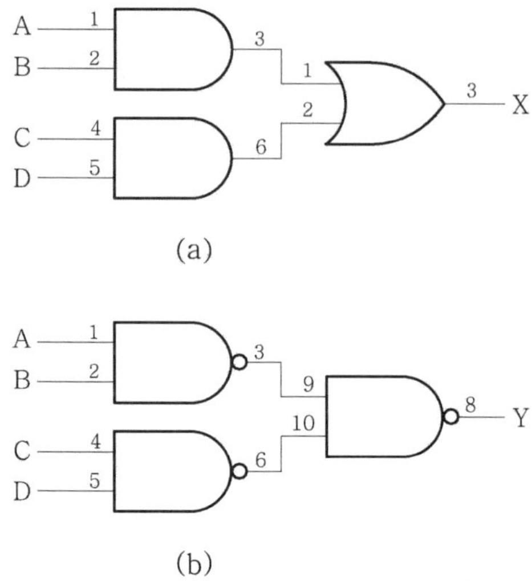

그림 2-11 AB+CD의 구현회로

표 2-6

A	B	C	D	X	Y
0	0	0	0		
0	0	+5	0		
0	+5	0	+5		
0	+5	+5	+5		
+5	0	0	+5		
+5	0	+5	+5		
+5	+5	0	0		
+5	+5	+5	+5		

NAND 및 NOR게이트

학과 :	학년 :	번호 :	조 :	성명 :

[예비보고사항]

(1) NAND 게이트와 NOR 게이트의 진리표를 작성하시오.

(2) 진리표를 이용하여 그림 2-2(C)의 두 회로가 동일한 논리기능을 수행함을 증명하시오.

(3) 그림 2-3의 두 회로가 동일한 논리기능을 수행함을 증명하시오.

(4) 진리표를 이용하여 그림 2-5(C)의 두 회로가 동일한 논리기능을 수행함을 증명하시오.

NAND 및 NOR게이트

학과 : 학년 : 번호 : 조 : 성명 :

[실험결과]

표 2-1R

A	B	X
0	0	
0	+5	
+5	0	
+5	+5	

표 2-2R

A	B	X
0	0	
0	+5	
+5	0	
+5	+5	

표 2-3R

A	X	Y
0		
+5		

표 2-4R

A	B	X	Y
0	0		
0	+5		
+5	0		
+5	+5		

표 2-5R

A	B	X	Y
0	0		
0	+5		
+5	0		
+5	+5		

표 2-6R

A	B	C	D	X	Y
0	0	0	0		
0	0	+5	0		
0	+5	0	+5		
0	+5	+5	+5		
+5	0	0	+5		
+5	0	+5	+5		
+5	+5	0	0		
+5	+5	+5	+5		

[검토사항]

(1) 표 2-1R과 2입력 NAND 게이트의 진리표를 비교하시오.

(2) 표 2-2R과 2입력 NOR 게이트의 진리표를 비교하시오.

(3) 표 2-4R로부터 AND 게이트의 기능을 비교하시오.

(4) 표 2-6R로부터 두 회로의 논리기능을 비교하시오.

실험 3

Exclusive-OR 및 Exclusive-NOR 게이트

1. 목 적

Exclusive-OR 및 Exclusive-NOR 게이트의 구성방법과 논리기능을 이해하고 실험을 통하여 Exclusive-OR 게이트에 대한 동작특성을 확인한다.

2. 이 론

디지털회로에서 Exclusive-OR 게이트와 Exclusive-NOR 게이트는 여러 응용분야에서 광범위하게 사용되고 있으며, 이 게이트들은 AND, OR 및 NOT 게이트를 조합하여 구성할 수 있다.

(1) Exclusive-OR 게이트

Exclusive-OR 게이트는 AND, OR 및 NOT 게이트의 조합으로 구성할 수 있으나, 많은 응용분야에서 이러한 논리기능이 중요하기 때문에 고유의 논리기호를 가진 논리소자로 취급된다.

그림 3-1은 Exclusive-OR 게이트의 논리기호와 진리표이다.

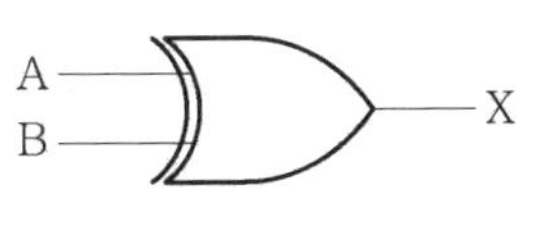

(a) 논리기호

A	B	X
0	0	0
0	1	1
1	0	1
1	1	0

(b) 진 리 표

그림 3-1 Exclusive-OR 게이트

Exclusive-OR 게이트는 2개의 입력이 같을 때 LOW를 출력하고, 서로 다를 때 HIGH를 출력한다. 2개의 입력이 A, B이고 출력이 X인 Exclusive-OR 게이트의 논리식은 $X=\overline{A}B+A\overline{B}$ 이고, 간단히 $X=A\oplus B$로 표현된다. 여기서 $\oplus$는 Exclusive-OR 연산을 의미한다. Exclusive-OR 게이트는 단지 두개의 입력만을 갖고 있으며, XOR 게이트 또는 EOR 게이트로 표현된다.

(2) Exclusive-OR 게이트의 구성

Exclusive-OR 게이트는 논리식 $X=\overline{A}B+A\overline{B}$에 따라서 AND 게이트, OR 게이트 및 인버터를 사용하여 구성할 수 있을 뿐만 아니라 논리식을 다른 형태로 변형함으로써 NAND 게이트 또는 NOR 게이트만을 사용하여 구성할 수도 있다. 그림 3-2는 다양한 Exclusive-OR 게이트의 구성을 나타내고 있다.

그림 3-2(a)는 AND, OR 및 NOT 게이트를 사용한 구성이고, 그림 3-2(b)는 NAND 게이트만

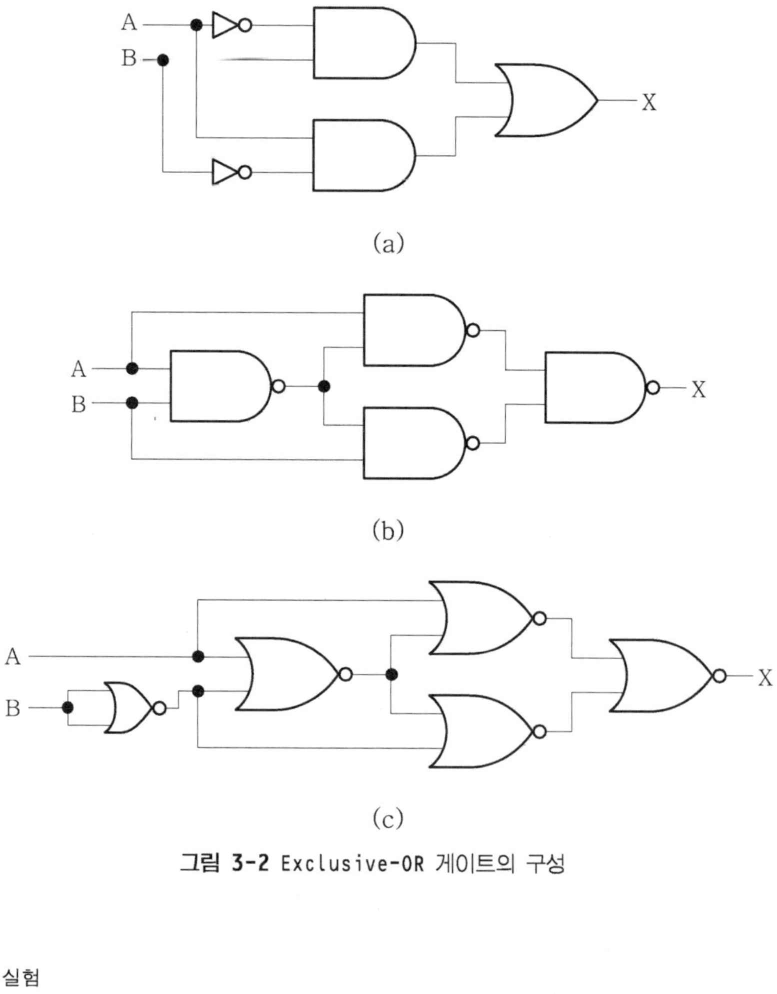

그림 3-2 Exclusive-OR 게이트의 구성

을 사용한 구성이고, 그림 3-2(c)는 NOR 게이트만을 사용한 구성이다.

(3) Exclusive-NOR 게이트

Exclusive-NOR 게이트는 Exclusive-OR 게이트와 반대로 동작하는 게이트로서, AND, OR 및 NOT 게이트의 조합으로 구성할 수 있다.

그림 3-3은 Exclusive-NOR 게이트의 논리기호와 진리표이다.

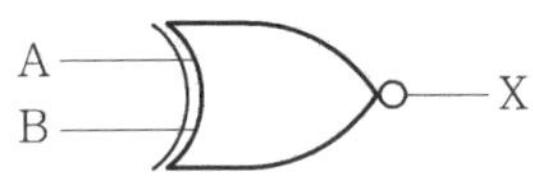

(a) 논리기호

A	B	X
0	0	1
0	1	0
1	0	0
1	1	1

(b) 진 리 표

그림 3-3 Exclusive-NOR 게이트

Exclusive-NOR 게이트는 2개의 입력이 같을 때 HIGH를, 서로 다를 때 LOW를 출력한다. 2개의 입력이 A, B이고 출력이 X인 Exclusive-NOR 게이트의 논리식은 $X=\overline{A}\,\overline{B}+AB$이다.

Exclusive-NOR 게이트는 그림 3-4와 같이 구성될 수 있다.

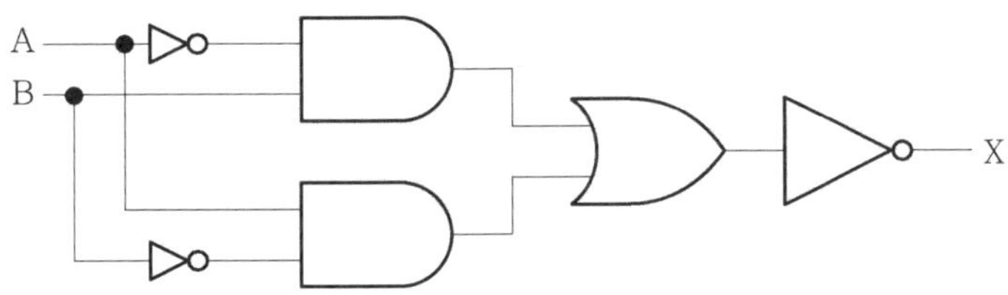

(a)

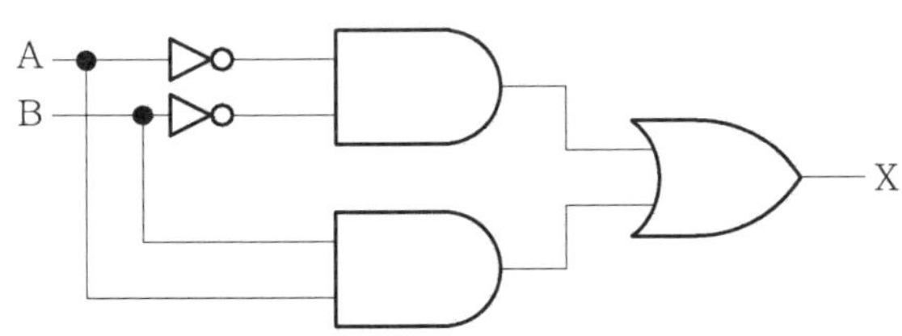

(b)

그림 3-4 Exclusive-NOR 게이트의 구성

그림 3-4(a)는 Exclusive-OR 회로와 인버터로 구성한 것이고, 그림 3-4(b)는 Exclusive-NOR 게이트의 논리식으로부터 직접 구성한 것이다.

(3) Exclusive-OR 게이트의 응용

Exclusive-OR 게이트는 가산기, 크기비교기, 코드변환기 그리고 에러검출에 사용되는 패리티 발생기와 검사기 등의 여러 분야에서 응용되고 있다.

(a) 패리티 발생기와 검사기

디지털코드를 전송할 때 에러가 발생하면 문제를 야기시킬 수 있으므로 대부분의 디지털 시스템은 에러를 검출하기 위해 간단하면서도 효율적인 방법 중의 하나인 패리티 방법을 채택하고 있다. 이 방법에는 전송되는 코드에 한 비트의 패리티 비트를 덧붙여서 전체 1의 개수가 짝수가 되게 하는 짝수 패리티와 홀수가 되게 하는 홀수 패리티가 있다. 에러의 검출방법은 코드를 전송할 때 패리티를 미리 정한 후 전송받은 코드가 정해진 패리티인지 아닌지를 검사한다. 짝수 패리티를 사용하여 코드를 전송할 경우 전송받은 코드를 검사하여 전체 1의 개수가 짝수이면 에러가 발생하지 않았고, 홀수이면 에러가 발생하였음을 알게된다. 패

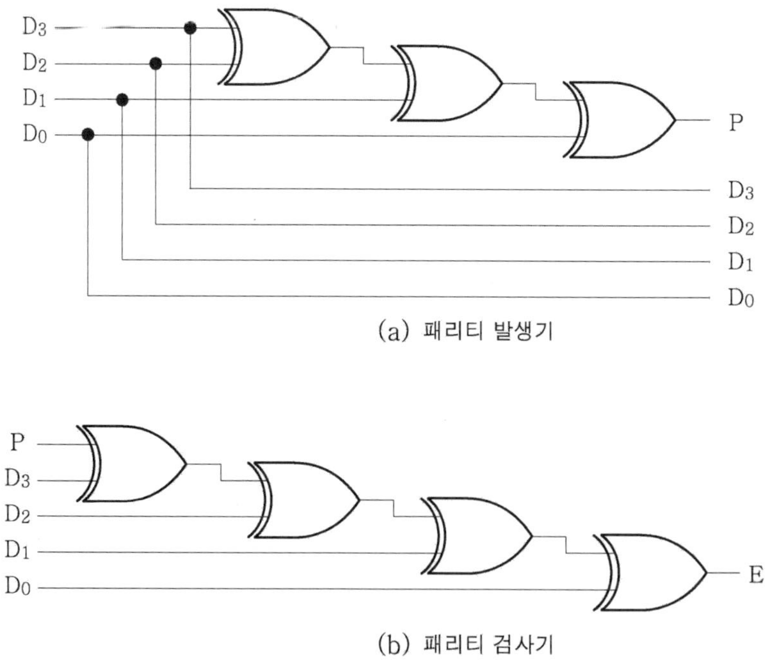

(a) 패리티 발생기

(b) 패리티 검사기

그림 3-5 패리티 발생기와 패리티 검사기

리티 방법은 한 비트의 에러만을 검출할 수 있고, 두 비트에서 에러가 발생했을 경우에는 에러를 검출해내지 못한다.

그림 3-5는 짝수 패리티를 이용한 패리티 발생기와 검사기이다.

그림 3-5(a)의 패리티 발생기에 4비트의 데이터가 입력되면 출력에는 짝수 패리티 P가 발생된다. 이 패리티 비트는 데이터 비트와 함께 총 5비트로 전송된다. 그림 3-5(b)의 패리티 검사기에 5비트(데이터+패리티)가 입력되면 짝수 패리티 여부를 검사하여 에러 출력 E를 출력한다. 출력 E가 0이면 1의 개수가 짝수이므로 에러가 발생하지 않았고, 출력 E가 1이면 1의 개수가 홀수이므로 에러가 발생하였음을 나타낸다. 패리티 발생기와 검사기의 구성에는 짝수 패리티와 홀수 패리티 중 어느 패리티를 사용하여도 무방하나 짝수 패리티가 좀더 많이 사용되고 있다.

3. 사용기기 및 부품

- 디지털실험장치
- 74LS00 NAND 게이트
- 74LS02 NOR 게이트
- 74LS04 인버터
- 74LS08 AND 게이트
- 74LS32 OR 게이트
- 74LS86 Exclusive-OR 게이트

4. 실험방법

(1) 그림 3-6과 같은 Exclusive-OR 게이트의 입력에 대한 출력의 상태를 측정하여 표 3-1에 기록하시오.

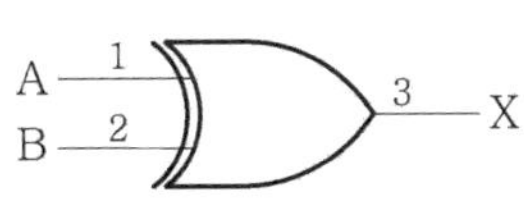

그림 3-6 Exclusive-OR 게이트

표 3-1

A	B	X
0	0	
0	+5	
+5	0	
+5	+5	

(2) 그림 3-7의 회로를 구성하고 입력에 대한 출력의 상태를 측정하여 표 3-2에 기록하시오.

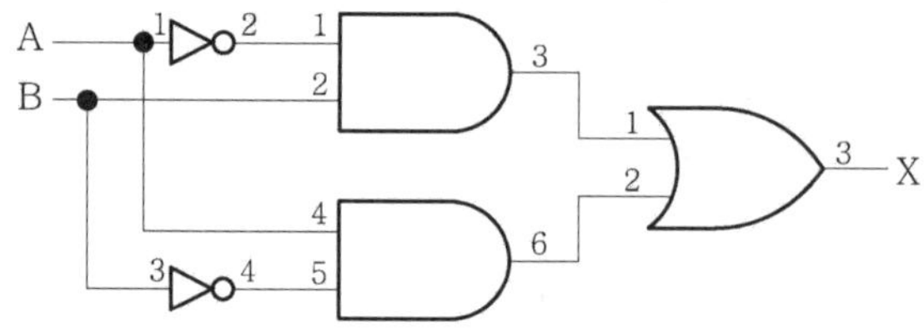

그림 3-7 Exclusive-OR 회로

표 3-2

A	B	X
0	0	
0	+5	
+5	0	
+5	+5	

(3) 그림 3-8의 회로를 구성하고 입력에 대한 출력의 상태를 측정하여 표 3-3 에 기록하시오.

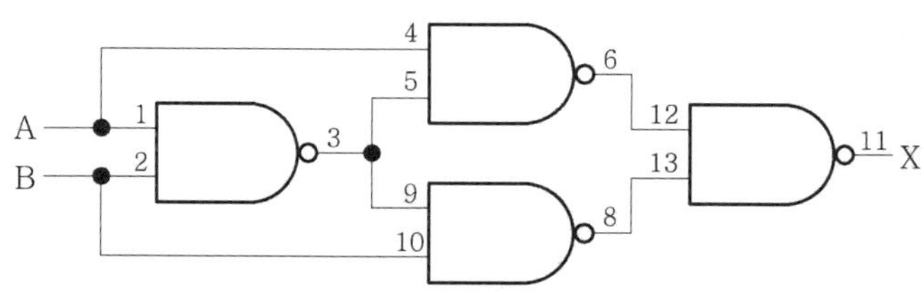

그림 3-8 Exclusive-OR 회로

표 3-3

A	B	X
0	0	
0	+5	
+5	0	
+5	+5	

(4) 그림 3-9의 회로를 구성하고 입력에 대한 출력의 상태를 측정하여 표 3-4에 기록하시오.

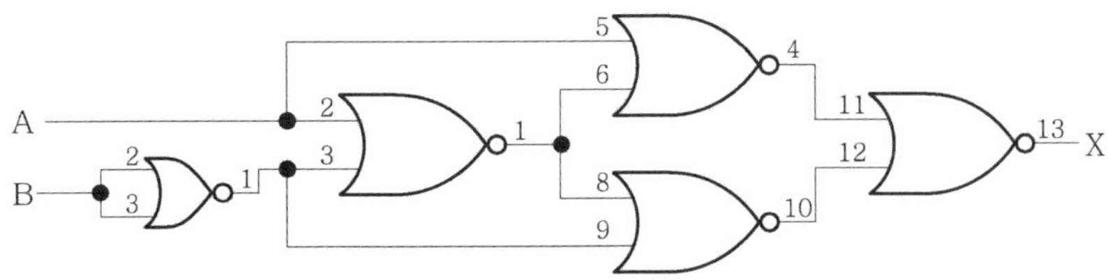

그림 3-9 Exclusive-OR 회로

표 3-4

A	B	X
0	0	
0	+5	
+5	0	
+5	+5	

(5) 그림 3-10의 Exclusive-NOR 회로를 구성하고 입력에 대한 출력의 상태를 측정하여 표 3-5에 기록하시오.

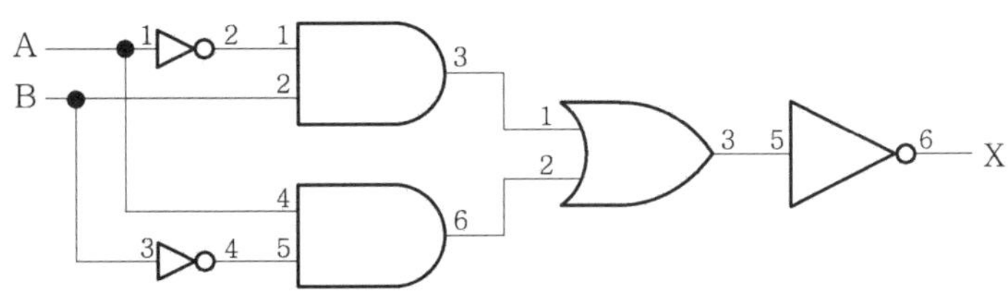

그림 3-10 Exclusive-NOR 회로

표 3-5

A	B	X
0	0	
0	+5	
+5	0	
+5	+5	

(6) 그림 3-11의 회로를 구성하고 입력에 대한 출력의 상태를 측정하여 표 3-6에 기록하시오

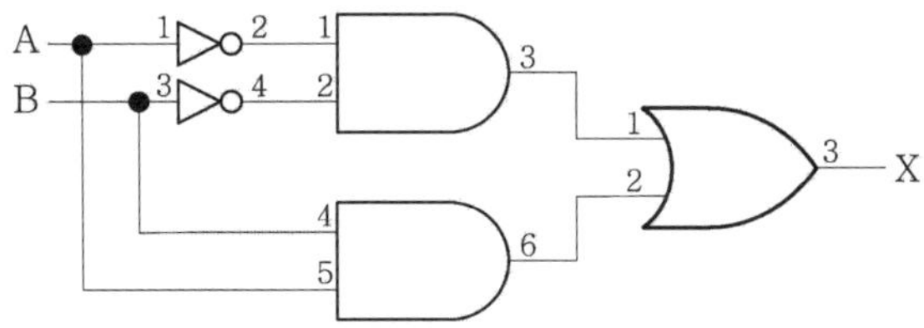

그림 3-11 Exclusive-NOR 회로

표 3-6

A	B	X
0	0	
0	+5	
+5	0	
+5	+5	

(7) 그림 3-12의 패리티 발생기를 구성하고 4비트 데이터에 대해 발생된 패리티 비트를 표 3-7에 기록하시오.

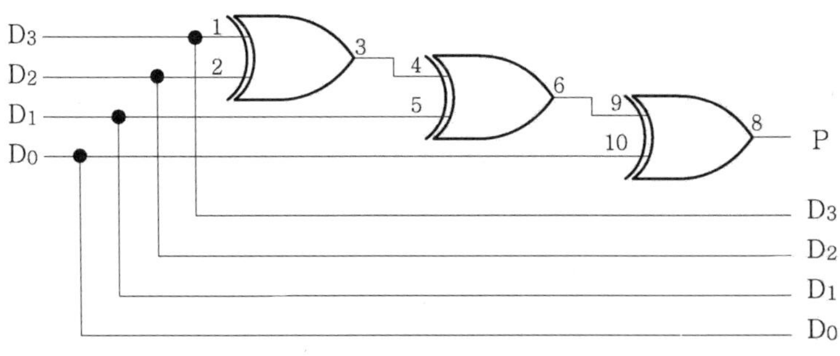

그림 3-12 패리티 발생기

표 3-7

D_3	D_2	D_1	D_0	P
0	0	0	0	
0	0	0	+5	
0	0	+5	0	
0	0	+5	+5	
0	+5	0	0	
0	+5	0	+5	
0	+5	+5	0	
0	+5	+5	+5	
+5	0	0	0	
+5	0	0	+5	
+5	0	+5	0	
+5	0	+5	+5	
+5	+5	0	0	
+5	+5	0	+5	
+5	+5	+5	0	
+5	+5	+5	+5	

(8) 그림 3-13의 패리티 검사기를 구성하고 데이터의 패리티를 검사하여 표 3-8에 기록하시오.

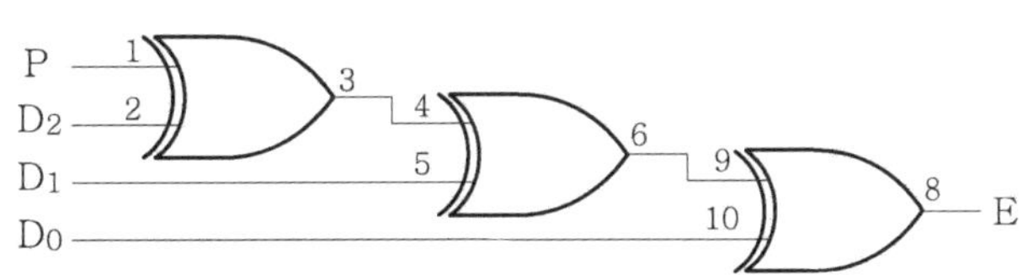

그림 3-13 패리티 검사기

표 3-8

P	D_2	D_1	D_0	E
0	0	0	0	
0	0	0	+5	
0	0	+5	0	
0	0	+5	+5	
0	+5	0	0	
0	+5	0	+5	
0	+5	+5	0	
0	+5	+5	+5	
+5	0	0	0	
+5	0	0	+5	
+5	0	+5	0	
+5	0	+5	+5	
+5	+5	0	0	
+5	+5	0	+5	
+5	+5	+5	0	
+5	+5	+5	+5	

Exclusive-OR 및 Exclusive-NOR 게이트

학과 : 학년 : 번호 : 조 : 성명 :

[예비보고사항]

(1) Exclusive-OR 게이트와 Exclusive-NOR 게이트의 진리표를 작성하시오.

(2) 진리표를 사용하여 그림 3-2(a), (b)의 두 회로가 동일한 논리기능을 수행함을 증명하시오.

(3) 진리표를 사용하여 그림 3-4(a), (b)의 두 회로가 동일한 논리기능을 수행함을 증명하시오.

(4) 패리티 방법에 대해서 설명하시오.

Exclusive-OR 및 Exclusive-NOR 게이트

학과 : 학년 : 번호 : 조 : 성명 :

[실험결과]

표 3-1R

A	B	X
0	0	
0	+5	
+5	0	
+5	+5	

표 3-2R

A	B	X
0	0	
0	+5	
+5	0	
+5	+5	

표 3-3R

A	B	X
0	0	
0	+5	
+5	0	
+5	+5	

표 3-4R

A	B	X
0	0	
0	+5	
+5	0	
+5	+5	

표 3-5R

A	B	X
0	0	
0	+5	
+5	0	
+5	+5	

표 3-6R

A	B	X
0	0	
0	+5	
+5	0	
+5	+5	

표 3-7R

D_3	D_2	D_1	D_0	P
0	0	0	0	
0	0	0	+5	
0	0	+5	0	
0	0	+5	+5	
0	+5	0	0	
0	+5	0	+5	
0	+5	+5	0	
0	+5	+5	+5	
+5	0	0	0	
+5	0	0	+5	
+5	0	+5	0	
+5	0	+5	+5	
+5	+5	0	0	
+5	+5	0	+5	
+5	+5	+5	0	
+5	+5	+5	+5	

표 3-8R

P	D_2	D_1	D_0	E
0	0	0	0	
0	0	0	+5	
0	0	+5	0	
0	0	+5	+5	
0	+5	0	0	
0	+5	0	+5	
0	+5	+5	0	
0	+5	+5	+5	
+5	0	0	0	
+5	0	0	+5	
+5	0	+5	0	
+5	0	+5	+5	
+5	+5	0	0	
+5	+5	0	+5	
+5	+5	+5	0	
+5	+5	+5	+5	

[검토사항]

(1) 표 3-1R과 Exclusive-OR 게이트의 진리표를 비교하시오.

(2) 표 3-2R, 표 3-3R 및 표3-4R로부터 세 회로가 Exclusive-OR 게이트와 등가임을 확인하시오.

(3) 표 3-5R과 Exclusive-NOR 게이트의 진리표를 비교하시오.

(4) 5비트 패리티 검사기를 구성하시오.

실험 4

부울대수와 논리식의 간소화

1. 목 적

부울대수의 법칙과 정리를 이해하고 간소화된 논리식의 실험을 통하여 부울대수와 카르노 맵의 간소화 방법을 확인한다.

2. 이 론

부울대수는 디지털시스템의 수학이다. 부울대수는 디지털회로의 분석과 설계에 사용되기도 하고, 디지털회로의 논리동작을 표현하는데 사용되어 입력에 대한 출력을 쉽게 구할 수 있도록 해준다. 부울대수에서 논리변수는 일반대수와는 달리 0과 1의 값만을 가질 수 있고, 기본연산은 AND, OR 및 NOT 연산이다.

(1) 부울대수의 정리

부울대수를 적용하기 위해 따라야만 하는 정의된 법칙과 정리들이 있다. 이 법칙과 정리에서 변수는 0이나 1의 값을 갖는다. 각 법칙과 정리는 진리표에 의해 타당성이 증명될 수 있다.

(a) 교환법칙

$A+B = B+A$

$A \cdot B = B \cdot A$

(b) 결합법칙

$A+(B+C)=(A+B)+C$

$$A \cdot (B \cdot C) = (A \cdot B) \cdot C$$

(c) 분배법칙

$$A \cdot (B + C) = A \cdot B + A \cdot C$$

(d) 부울정리

① $A + 0 = A$ ② $A + 1 = 1$

③ $A \cdot 0 = 0$ ④ $A \cdot 1 = A$

⑤ $A + A = A$ ⑥ $A + \overline{A} = 1$

⑦ $A \cdot A = A$ ⑧ $A \cdot \overline{A} = 0$

⑨ $\overline{\overline{A}} = A$

(e) 드 모르강의 정리

드 모르강의 정리는 변수의 합이나 곱의 형태를 서로 바꾸어 논리식을 단순화하는데 유용하게 사용된다. 드 모르강의 정리는 다음과 같다.

① $\overline{A \cdot B} = \overline{A} + \overline{B}$

두 변수를 AND한 결과의 보수는 각각의 변수의 보수들을 OR한 것과 같다.

② $\overline{A + B} = \overline{A} \cdot \overline{B}$

두 변수를 OR한 결과의 보수는 각각의 변수의 보수들을 AND한 것과 같다.

(2) 부울대수를 이용한 논리식의 간소화

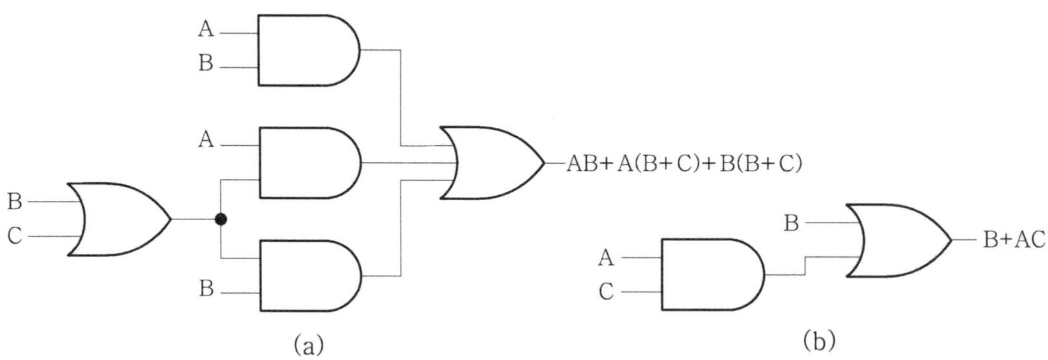

그림 4-1 논리회로의 간소화

디지털회로는 AND, OR 및 NOT 게이트로 구성되므로 디지털회로의 논리식은 각 게이트에 대한 논리식을 사용하여 표현할 수 있다. 부울대수의 법칙과 정리들은 주어진 논리식이 가능한 한 가장 적은 수의 게이트와 결선으로 구현되도록 논리식의 간소화에 이용될 수 있다. 간소화된 논리식에 의해 구현된 회로는 간소화되지 않은 원래 회로와 동일한 논리기능을 수행한다. 그림 4-1은 논리회로의 간소화를 나타내고 있다.

그림 4-1(a)의 논리식을 구한 후 부울대수를 이용하여 간소화하면 다음과 같다.

$$
\begin{aligned}
X &= AB+A(B+C)+B(B+C) \\
&= AB+AB+AC+BB+BC && [\text{분배법칙}] \\
&= AB+AB+AC+B+BC && [BB = B] \\
&= AB+AC+B+BC && [AB+AB = AB] \\
&= AB+AC+B && [B+BC = B] \\
&= B+AC && [AB+B = B]
\end{aligned}
$$

간소화된 논리식 $X=B+AC$에 의해 구현된 회로는 그림 4-1(b)와 같으며, 두 회로가 동일한 논리기능을 수행하므로 적은 수의 게이트로 회로를 구현하는 것이 가능하다.

(3) 카르노 맵을 이용한 논리식의 간소화

카르노 맵은 진리표와 마찬가지로 입력과 출력 사이의 관계를 표시하는 수단이고, 논리식을 간소화하는데 쓰이는 도식적인 방법이므로 적절히 사용하면 효율적으로 간소화된 논리식을 얻을 수 있다. 부울대수를 이용한 논리식의 간소화는 부울대수의 법칙과 정리에 대한 이해와 그들의 적용능력에 달려있으나 카르노 맵은 논리식을 간소화하기 위한 체계적인 방법을 제공한다.

카르노 맵은 진리표처럼 입력 변수의 조합에 대한 출력을 나타내고 있으나 다른 형식으로 표현한 것이다. 진리표의 각 항들은 카르노 맵의 각 한 칸에 해당한다. 주어진 식의 간소화는 인접하게 정렬해 놓은 칸들을 적절히 그룹화 함으로써 이루어진다. 카르노 맵은 2~5개의 변수로 이루어진 논리식에 대해 적용될 수 있지만 대부분의 경우 3변수와 4변수의 카르노 맵이 주로 사용된다. 카르노 맵에서 칸의 개수는 진리표의 행 개수와 같이 입력 변수의 가능한 모든 조합의 개수이다. 예를 들어, 3변수 카르노 맵의 칸의 개수는 8개이고, 4변수 카르노 맵의 칸의 개수는 16개이다.

A	B	C	X
0	0	0	0
0	0	1	0
0	1	0	1
0	1	1	1
1	0	0	0
1	0	1	1
1	1	0	1
1	1	1	1

(a) 진리표

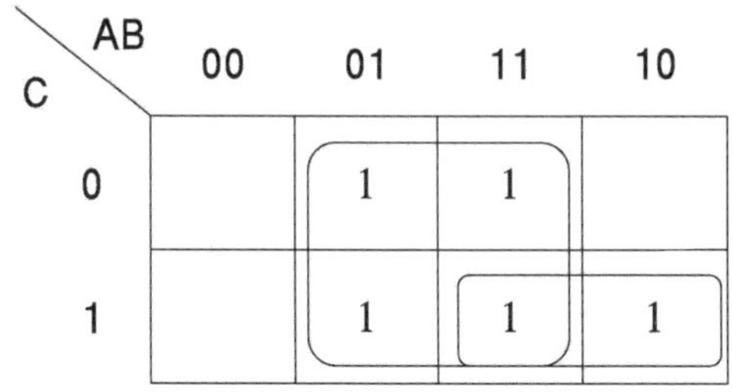

(b) 카르노 맵

그림 4-2 논리식에 대한 진리표와 카르노 맵

그림 4-2는 논리식 $X=\overline{A}B\overline{C}+\overline{A}BC+A\overline{B}C+AB\overline{C}+ABC$에 대한 진리표와 카르노 맵의 관계를 나타내고 있다.

그림 4-2(a)의 진리표로 나타낸 논리식을 간소화하기 위해 진리표의 출력이 1인 입력 변수 조합에 대응하는 카르노 맵의 칸에 직접 1을 기입하여 그림 4-2(b)의 카르노 맵을 작성한다. 카르노 맵이 작성되면 인접되어 있는 1을 가진 칸을 묶어 1을 그룹화 한다. 그룹내의 1의 개수는 가능한 한 최대가 되도록 하고 모든 1은 적어도 하나이상의 그룹에 속하도록 해야 한다. 4개의 1로 구성된 그룹에서는 B만이 그룹내의 각 칸의 공통 변수이므로 1변수 항 B가 생성되고, 2개의 1로 구성된 그룹에서는 A와 C가 그룹내의 각 칸의 공통 변수이므로 2변수 항 AC가 생성된다. 각 그룹에 대한 곱 항을 OR하면 본래의 식과 등가인 간소화된 논리식 $X=B+AC$를 구할 수 있다.

3. 사용기기 및 부품

- 디지털실험장치
- 74LS00 NAND 게이트
- 74LS02 2입력 NOR 게이트
- 74LS04 인버터
- 74LS08 AND 게이트
- 74LS27 3입력 NOR 게이트
- 74LS32 OR 게이트

4. 실험방법

(1) 그림 4-3(a), (b)의 회로를 구성하고 각각의 입력에 대한 출력의 상태를 측정하여 표 4-1에 기록하시오.

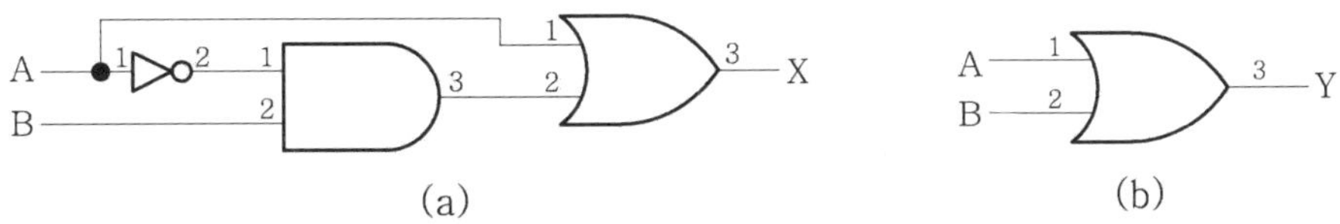

그림 4-3

표 4-1

A	B	X	Y
0	0		
0	+5		
+5	0		
+5	+5		

(2) 그림 4-4(a), (b)의 회로를 구성하고 각각의 입력에 대한 출력의 상태를 측정하여 표 4-2에 기록하시오

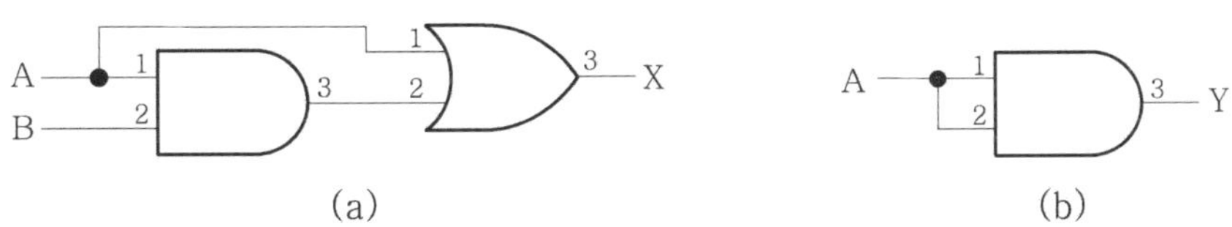

그림 4-4

표 4-2

A	B	X	Y
0	0		
0	+5		
+5	0		
+5	+5		

(3) 그림 4-5(a), (b)의 회로를 구성하고 각각의 입력에 대한 출력의 상태를 측정하여 표 4-3에 기록하시오.

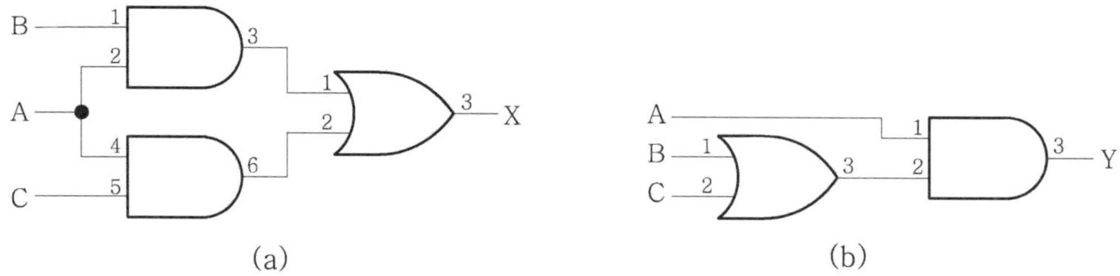

그림 4-5

표 4-3

A	B	C	X	Y
0	0	0		
0	0	+5		
0	+5	0		
0	+5	+5		
+5	0	0		
+5	0	+5		
+5	+5	0		
+5	+5	+5		

(4) 그림 4-6(a), (b)의 회로를 구성하고 각각의 입력에 대한 출력의 상태를 측정하여 표 4-4에 기록하시오.

그림 4-6

표 4-4

A	B	X	Y
0	0		
0	+5		
+5	0		
+5	+5		

(5) 그림 4-7(a), (b)의 회로를 구성하고 각각의 입력에 대한 출력의 상태를 측정하여 표 4-5에 기록하시오.

그림 4-7

표 4-5

A	B	X	Y
0	0		
0	+5		
+5	0		
+5	+5		

(6) 그림 4-8(a), (b)의 회로를 구성하고 각각의 입력에 대한 출력의 상태를 측정하여 표 4-6에 기록하시오.

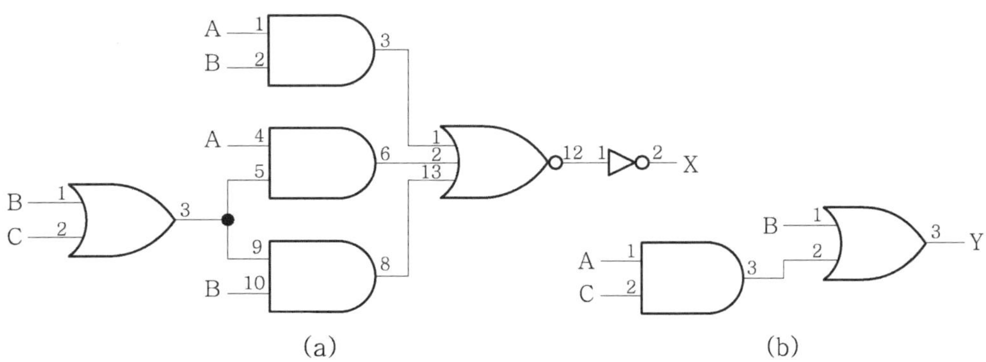

그림 4-8

표 4-6

A	B	C	X	Y
0	0	0		
0	0	+5		
0	+5	0		
0	+5	+5		
+5	0	0		
+5	0	+5		
+5	+5	0		
+5	+5	+5		

부울대수와 논리식의 간소화

학과 : 학년 : 번호 : 조 : 성명 :

[예비보고사항]

(1) 부울대수를 이용하여 A+AB=A+B임을 증명하시오.

(2) 진리표를 사용하여 드 모르강의 정리를 증명하시오.

(3) 카르노 맵에 대해서 설명하시오.

(4) 논리식의 간소화에 이용되는 부울대수 및 카르노 맵의 방법을 비교하시오.

부울대수와 논리식의 간소화

학과 : 학년 : 번호 : 조 : 성명 :

[실험결과]

표 4-1R

A	B	X	Y
0	0		
0	+5		
+5	0		
+5	+5		

표 4-2R

A	B	X	Y
0	0		
0	+5		
+5	0		
+5	+5		

표 4-3R

A	B	C	X	Y
0	0	0		
0	0	+5		
0	+5	0		
0	+5	+5		
+5	0	0		
+5	0	+5		
+5	+5	0		
+5	+5	+5		

표 4-4R

A	B	X	Y
0	0		
0	+5		
+5	0		
+5	+5		

표 4-5R

A	B	X	Y
0	0		
0	+5		
+5	0		
+5	+5		

표 4-6R

A	B	C	X	Y
0	0	0		
0	0	+5		
0	+5	0		
0	+5	+5		
+5	0	0		
+5	0	+5		
+5	+5	0		
+5	+5	+5		

[검토사항]

(1) 표 4-1R로부터 $A+\bar{A}B=A+B$가 성립함을 확인하시오.

(2) 표 4-2R로부터 A+AB=A가 성립함을 확인하시오.

(3) 표 4-4R과 표 4-5R로부터 드 모르강의 정리가 성립함을 확인하시오.

(4) 논리식 AB+A(B+C)+B(B+C)를 카르노 맵을 사용하여 간소화하시오.

실험 5

가 산 기

1. 목 적

가산기의 구성방법과 동작원리를 이해하고 병렬가산기를 이용한 가산 및 감산의 실험을 통하여 가산기에 대한 응용력을 기른다.

2. 이 론

컴퓨터나 디지털시스템에서는 가산을 이용하여 감산, 승산, 제산의 연산이 수행되기 때문에 가산은 가장 중요한 산술연산이다. 가산기는 컴퓨터뿐만 아니라 수치데이터를 처리하는 여러 디지털 시스템에서 중요한 역할을 하므로 가산기의 동작원리에 대해 이해하는 것이 디지털시스템의 응용에서는 필요하다.

(1) 반가산기

반가산기는 2진 가산의 기본 연산을 수행하는 논리회로로서 2개의 입력 A, B를 가산하여 캐리(C)와 합(S)을 출력한다.

그림 5-1은 반가산기의 회로와 진리표이다.

진리표로부터 합과 캐리의 논리식을 구할 수 있다. 캐리는 A와 B가 모두 1일 때만 1이 되므로 캐리의 논리식은 $C=AB$이고, 합은 입력 A와 B가 다를 때만 1이 되므로 합의 논리식은 $S=A\oplus B$이다. 따라서 반가산기는 캐리를 출력하는 AND 게이트와 합을 출력하는 Exclusive-OR 게이트로 구현된다.

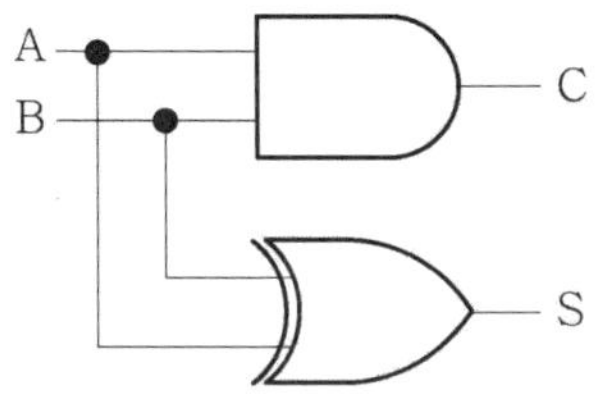

(a) 회로

A	B	C	S
0	0	0	0
0	1	0	1
1	0	0	1
1	1	1	0

(b) 진리표

그림 5-1 반가산기

(2) 전가산기

전가산기는 2개의 입력 A, B와 캐리 입력 Ci를 가산하여 합(S)과 캐리(Co)를 출력하는 논리회로이다.

그림 5-2는 전가산기의 논리기호와 진리표이다.

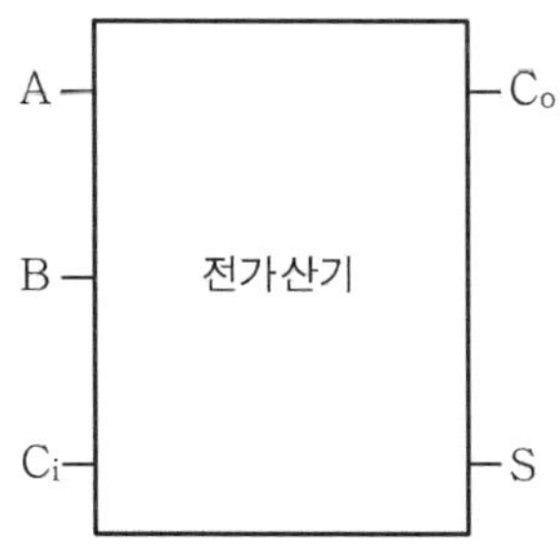

(a) 논리기호

A	B	C_i	C_o	S
0	0	0	0	0
0	0	1	0	1
0	1	0	0	1
0	1	1	1	0
1	0	0	0	1
1	0	1	1	0
1	1	0	1	0
1	1	1	1	1

(b) 진리표

그림 5-2 전가산기

전가산기에는 합과 캐리의 출력이 있기 때문에 각각의 출력에 대해 회로를 구현할 수 있다. 진리표로부터 합의 논리식을 구해서 인수분해로 다음과 같이 Exclusive-OR 연산만의 식으로 단순화할 수 있다.

$$
\begin{aligned}
S &= \overline{A}\,\overline{B}C_i+\overline{A}B\overline{C}_i+A\overline{B}\,\overline{C}_i+ABC_i \\
&= \overline{A}(\overline{B}C_i+B\overline{C}_i)+A(\overline{B}\,\overline{C}_i+BC_i) \\
&= \overline{A}(B\oplus C_i)+A(\overline{B\oplus C_i}) \\
&= A\oplus(B\oplus C_i)
\end{aligned}
$$

진리표로부터 캐리의 논리식을 구해서 인수분해로 다음과 같이 단순화할 수 있다.

$$
\begin{aligned}
C_o &= \overline{A}BC_i+A\overline{B}C_i+AB\overline{C}_i+ABC_i \\
&= AB(C_i+\overline{C}_i)+(\overline{A}B+A\overline{B})C_i \\
&= AB+(A\oplus B)C_i
\end{aligned}
$$

합의 회로는 2개의 Exclusive-OR 게이트로, 캐리의 회로는 2개 AND 게이트와 1개의 OR 게이트로 각각 구현될 수 있고, 합과 캐리의 회로를 결합하여 전가산기의 전체회로를 구성할 수 있다. 구성된 전가산기를 분석해 보면 전가산기의 가장 일반적인 구성방법인 2개의 반가산기와 1개의 OR 게이트로 전체회로가 구성되어 있음을 알 수 있다.

그림 5-3은 전가산기의 회로이다.

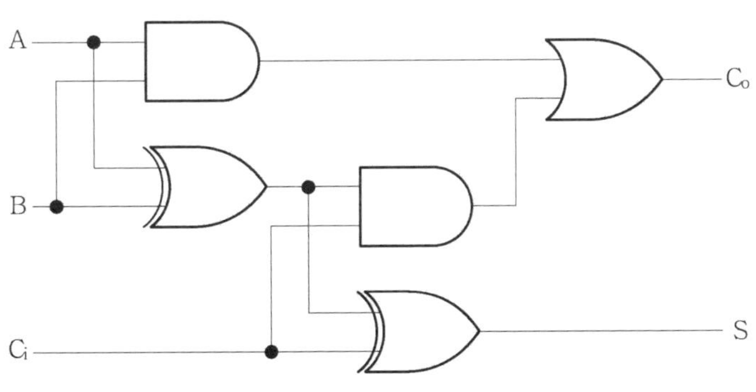

그림 5-3 전가산기

(3) 병렬 가산기

병렬가산기는 가산할 2진수의 비트수 만큼의 전가산기로 구성되고, 모든 입력들이 동시에 가산기에 인가되어 가산이 이루어지는 논리회로이다.

그림 5-4는 4개의 전가산기로 구성된 4비트 병렬가산기이다.

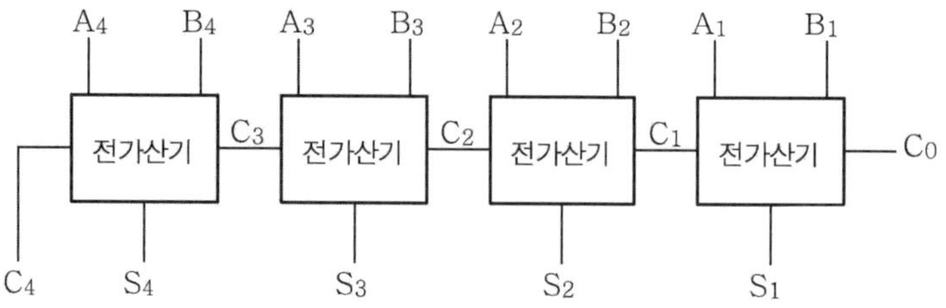

그림 5-4 4비트 병렬가산기

입력 비트 중 LSB는 가장 오른쪽의 전가산기에서 가산되고, 캐리 출력은 다음 상위단 가산기의 캐리 입력에 연결된다. 이런 방식으로 4개의 전가산기가 연결되어 MSB는 가장 왼쪽의 전가산기에서 가산된다. 몇몇의 병렬가산기는 집적회로화 되어 있으며, 가장 일반적인 것 중 하나는 4개의 전가산기로 구성된 74LS83 4비트 병렬가산기이다.

그림 5-5는 74LS83 4비트 병렬가산기이다.

입력은 2개의 4비트 수 $A_4A_3A_2A_1$과 $B_4B_3B_2B_1$ 그리고 캐리 입력 C_0이고, 출력은 합 $S_4S_3S_2S_1$과 캐리 출력 C_4이다.

이 가산기의 동작은 다음과 같다.

$$\begin{array}{r} C_0 \\ A_4\ A_3\ A_2\ A_1 \\ +\ B_4\ B_3\ B_2\ B_1 \\ \hline C_4\ S_4\ S_3\ S_2\ S_1 \end{array}$$

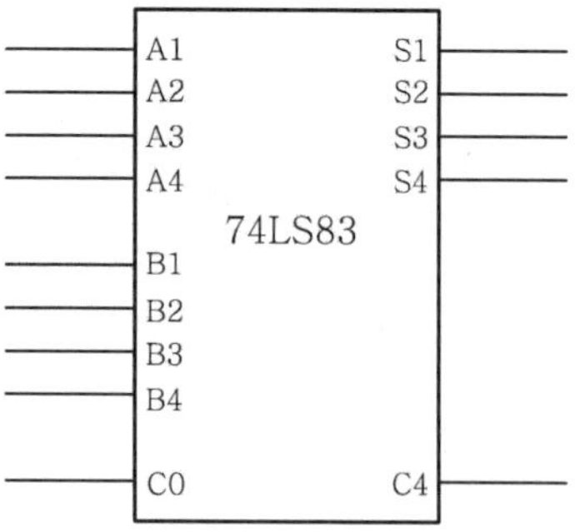

그림 5-5 74LS83 4비트 병렬가산기

(4) 2의 보수 체계에서의 가산

디지털시스템에서는 수의 표현에 있어 양수와 음수를 표현하여야 하므로 MSB를 부호비트로 사용한다. 부호비트에서 0은 양수를 나타내고, 1은 음수를 나타낸다. 부호화된 수의 표시 체계에는 부호-크기 체계, 1의 보수 체계 그리고 2의 보수 체계가 있지만 가장 널리 사용되는 2진수의 표시 체계는 2의 보수 체계이다. 부호화된 수의 표현에 2의 보수 체계를 사용하면 가산을 수행함으로써 감산을 수행할 수 있다. 즉, 가산기만을 이용하여 가산 및 감산연산을 수행할 수 있다. 부호화된 두 수를 가산할 때 발생할 수 있는 경우는 다음 4가지이다.

(a) 두 양수

$$\begin{array}{rr} +4 & 0100 \\ +2 & +\ 0010 \\ \hline & 0110 \end{array}$$

합은 부호 비트가 0이므로 양수이고, 그 결과는 0110=+6이다.

(b) 양수와 작은 음수

$$\begin{array}{rr} +4 & 0100 \\ -2 & +\ 1110 \\ \hline & \not{1}\,0010 \end{array}$$

최상위 비트에서 발생하는 캐리는 버린다. 합은 양수이고, 그 결과는 0010 =+2이다.

(c) 양수와 큰 음수

$$\begin{array}{rr} -4 & 1100 \\ +2 & +\ 0010 \\ \hline & 1110 \end{array}$$

합은 부호 비트가 1이므로 음수이고, 그 결과는 1110=−2이다.

(d) 두 음수

$$\begin{array}{rr} -4 & 1100 \\ -2 & +\ 1110 \\ \hline & \not{1}\,1010 \end{array}$$

최상위 비트에서 발생하는 캐리는 버린다. 합은 음수이고, 그 결과는 1010 =−6이다.

(5) 2의 보수체계에서의 감산

2의 보수체계에서의 감산은 실제로는 가산에서 고려한 여러 경우와 다를 것이 없다. 한 2진수(피감수)에서 다른 2진수(감수)를 감산할 때 그 과정은 다음과 같다.

1. 감수에 2의 보수를 취한다. 즉, 감수의 부호를 바꾼다.
2. 감수를 피감수에 더한다. 가산의 결과는 감수와 피감수의 차를 나타낸다.

다음의 4가지 경우에 대해서 위의 과정을 적용하여 감산을 수행할 수 있다.

(a) +4 − (+2)

```
    0100   (+4)
  + 1110   (−2)
  ─────────────
  1̸ 0010   (+2)
```

최상위 비트에서 발생하는 캐리는 버린다. 결과는 0010=+2이고, 가산(b)의 경우와 같다. 감수에 2의 보수를 취하면 1110 (−2)이 되고, +4에 −2를 더하는 것은 +4에서 +2를 감산하는 것과 같다.

(b) +4 − (− 2)

```
    0100   (+4)
  + 0010   (+2)
  ─────────────
    0110   (+6)
```

결과는 0110 = +6이고, 가산(a)의 경우와 같다.

(c) −4 − (−2)

```
    1100   (−4)
  + 0010   (+2)
  ─────────────
    1110   (−2)
```

결과는 1110=−2이고, 가산(c)의 경우와 같다.

(d) −4 − (+2)

```
    1100   (−4)
  + 1110   (−2)
  ─────────────
  1̸ 1010   (−6)
```

최상위 비트에서 발생하는 캐리는 버린다. 결과는 1010=−6이고, 가산(d)의 경우와 같다.

감산연산은 2의 보수체계가 사용될 때 가산연산이 된다. 가산과 감산이 같은 가산기에서 수행되기 때문에 2의 보수체계는 가장 널리 사용되는 부호화 2진수의 표현방법이다.

(6) 산술 오버플로

두 수를 가산할 때 그 합을 나타내기 위하여 필요한 비트 수가 가산되는 두 수의 비트 수보다 많으면 가산의 결과에 잘못된 부호 비트가 나타난다. 결과의 부호 비트가 틀렸을 때 오버플로라고 하며, 오버플로는 가산되는 두 수가 모두 양수이거나 음수일 때만 발생한다.

(a) 두 수가 양수

```
 +4        0100
 +5     +  0101
----    -------
 +9        [1]001
```

합의 부호 비트가 1로 음수를 나타내므로 틀린 결과이다.

(b) 두수가 음수

```
 -4        1100
 -5     +  1011
----    -------
 -9       1[0]111
```

합의 부호 비트가 0으로 양수를 나타내므로 틀린 결과이다.

+9와 −9를 표현하기 위해서는 5비트 이상이 필요하므로 부호 비트 위치로 오버플로가 발생하고 항상 부정확한 결과를 낸다. 결과의 부호 비트를 검사하고 더해지는 수의 부호 비트와 비교함으로써 오버플로 발생을 검출할 수 있다.

3. 사용기기 및 부품

- 디지털실험장치
- 74LS00 NAND 게이트
- 74LS08 AND 게이트
- 74LS32 OR 게이트
- 74LS83 4비트 병렬가산기
- 74LS86 Exclusive-OR 게이트

4. 실험 방법

(1) 그림 5-6의 반가산기를 구성하고 입력에 대한 캐리와 합을 측정하여 표 5-1에 기록하시오.

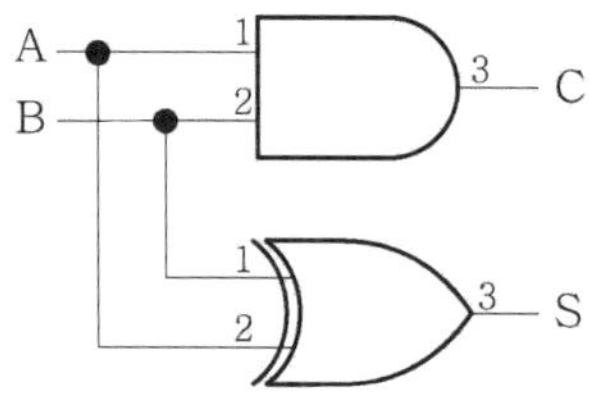

그림 5-6 반가산기

표 5-1

A	B	C	S
0	0		
0	+5		
+5	0		
+5	+5		

(2) 그림 5-7의 전가산기를 구성하고 입력에 대한 캐리와 합을 측정하여 표 5-2에 기록하시오.

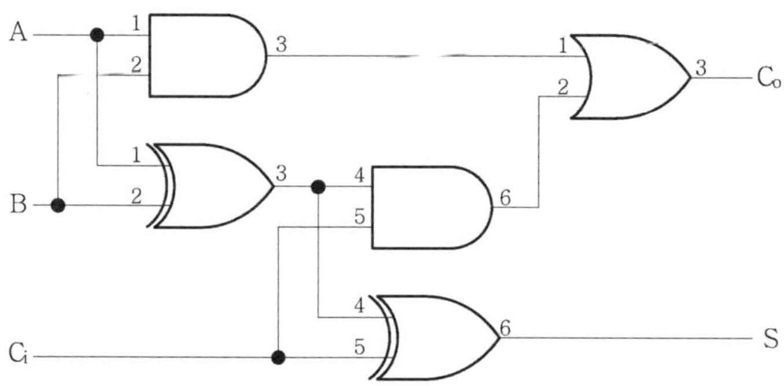

그림 5-7 전가산기

표 5-2

A	B	C_i	C_o	S
0	0	0		
0	0	+5		
0	+5	0		
0	+5	+5		
+5	0	0		
+5	0	+5		
+5	+5	0		
+5	+5	+5		

(3) 그림 5-8의 2비트 병렬가산기를 구성하고 입력에 대한 캐리와 합을 측정하여 표 5-3에 기록하시오.

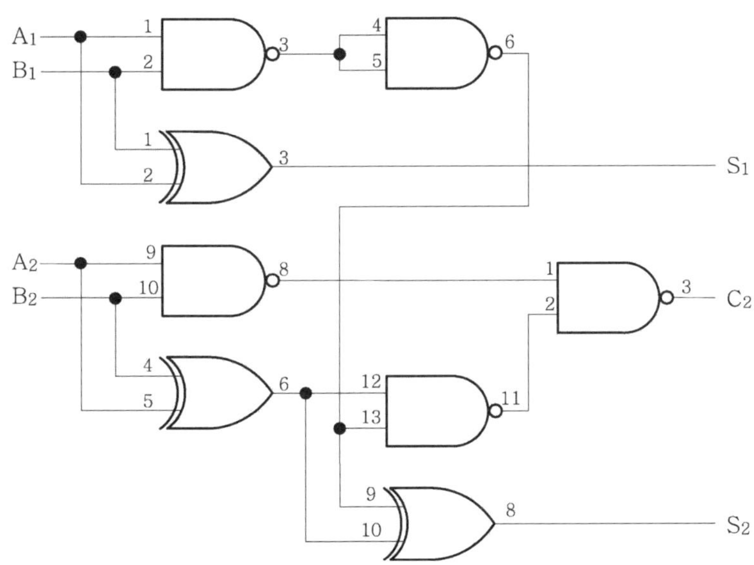

그림 5-8 2비트 병렬가산기

표 5-3

A_2	A_1	B_2	B_1	C_2	S_2	S_1
0	0	0	+5			
0	+5	0	+5			
0	+5	+5	+5			
+5	0	+5	0			
+5	0	+5	+5			
+5	+5	+5	+5			

(4) 그림 5-9의 4비트 병렬 가/감산기를 구성하시오. 스위치 SW를 LOW로 하여 가산기로 동작하도록 한 후 입력에 대한 출력을 측정하여 표 5-4에 기록하시오.

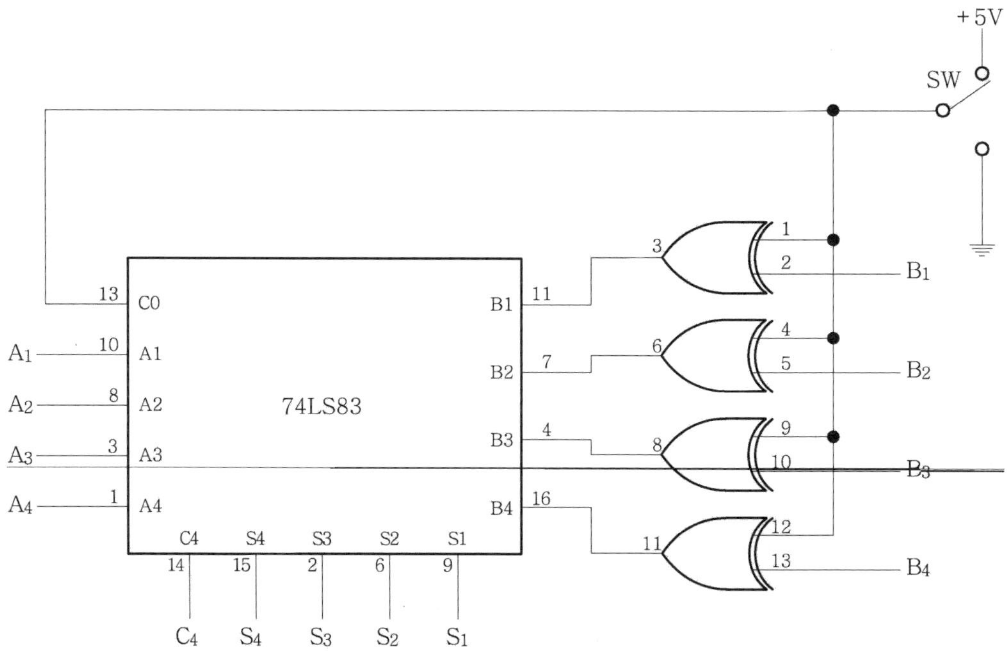

그림 5-9 4비트 병렬 가/감산기

표 5-4

A_4 A_3 A_2 A_1	B_4 B_3 B_2 B_1	C_0	C_4	S_4 S_3 S_2 S_1
0 0 0 1	0 0 1 1	0		
0 0 1 0	0 1 0 0	0		
0 1 1 0	1 1 1 0	0		
0 1 1 1	1 1 0 0	0		
0 1 0 1	1 0 1 0	0		
0 1 1 1	1 0 0 1	0		
1 1 1 1	1 1 0 1	0		
1 1 1 1	1 0 1 1	0		

(5) 그림 5-9의 회로에서 스위치 SW를 HIGH로 하여 감산기로 동작하도록 한 후 입력에 대한 출력을 측정하여 표 5-5에 기록하시오.

표 5-5

A_4 A_3 A_2 A_1	B_4 B_3 B_2 B_1	C_4	S_4 S_3 S_2 S_1
0 1 1 1	0 0 1 0		
0 1 1 0	0 0 1 1		
0 1 0 1	1 1 1 0		
0 0 0 1	1 1 0 0		
1 0 0 1	1 1 0 1		
1 1 1 1	1 1 1 1		
1 0 1 0	0 0 0 1		
1 1 0 0	0 0 1 0		

가 산 기

학과 : 학년 : 번호 : 조 : 성명 :

[예비보고사항]

(1) 반가산기의 회로를 그리고 진리표를 쓰시오.

(2) 전가산기의 진리표로부터 캐리의 카르노 맵을 그리고 간소화하시오.

(3) 병렬가산기에 대해서 설명하시오.

(4) 병렬 가/감산기에서 Exclusive-OR 게이트의 기능에 대해서 설명하시오.

가 산 기

학과 : 학년 : 번호 : 조 : 성명 :

[실험결과]

표 5-1R

A	B	C	S
0	0		
0	+5		
+5	0		
+5	+5		

표 5-2R

A	B	C_i	C_o	S
0	0	0		
0	0	+5		
0	+5	0		
0	+5	+5		
+5	0	0		
+5	0	+5		
+5	+5	0		
+5	+5	+5		

표 5-3R

A_2	A_1	B_2	B_1	C_2	S_2	S_1
0	0	0	+5			
0	+5	0	+5			
0	+5	+5	+5			
+5	0	+5	0			
+5	0	+5	+5			
+5	+5	+5	+5			

표 5-4R

A_4 A_3 A_2 A_1	B_4 B_3 B_2 B_1	C_0	C_4	S_4 S_3 S_2 S_1
0 0 0 1	0 0 1 1	0		
0 0 1 0	0 1 0 0	0		
0 1 1 0	1 1 1 0	0		
0 1 1 1	1 1 0 0	0		
0 1 0 1	1 0 1 0	0		
0 1 1 1	1 0 0 1	0		
1 1 1 1	1 1 0 1	0		
1 1 1 1	1 0 1 1	0		

표 5-5R

A_4 A_3 A_2 A_1	B_4 B_3 B_2 B_1	C_4	S_4 S_3 S_2 S_1
0 1 1 1	0 0 1 0		
0 1 1 0	0 0 1 1		
0 1 0 1	1 1 1 0		
0 0 0 1	1 1 0 0		
1 0 0 1	1 1 0 1		
1 1 1 1	1 1 1 1		
1 0 1 0	0 0 0 1		
1 1 0 0	0 0 1 0		

[검토사항]

(1) 표 5-1R과 반가산기의 진리표를 비교하시오.

(2) 표 5-2R과 전가산기의 진리표를 비교하시오.

(3) 2개의 74LS83을 사용하여 8비트 병렬가산기를 구성하시오.

(4) 오버플로에 대해서 설명하시오

실험 6

디코더와 인코더

1. 목　적

디코더와 인코더의 구성과 동작원리를 이해하고 여러 종류의 디코더에 대한 실험을 통하여 디코더의 동작특성을 확인한다.

2. 이　론

디코더는 N비트의 코드를 입력하여 M개의 출력단자 중 하나의 출력단자에 HIGH (또는 LOW)를 출력하는 논리회로이다. N비트의 입력은 각각 0 또는 1의 값을 가지므로 2N개의 입력조합 또는 코드가 가능하다. 입력코드에 대해서 M개의 출력 중 하나의 출력만이 동적 HIGH (또는 LOW)가 되고, 다른 나머지 출력은 LOW (또는 HIGH)가 된다.

(1) 2-to-4 디코더

그림 6-1은 2개의 입력과 4개의 출력을 갖는 2-to-4 디코더이다.

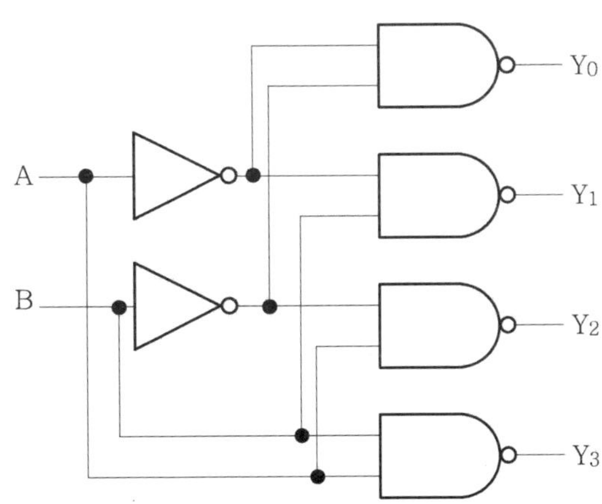

그림 6-1 2-to-4 디코더

이 디코더에 2진코드가 입력되면 2진코드의 10진수에 해당하는 출력에서 동적 LOW가 나타난다. 예로서 입력이 AB=10일 때 출력 Y_2 가 LOW로 된다. 이 디코더는 4개의 출력 중 한번에 하나의 출력이 나타나기 때문에 1-of-4 디코더라고 한다.

(2) 3-to-8 디코더

3-to-8 디코더는 3개의 입력과 8개의 출력을 가지고 있으며, 대부분의 다른 디코더와 마찬가지로 집적회로화 되어 있다.

그림 6-2는 74LS138 3-to-8 디코더이다.

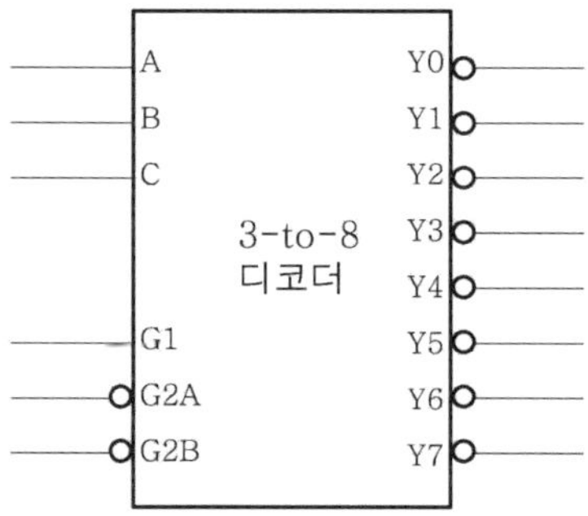

그림 6-2 74LS138 3-to-8 디코더

이 디코더는 2진코드가 입력될 때 입력코드에 대응하는 출력단자가 동적 LOW를 나타낸다. 예로서 CBA=101 일 때 출력 Y5가 LOW로 된다. 이 디코더는 디코딩동작을 제어하는데 사용하기 위해서 G1, G2A, G2B의 3개의 인에이블입력을 갖고 있으며, G1이 동적 HIGH이고 G2A, G2B가 동적 LOW일 때 디코더는 동작한다. 인에이블입력 중 하나라도 비동적 상태인 경우 디코더의 출력은 입력코드와 관계없이 HIGH가 된다. 이 디코더는 8개의 출력단자 중 한번에 1개만이 동작하기 때문에 1-of-8 디코더라고 한다. .

(3) BCD-to-7세그먼트 디코더

이 디코더는 BCD코드를 입력하여 각각에 해당하는 10진수를 7세그먼트 표시장치로 출력하는 4개의 입력과 7개의 출력을 가진 디코더이다.

그림 6-3은 BCD-to-7세그먼트 디코더이다.

BCD코드에 해당하는 10진수를 7세그먼트 표시장치에 나타내기 위해서는 7개의 세그먼트

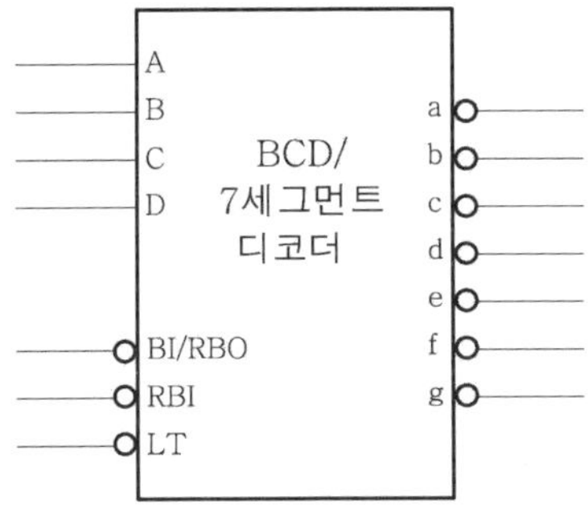

그림 6-3 BCD-to-7세그먼트 디코더

중에서 10진수에 대응하는 세그먼트에 전류가 흘러서 ON되어야 한다. 예로서 BCD입력이 0101일 때 이 입력에 대한 디코더의 출력은 숫자 5를 나타내기 위해 세그먼트 a, f, g, c, d는 ON되게하고, 세그먼트 b, e 는 OFF되게 한다. 이 디코더는 동적 LOW 출력을 가지고 있는데, 이것은 개방 컬렉터 구동트랜지스터이므로 매우 큰 전류를 감쇄시킨다.

(4) 디코더의 응용

디코더는 많은 분야에서 응용된다. 디코더는 컴퓨터가 특정외부 장치로 데이터를 보내거나 받을 때, I/O 포트의 포트 어드레스를 디코딩하여 그 I/O 포트를 선택하는 인에이블 신호를 생성하는데 사용된다. 또 디코더는 논리 게이트를 대신하여 논리함수를 구현하는데 사용할 수 있다. 디코더를 사용한 논리함수의 구현은 입력변수를 디코더의 입력에 인가하고 디코더의 출력이 민텀(minterm)으로 표현되므로 출력이 1인 민텀항을 OR하면 된다.

그림 6-4는 3-to-8 디코더를 이용하여 구성한 전가산기의 회로이다.

전가산기의 입력 A, B, Ci를 디코더의 입력으로 인가하고 전가산기의 합(S)과 캐리(Co)는 출력이 1인 민텀항의 합으로 표현되므로 디코더의 출력들을 OR하여 구현할 수 있다. 디코더의 출력은 반전되어 나오므로 OR 게이트 대신 NAND 게이트를 사용하면 정상출력을 얻을 수 있다.

$$C_o(A, B, C_i) = \Sigma(3, 5, 6, 7) = Y_3 + Y_5 + Y_6 + Y_7$$

$$S(A, B, C_i) = \Sigma(1, 2, 4, 7) = Y_1 + Y_2 + Y_4 + Y_7$$

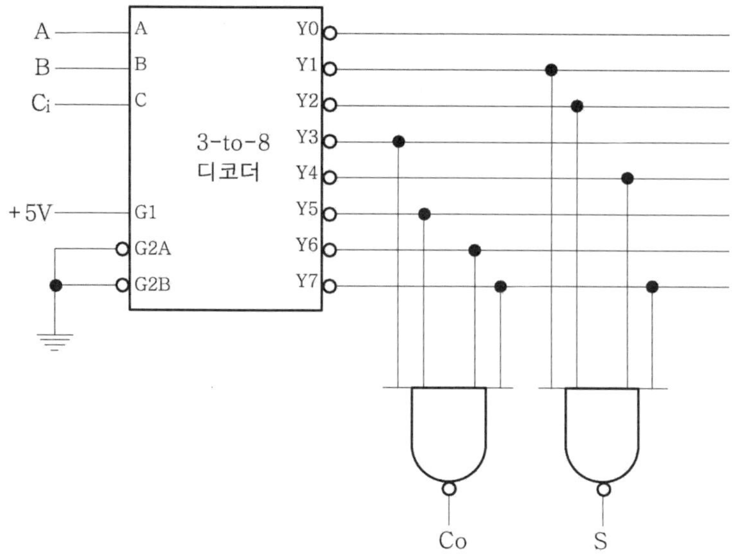

그림 6-4 3-to-8 디코더를 이용한 전가산기

(5) 인코더

인코더는 디코더의 반대 기능을 수행하는 논리회로이다. 인코더는 여러 개의 입력을 갖고 있으며 그 중 하나가 동작되면 그 입력에 해당하는 N비트의 출력코드가 생성된다. 여러 인코더 중 가장 많이 사용되는 것이 10진-to-BCD 상위 인코더이다. 이 인코더는 10진수에 대응하는 10개의 입력과 입력에 대응하는 BCD코드를 출력하는 4개의 출력을 갖고 있다. 또한 동시에 2개이상의 입력이 동작할 때 그 중에서 가장 높은 입력값의 BCD는 출력하고 다른 입력들은 무시하는 상위 기능도 갖고 있다. 디지털 시스템은 처음부터 2진수나 부호화된 코드를 사용하기 때문에 집적회로화 되어 있는 인코더는 디코더만큼 많지 않다.

그림 6-5는 10진-to-BCD 상위 인코더이다.

10진수 1에서 9에 대응하는 9개의 동적 LOW입력이 있으며, 동작된 최상위의 입력에 대응하는 BCD코드를 출력한다. 이 인코더의 출력은 입력이 동작하지 않을 때 정상적으로 HIGH이다. 이것은 10진수의 0에 해당한다. 인코더의 모든 입력이 HIGH일 때 10진수 0의 상태로 가정하기 때문에 0의 입력은 존재하지 않는다. 이 인코더의 출력에 인버터를 연결함으로써 정상적인 BCD를 출력할 수 있다.

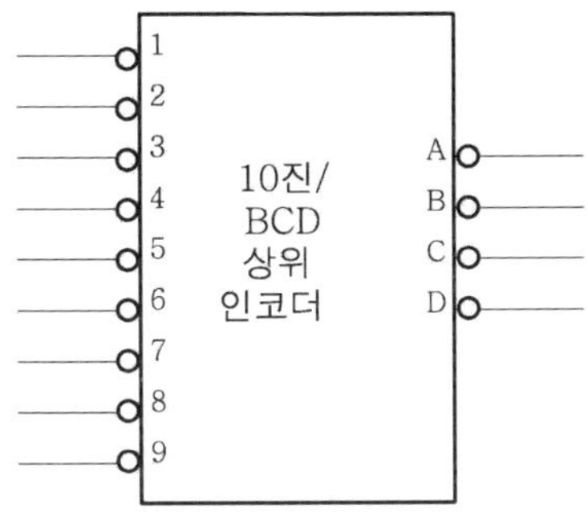

그림 6-5 10진-to-BCD 상위 인코더

3. 사용기기 및 부품

- 디지털실험장치
- 74LS42 BCD-to-십진 디코더
- 74LS138 3-to-8 디코더
- 74LS20 NAND 게이트
- 74LS47 BCD-to-7세그먼트 디코더
- 74LS147 10-to-4 상위 인코더

4. 실험 방법

(1) 그림 6-6의 회로를 구성하고 입력에 대한 출력의 상태를 측정하여 표 6-1에 기록하시오.

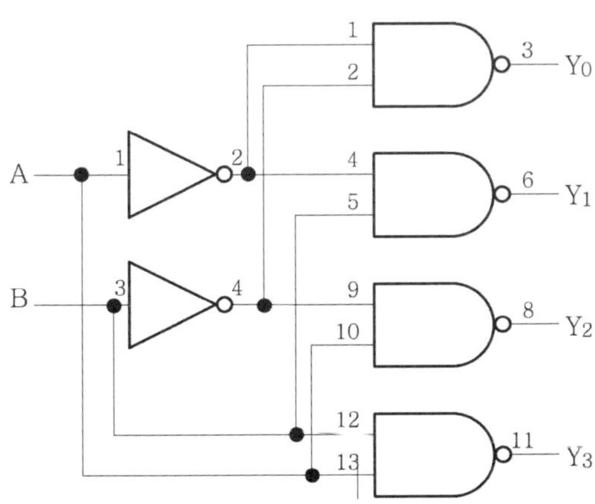

그림 6-6 2-to-4 디코더

표 6-1

B	A	Y_0	Y_1	Y_2	Y_3
0	0				
0	+5				
+5	0				
+5	+5				

(2) 그림 6-7과 같은 디코더의 입력에 대한 출력의 상태를 측정하여 표 6-2에 기록하시오.

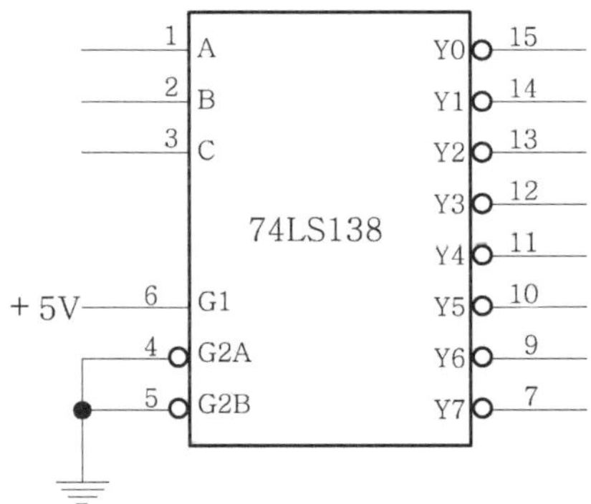

그림 6-7 74LS138 디코더

표 6-2

C	B	A	Y_0	Y_1	Y_2	Y_3	Y_4	Y_5	Y_6	Y_7
0	0	0								
0	0	+5								
0	+5	0								
0	+5	+5								
+5	0	0								
+5	0	+5								
+5	+5	0								
+5	+5	+5								

(3) 그림 6-8과 같은 디코더의 입력에 대한 출력의 상태를 측정하여 표 6-3에 기록하시오.

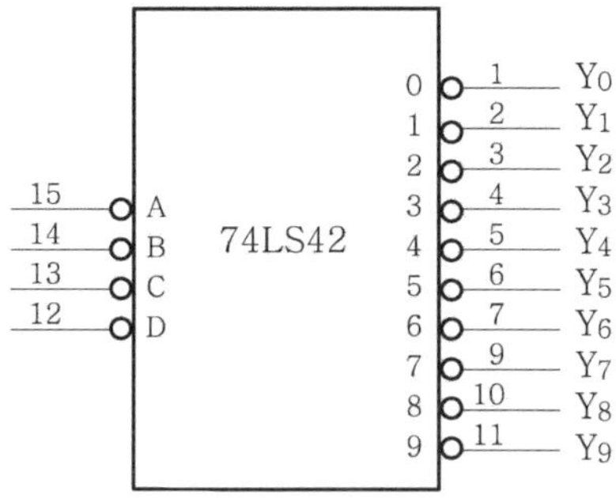

그림 6-8 74LS42 디코더

표 6-3

D	C	B	A	Y_0	Y_1	Y_2	Y_3	Y_4	Y_5	Y_6	Y_7	Y_8	Y_9
0	0	0	0										
0	0	0	+5										
0	0	+5	0										
0	0	+5	+5										
0	+5	0	0										
0	+5	0	+5										
0	+5	+5	0										
0	+5	+5	+5										
+5	0	0	0										
+5	0	0	+5										

(4) 그림 6-9의 회로를 구성하고 BCD가 입력될 때 7세그먼트에 표시되는 10진수를 표 6-4에 기록하시오.

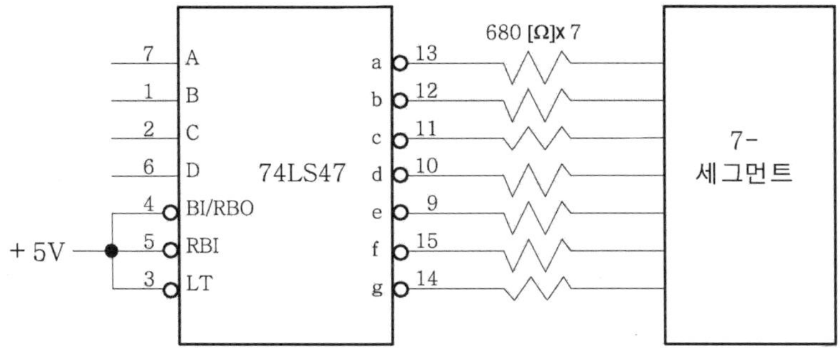

그림 6-9 74LS47 디코더

표 6-4

D	C	B	A	10진수
0	0	0	0	
0	0	0	+5	
0	0	+5	0	
0	0	+5	+5	
0	+5	0	0	
0	+5	0	+5	
0	+5	+5	0	
0	+5	+5	+5	
+5	0	0	0	
+5	0	0	+5	

(5) 그림 6-10의 회로를 구성하고 입력에 대한 캐리와 합을 측정하여 표 6-5에 기록하시오.

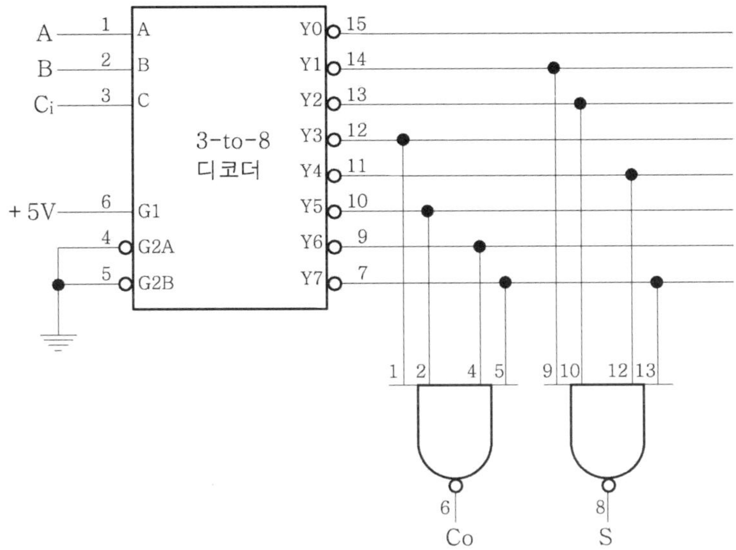

그림 6-10 74LS138 디코더를 이용한 전가산기

표 6-5

A	B	C_i	Co	S
0	0	0		
0	0	+5		
0	+5	0		
0	+5	+5		
+5	0	0		
+5	0	+5		
+5	+5	0		
+5	+5	+5		

(6) 그림 6-11과 같은 인코더의 입력에 대한 출력의 상태를 측정하여 표 6-6에 기록하시오.

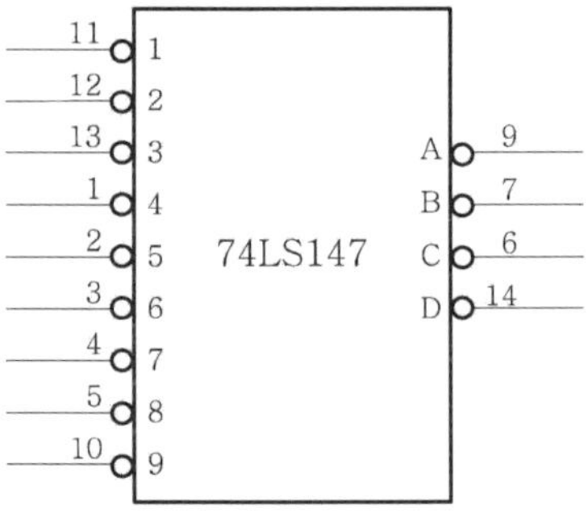

그림 6-11 74LS147 인코더

표 6-6

1	2	3	4	5	6	7	8	9	D	C	B	A
+5	+5	+5	+5	+5	+5	+5	+5	+5				
×	×	×	×	×	×	×	×	0				
×	×	×	×	×	×	×	0	+5				
×	×	×	×	×	×	0	+5	+5				
×	×	×	×	×	0	+5	+5	+5				
×	×	×	×	0	+5	+5	+5	+5				
×	×	×	0	+5	+5	+5	+5	+5				
×	×	0	+5	+5	+5	+5	+5	+5				
×	0	+5	+5	+5	+5	+5	+5	+5				
0	+5	+5	+5	+5	+5	+5	+5	+5				

디코더와 인코더

학과 : 학년 : 번호 : 조 : 성명 :

[예비보고사항]

(1) 3-to-8 디코더의 진리표를 작성하시오.

(2) BCD-to-10진 디코더의 진리표를 작성하시오.

(3) BCD-to-7세그먼트 디코더의 출력에 저항을 연결하는 이유를 설명하시오.

(4) 인코더에서 상위기능이 필요한 이유를 설명하시오.

디코더와 인코더

학과 : 학년 : 번호 : 조 : 성명 :

[실험결과]

표 6-1R

B	A	Y_0	Y_1	Y_2	Y_3
0	0				
0	+5				
+5	0				
+5	+5				

표 6-2R

C	B	A	Y_0	Y_1	Y_2	Y_3	Y_4	Y_5	Y_6	Y_7
0	0	0								
0	0	+5								
0	+5	0								
0	+5	+5								
+5	0	0								
+5	0	+5								
+5	+5	0								
+5	+5	+5								

표 6-3R

D	C	B	A	Y_0	Y_1	Y_2	Y_3	Y_4	Y_5	Y_6	Y_7	Y_8	Y_9
0	0	0	0										
0	0	0	+5										
0	0	+5	0										
0	0	+5	+5										
0	+5	0	0										
0	+5	0	+5										
0	+5	+5	0										
0	+5	+5	+5										
+5	0	0	0										
+5	0	0	+5										

표 6-4R

D	C	B	A	10진수
0	0	0	0	
0	0	0	+5	
0	0	+5	0	
0	0	+5	+5	
0	+5	0	0	
0	+5	0	+5	
0	+5	+5	0	
0	+5	+5	+5	
+5	0	0	0	
+5	0	0	+5	

표 6-5R

A	B	C_i	C_o	S
0	0	0		
0	0	+5		
0	+5	0		
0	+5	+5		
+5	0	0		
+5	0	+5		
+5	+5	0		
+5	+5	+5		

표 6-6R

1	2	3	4	5	6	7	8	9	D	C	B	A
+5	+5	+5	+5	+5	+5	+5	+5	+5				
×	×	×	×	×	×	×	×	0				
×	×	×	×	×	×	×	0	+5				
×	×	×	×	×	×	0	+5	+5				
×	×	×	×	×	0	+5	+5	+5				
×	×	×	×	0	+5	+5	+5	+5				
×	×	×	0	+5	+5	+5	+5	+5				
×	×	0	+5	+5	+5	+5	+5	+5				
×	0	+5	+5	+5	+5	+5	+5	+5				
0	+5	+5	+5	+5	+5	+5	+5	+5				

[검토사항]

(1) 표 6-3R과 BCD-to-10진 디코더의 진리표를 비교하시오.

(2) 표 6-4R과 BCD-to-7세그먼트 디코더의 출력을 비교하시오.

(3) 표 6-5R과 전가산기의 진리표를 비교하시오.

(4) 디코더/디멀티플렉서의 기능에 대해서 설명하시오

실험 7

멀티플렉서와 디멀티플렉서

1. 목 적

멀티플렉서와 디멀티플렉서의 구성과 동작원리를 이해하고 멀티플렉서를 이용한 논리함수의 구현실험을 통하여 멀티플렉서에 대한 응용력을 기른다.

2. 이 론

멀티플렉서는 여러 개의 입력 데이터 중에서 하나를 선택하여 출력하는 논리회로로서, 데이터 선택기라고도 한다. 멀티플렉서는 여러 개의 데이터 입력과 하나의 출력을 가지며, 입력 데이터 중에서 어떤 데이터를 출력할 것인지를 선택하는 데이터 선택이 있다.

(1) 4입력 멀티플렉서

그림 7-1은 4입력 멀티플렉서이다.

데이터 입력 $D_0 \sim D_3$은 선택 입력 S_1과 S_0에 의해 선택되어 출력에 나타난다. 선택 입력 $S_1S_0=00$이면 첫 번째 AND 게이트가 인에이블되어 데이터 D_0이 출력되고, $S_1S_0=01$이면 두 번째 AND 게이트가 인에이블되어 D_1이 출력된다. $S_1S_0=10$이면 세 번째 AND 게이트가 인에이블되어 D_2가 출력되고, $S_1S_0=11$이면 네 번째 AND 게이트가 인에이블되어 D_3이 출력된다.

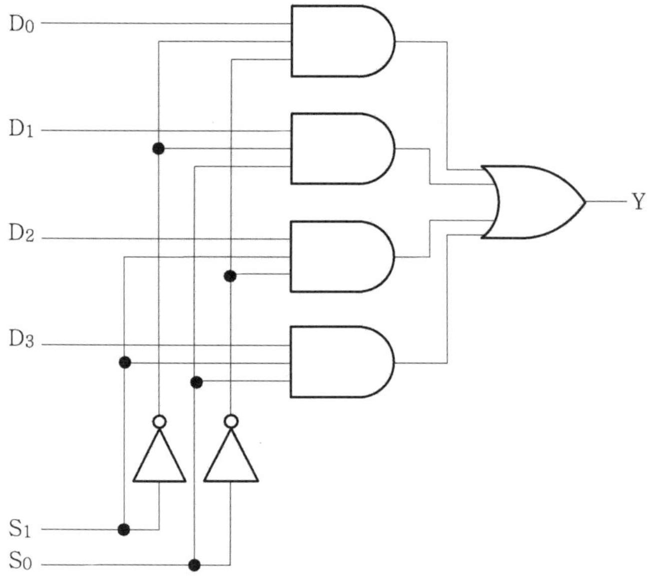

그림 7-1 4입력 멀티플렉서

(2) 8입력 멀티플렉서

그림 7-2는 8입력 멀티플렉서의 논리기호와 진리표이다.

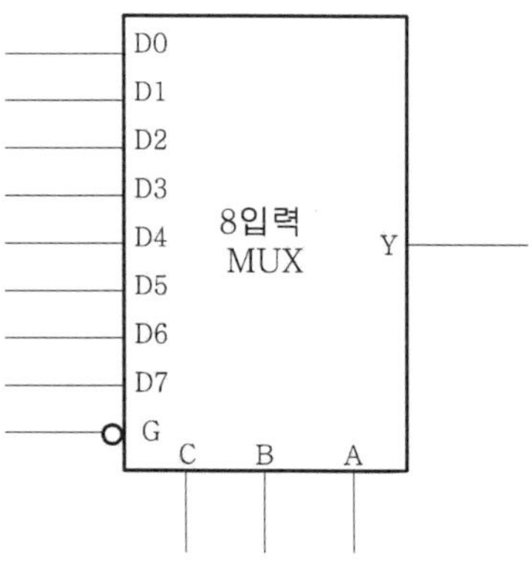

(a) 논리기호

C	B	A	Y
0	0	0	D_0
0	0	1	D_1
0	1	0	D_2
0	1	1	D_3
1	0	0	D_4
1	0	1	D_5
1	1	0	D_6
1	1	1	D_7

(b) 진리표

그림 7-2 8입력 멀티플렉서

이 멀티플렉서에는 데이터 입력 D_0~D_7과 선택 입력 S_2~S_0이 있으며, 인에이블 입력 G에 의해 동작이 제어된다. G가 LOW일 때 S_2~S_0에 의해 D_0~D_7 중 하나를 선택해서 출력한다. 예로서 $S_2S_1S_0$=011일 때 D_3이 선택되어 출력에 나타난다. G가 HIGH일 때 선택 입력에 관계 없이 출력 Y는 LOW이다.

(3) 멀티플렉서의 응용

멀티플렉서는 여러 디지털시스템에서 데이터 선택, 파형 발생, 논리함수 발생 등의 분야에서 많이 응용되고 있다.

(a) 논리함수 발생

멀티플렉서는 진리표로부터 직접 논리함수를 구현하는데 사용될 수 있다. 이 구현방법은 논리식을 간소화하는 과정이 필요 없고, 논리게이트 대신 멀티플렉서를 이용함으로써 회로의 구성에 필요한 집적회로의 칩의 수를 줄일 수 있으며, 회로의 변경이 쉬운 장점이 있다. 멀티플렉서의 선택입력에 회로의 입력변수를 연결하고, 각 데이터 입력에는 진리표의 출력에 따라 HIGH 또는 LOW를 연결한다. 예로서 8입력 멀티플렉서를 이용하여 구성한 전가산기의 회로는 그림 7-3과 같다.

전가산기에는 캐리(C_0)와 합(s)의 출력이 있으므로 각각을 구현하기 위해 2개의 8입력 멀티플렉서가 필요하다. 입력변수 A, B, C_i를 각 멀티플렉서의 선택입력 C, B, A에 공동으로 연결하고, 전가산기의 진리표대로 데이터입력에 HIGH 또는 LOW를 연결한다. 예로서 입

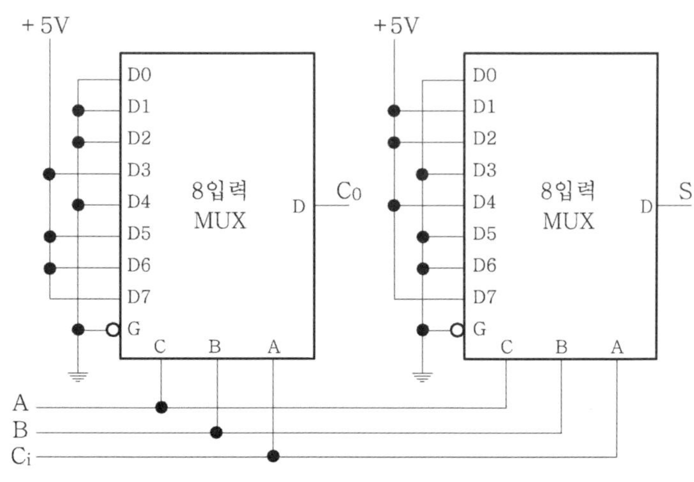

그림 7-3 8입력 멀티플렉서를 이용한 전가산기

력 ABC_i=101일 때 출력 C_o=1, S=0이므로 C_o를 출력하는 첫째 멀티플렉서의 D_5입력에는 HIGH를, S를 출력하는 둘째 멀티플렉서의 D_5입력에는 LOW를 연결한다. 나머지의 데이터입력들도 같은 방법으로 연결한다. 전가산기의 입력이 ABC_i=111이면 첫째 멀티플렉서와 둘째 멀티플렉서의 D_7입력이 선택되어 C_o=1, S=1이 출력된다. 3변수의 논리함수는 8입력 멀티플렉서로 쉽게 구현할 수 있고, 이런 구현방법은 논리게이트를 사용하는 것보다 효과적이다.

실제로 8입력 멀티플렉서는 선택 입력 중 하나를 데이터입력들과 연결하여 사용하면 4변수 논리함수의 구현에 사용될 수 있다. 즉, 모든 N입력 멀티플렉서는 2N 입력의 논리함수를 구현할 수 있다.

(4) 디멀티플렉서

디멀티플렉서는 멀티플렉서와 반대로 동작하는 논리회로로서, 데이터 분배기라고도 한다. 디멀티플렉서는 하나의 입력으로 데이터를 받아 다중 스위치처럼 여러 개의 출력 중에서 하나를 선택해서 분배한다.

그림 7-4는 1-to-4 디멀티플렉서이다.

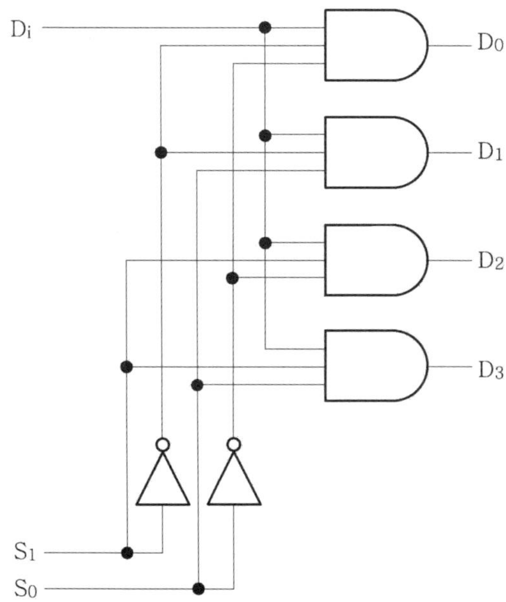

그림 7-4 1-to-4 디멀티플렉서

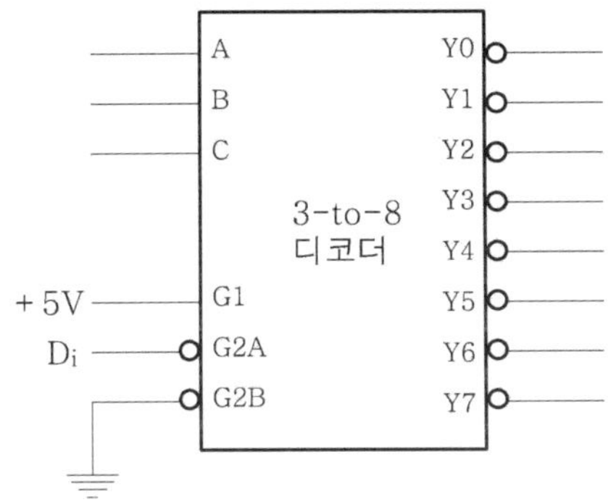

그림 7-5 3-to-8 디코더를 이용한 1-to-8 디멀티플렉서

데이터 입력 D_i는 모든 AND 게이트에 연결되어 있지만, 이 중 하나만이 선택 입력에 의해 인에이블되므로 D_i로 입력된 데이터는 인에이블된 게이트를 통해 출력된다. 예를 들어 S_1S_0=00일 때 첫째 AND 게이트가 인에이블되므로 D_i로 입력된 데이터가 D_0에 출력된다.

그림 7-5의 디멀티플렉서는 2-to-4 디코더와 비교해서, 데이터 입력 D_i가 각 게이트에 추가되는 것을 제외하고는 유사하다. 인에이블 입력을 가진 디코더는 2진 입력을 선택 입력, 인에이블 입력을 데이터 입력 D_i로 함으로써 디멀티플렉서로 사용될 수 있다. 이와 같은 이유로 두 가지 기능을 가지는 소자를 디코더/디멀티플렉서라 하고 두 가지 기능에 사용된다.

그림 7-5는 3-to-8 디코더를 이용하여 구성한 1-to-8 디멀티플렉서의 회로이다.

인에이블 입력 G2A는 데이터 입력 D_i로 사용되고, 다른 2개의 인에이블 입력은 동적 상태로 유지된다. A, B, C는 선택입력으로 사용된다. 선택 입력 CBA=000일 때 출력 Y_0만이 동작되고 나머지 출력들은 HIGH가 된다. Y_0는 D_i가 LOW일 때 LOW이고, D_i가 HIGH일 때는 HIGH이다. 즉, Y_0는 데이터 입력 D_i와 같게 되고 나머지 출력은 HIGH를 유지한다. 비슷한 방법으로 다른 선택입력 A, B, C에 따라 데이터 입력 D_i에 상응하는 출력이 발생한다.

3. 사용기기 및 부품

- 디지털실험장치
- 74LS04 인버터
- 74LS10 NAND 게이트
- 74LS11 AND 게이트
- 74LS20 NAND 게이트
- 74LS138 3-to-8 디코더
- 74LS151 8입력 멀티플렉서

4. 실험방법

(1) 그림 7-6의 4입력 멀티플렉서를 구성하고 입력에 대한 출력의 상태를 측정하여 표 7-1에 기록하시오.

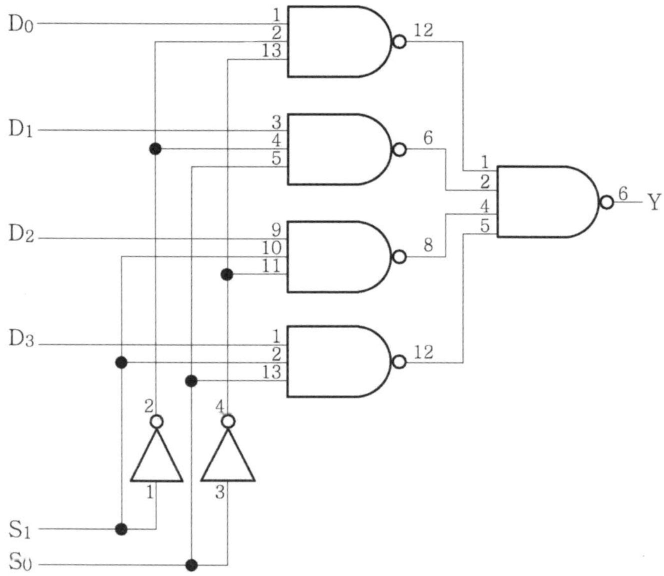

그림 7-6 4입력 멀티플렉서

표 7-1

S_1	S_0	D_0	D_1	D_2	D_3	Y
0	0	0	×	×	×	
0	+5	×	+5	×	×	
+5	0	×	×	0	×	
+5	+5	×	×	×	+5	

(2) 그림 7-7과 같은 멀티플렉서의 입력에 대한 출력의 상태를 측정하여 표 7-2에 기록하시오.

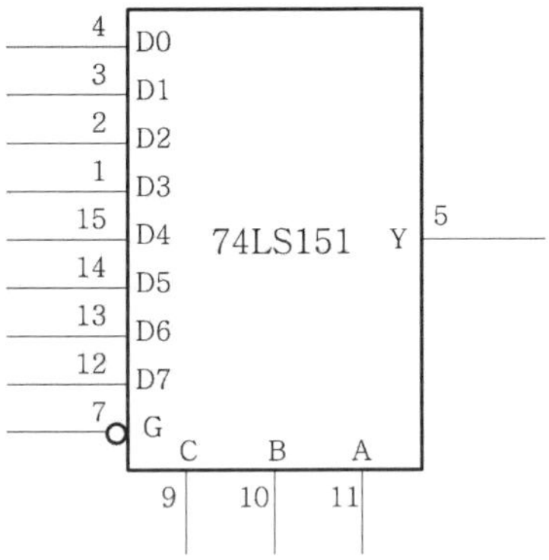

그림 7-7 74LS151 멀티플렉서

표 7-2

C	B	A	D_0	D_1	D_2	D_3	D_4	D_5	D_6	D_7	Y
0	0	0	0	×	×	×	×	×	×	×	
0	0	+5	×	+5	×	×	×	×	×	×	
0	+5	0	×	×	0	×	×	×	×	×	
0	+5	+5	×	×	×	+5	×	×	×	×	
+5	0	0	×	×	×	×	0	×	×	×	
+5	0	5	×	×	×	×	×	+5	×	×	
+5	+5	0	×	×	×	×	×	×	0	×	
+5	+5	+5	×	×	×	×	×	×	×	+5	

(3) 그림 7-8의 회로를 구성하고 입력에 대한 캐리와 합을 측정하여 표 7-3에 기록하시오.

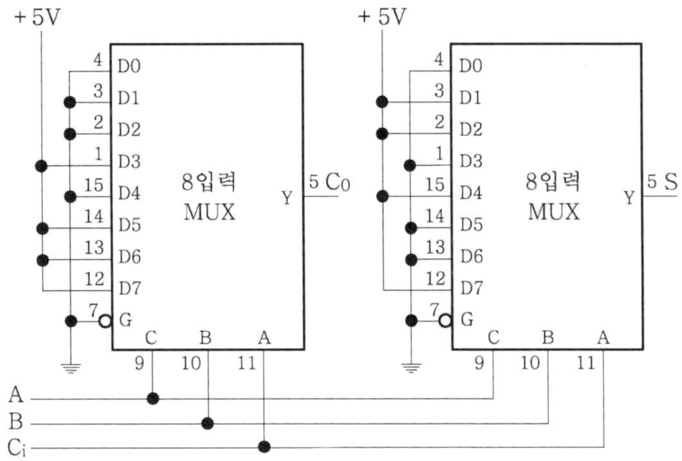

그림 7-8 74LS151 멀티플렉서를 이용한 전가산기

표 7-3

A	B	C_i	C_o	S
0	0	0		
0	0	+5		
0	+5	0		
0	+5	+5		
+5	0	0		
+5	0	+5		
+5	+5	0		
+5	+5	+5		

(4) 그림 7-9의 1-to-4 디멀티플렉서를 구성하고 입력에 대한 출력의 상태를 측정하여 표 7-4에 기록하시오.

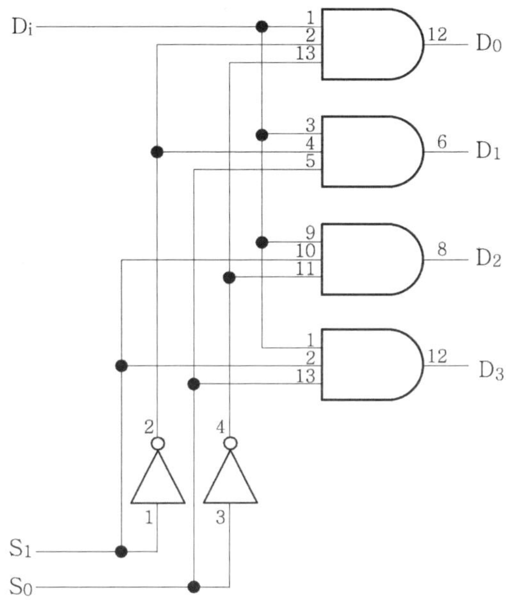

그림 7-9 1-to-4 디멀티플렉서

표 7-4

D_i	S_1	S_0	D_0	D_1	D_2	D_3
+5	0	0				
+5	0	+5				
+5	+5	0				
+5	+5	+5				

(5) 그림 7-10의 회로를 구성하고 입력에 대한 출력의 상태를 측정하여 표 7-5에 기록하시오.

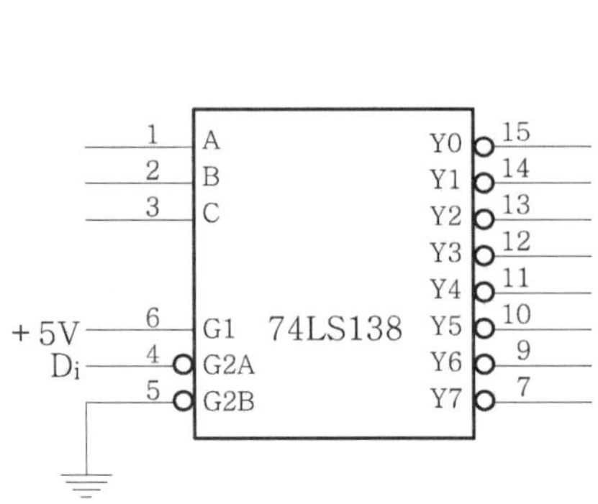

그림 7-10 74LS138 디코더를 이용한 1-to-8 디멀티플렉서

표 7-5

D_i	C	B	A	Y_0	Y_1	Y_2	Y_3	Y_4	Y_5	Y_6	Y_7
0	0	0	0								
0	0	0	+5								
0	0	+5	0								
0	0	+5	+5								
0	+5	0	0								
0	+5	0	+5								
0	+5	+5	0								
0	+5	+5	+5								

멀티플렉서와 디멀티플렉서

학과 : 학년 : 번호 : 조 : 성명 :

[예비보고사항]

(1) 멀티플렉서와 디멀티플렉서에 대해서 설명하시오.

(2) 2개의 8입력 멀티플렉서로 16입력 멀티플렉서를 구성하시오.

(3) 멀티플렉서를 이용한 논리함수의 구현에 대해서 설명하시오.

(4) 디코더를 이용한 디멀티플렉서의 구성방법에 대해서 설명하시오.

멀티플렉서와 디멀티플렉서

학과 : 학년 : 번호 : 조 : 성명 :

[실험결과]

표 7-1R

S_1	S_0	D_0	D_1	D_2	D_3	Y
0	0	0	×	×	×	
0	+5	×	+5	×	×	
+5	0	×	×	0	×	
+5	+5	×	×	×	+5	

표 7-2R

C	B	A	D_0	D_1	D_2	D_3	D_4	D_5	D_6	D_7	Y
0	0	0	0	×	×	×	×	×	×	×	
0	0	+5	×	+5	×	×	×	×	×	×	
0	+5	0	×	×	0	×	×	×	×	×	
0	+5	+5	×	×	×	+5	×	×	×	×	
+5	0	0	×	×	×	×	0	×	×	×	
+5	0	5	×	×	×	×	×	+5	×	×	
+5	+5	0	×	×	×	×	×	×	0	×	
+5	+5	+5	×	×	×	×	×	×	×	+5	

표 7-3R

A	B	C_i	C_o	S
0	0	0		
0	0	+5		
0	+5	0		
0	+5	+5		
+5	0	0		
+5	0	+5		
+5	+5	0		
+5	+5	+5		

표 7-4R

D_i	S_1	S_0	D_0	D_1	D_2	D_3
+5	0	0				
+5	0	+5				
+5	+5	0				
+5	+5	+5				

표 7-5R

D_i	C	B	A	Y_0	Y_1	Y_2	Y_3	Y_4	Y_5	Y_6	Y_7
0	0	0	0								
0	0	0	+5								
0	0	+5	0								
0	0	+5	+5								
0	+5	0	0								
0	+5	0	+5								
0	+5	+5	0								
0	+5	+5	+5								

[검토사항]

(1) 표 7-2R과 8입력 멀티플렉서의 진리표를 비교하시오.

(2) 표 7-3R과 전가산기의 진리표를 비교하시오.

(3) 디코더와 디멀티플렉서의 기능을 비교하시오.

(4) 멀티플렉서와 디멀티플렉서를 이용하여 1개의 선로를 통한 4개의 장치를 연결하는 회로를 설계하시오.

실험 8

크 기 비 교 기

1. 목 적

크기 비교기의 구성방법과 동작원리를 이해하고 다양한 응용실험을 통하여 크기 비교기에 대한 응용력을 기른다.

2. 이 론

비교기의 기본 기능은 두 개의 2진수를 비교하여 두 수의 관계를 구하는 것이다. 가장 기본적인 비교기는 2개의 수가 같은지, 다른지 만을 판단하는 기능을 하며, 이런 기본 비교기는 2개의 입력이 같으면 0을, 다르면 1을 출력하는 Exclusive-OR 게이트를 사용하여 구성할 수 있다.

(1) 2비트 비교기

2비트 비교기는 2개의 입력 비트를 비교하기 위해 2개의 Exclusive-OR게이트로 구성된다. 그림 8-1은 2비트 비교기이다.

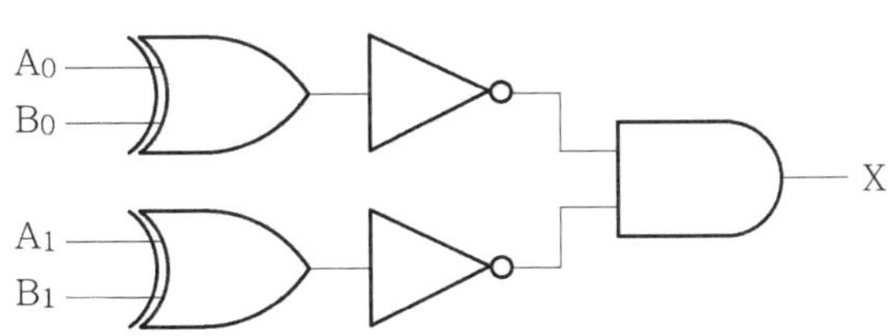

그림 8-1 2비트 비교기

두 수의 최하위 비트들은 위의 Exclusive-OR 게이트에서 비교되고, 최상위 비트들은 아래의 Exclusive-OR 게이트에서 비교된다. 입력된 두 수가 같을 때는 서로 대응하는 비트가 같으므로 Exclusive-OR 게이트의 출력은 모두 0이 되어 출력은 1이 된다. 두 수가 다를 때는 서로 대응하는 비트가 같지 않으므로 Exclusive-OR게이트의 출력 중에서 적어도 하나는 1이 되어 출력은 0이 된다. 이와 같이 비교기는 두 수가 같을 때는 1을, 다를 때는 0을 출력한다. Exclusive-OR 게이트와 인버터를 대신하여 Exclusive-NOR 게이트를 사용하여 비교기를 구성할 수도 있다.

(2) 집적회로 비교기

일반적으로 집적회로 비교기는 비교하는 두 수가 같은지 아닌지 뿐만 아니라 어느 수가 더 큰지를 비교한다. 즉 두 수가 A, B이면, A와 B는 같다 (A=B), A가 B보다 크다 (A>B), A가 B보다 작다 (A<B)를 나타내는 3개의 출력이 있다.

그림 8-2는 집적회로 4비트 비교기의 논리기호이다.

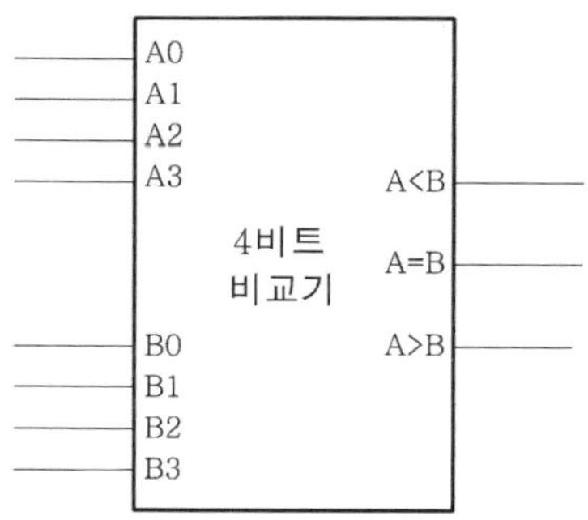

그림 8-2 4비트 비교기의 논리기호

이 비교기에서 A=B의 비교동작은 4개의 Exclusive-NOR 게이트로 구성된 4비트 비교기에 의해 수행되고, A>B와 A<B의 비교동작은 다음과 같이 수행된다.

비교기에 입력되는 두 수가 A와 B이면,

$$A : A_3A_2A_1A_0$$
$$B : B_3B_2B_1B_0$$

먼저 두 수가 같은지를 판단하기 위해 두 수의 최상위 비트를 비교하여 다음의 결과를 얻을 수 있다.

1. A_3=1이고 B_3=0이면, A가 B보다 크다.
2. A_3=0이고 B_3=1이면, A가 B보다 작다.
3. 만일 A_3=B_3이면, 다음 하위 비트를 비교해야 한다.

일반적으로 최상위비트에서 시작하여 두 비트가 같으면 다음 하위 비트를 비교해야 하며, 두 비트가 다르면 더 이상 하위 비트들을 비교할 필요 없이 그 비트에 의해 두 수의 관계가 결정된다.

예로서 A=0111이고, B=1000일 때 A_3과 B_3을 비교해 보면 A_3=0이고, B_3=1이므로 결과는 A<B가 된다. A_3과 B_3을 비교하여 A<B 결과를 얻었으므로 나머지 하위 비트들은 비교할 필요가 없다. A=1110이고, B=1010일 때 A_3과 B_3이 모두 1로 같으므로 다음 비트인 A_2와 B_2를 비교해야 하고 A_2=1이고, A_2=0이므로 A>B가 된다. 나머지 하위 비트들은 조사할 필요가 없다. A=1011이고 B=1011이면 모든 비트들이 같으므로 A=B가 된다.

(3) 74LS85 4-비트 비교기

74LS85 비교기는 다양한 응용분야에서 사용되는 대표적인 비교기로서 일반적인 비교기에 있는 모든 입력과 출력을 가지고 있을 뿐만 아니라 3개의 직렬 입력 (A<B, A=B, A>B)도 가지고 있다.

그림 8-3은 74LS85 4비트 비교기이다.

이 직렬 입력들은 4비트 보다 더 큰 수를 비교하기 위해 비교기를 여러 개 연결하여 확장할 때 사용된다. 비교기를 확장할 때 하위 비교기의 출력 A<B, A=B, A>B를 상위 비교

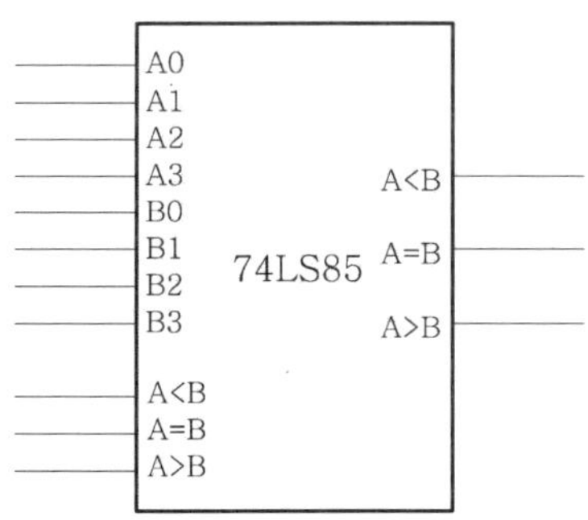

그림 8-3 74LS85 4비트 비교기

기의 대응하는 직렬 입력에 연결하고, 최하위 비교기의 직렬 입력 중 A=B에 HIGH를, A<B와 A>B에 LOW를 연결한다.

(4) 비교기의 응용

2진수를 BCD로 변환하는 회로를 구성하는데 4비트 비교기가 사용될 수 있다. 2진수 0000에서 1001까지는 BCD와 같으므로 이 2진수에 0을 더하면 결과는 여전히 BCD를 나타내고, 1010에서 1111까지의 2진수는 0110을 더함으로써 2진수가 BCD로 변환된다.

그림 8-4는 2진수를 BCD로 변환하는 회로이다.

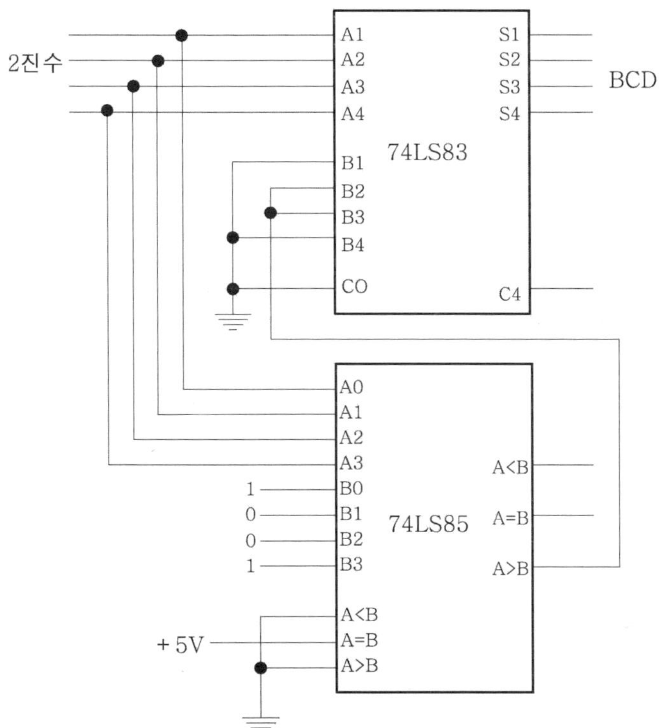

그림 8-4 2진수를 BCD로 변환하는 회로

입력되는 2진수가 1001보다 큰지 아닌지를 판단하기 위해 비교기의 입력 B에는 1001이 입력되고, 비교기의 입력 A에는 2진수가 입력된다. 입력 A의 2진수가 1001보다 크면 비교기의 출력 A>B는 HIGH가 되어 가산기의 입력 B_2와 B_3은 1이 되므로 2진수에 0110이 더해져서 2진수는 BCD로 변환된다. 입력 A의 2진수가 1001보다 작으면 비교기의 출력 A>B는 LOW가 되어 가산기의 입력 B_2와 B_3은 0이 되므로 2진수에는 0000이 더해져서 2진수는

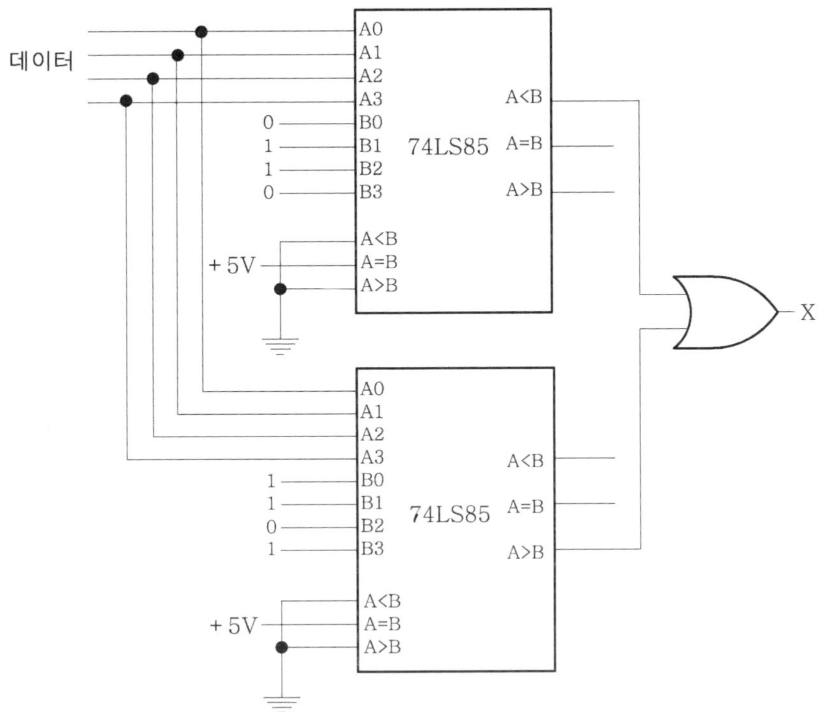

그림 8-5 입력 비교회로

BCD 그대로이다.

비교기의 다른 응용회로로서 그림 8-5와 같이 입력된 2진수가 6보다 작거나 11보다 클 때마다 HIGH를 출력하는 회로를 구성할 수 있다.

위 비교기의 입력 B에는 0110을, 아래 비교기의 입력 B에는 1011을 입력하고, 위 비교기의 출력 A<B와 아래 비교기의 출력 A>B를 OR한다. 두 비교기의 입력 A에 입력되는 2진수를 입력 B와 비교하여 위 비교기의 출력 A<B가 HIGH이거나 아래 비교기의 출력 A>B가 HIGH일 때 출력은 HIGH가 된다.

3. 사용기기 및 부품

- 74LS21 AND 게이트
- 74LS32 OR 게이트
- 74LS83 4비트 병렬가산기
- 74LS85 4비트 비교기
- 74LS266 Exclusive-NOR 게이트

4. 실험방법

(1) 그림 8-6의 비교기를 구성하고 입력되는 두 수에 대한 비교의 결과를 측정하여 표 8-1에 기록하시오.

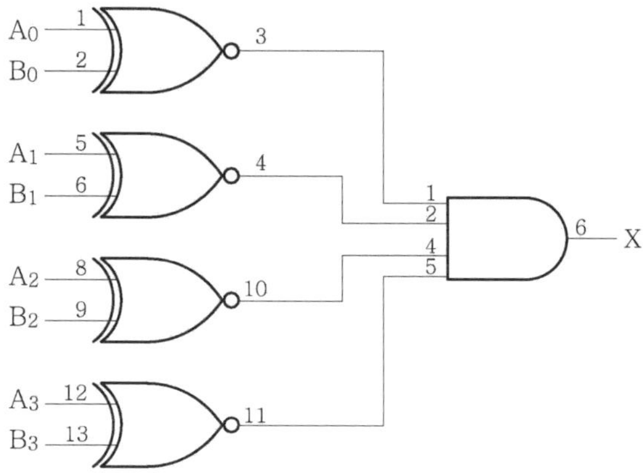

그림 8-6 4비트 비교기

표 8-1

A_3	A_2	A_1	A_0	B_3	B_2	B_1	B_0	X
0	0	0	0	0	0	0	0	
0	0	0	+5	0	0	0	0	
0	0	+5	0	0	0	+5	0	
0	0	+5	0	0	0	0	+5	
+5	+5	0	0	+5	+5	0	0	
+5	+5	0	0	+5	0	0	+5	
+5	+5	+5	+5	+5	+5	+5	+5	
0	+5	+5	+5	+5	+5	+5	+5	

(2) 그림 8-7의 비교기에 입력되는 두 수에 대한 비교의 결과를 측정하여 표 8-2에 기록하시오.

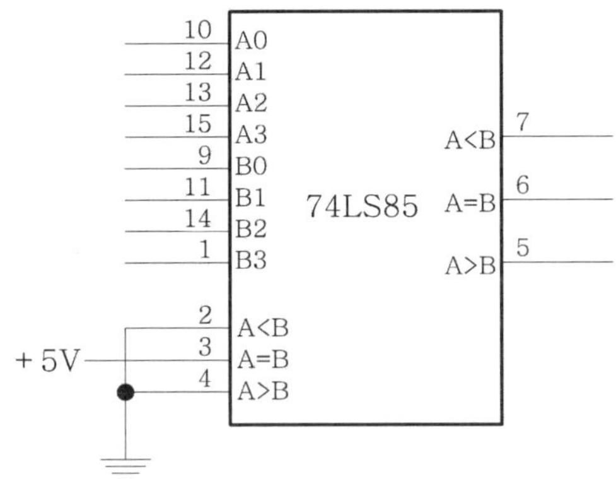

그림 8-7 74LS85 비교기

표 8-2

A_3	A_2	A_1	A_0	B_3	B_2	B_1	B_0	A>B	A<B	A=B
+5	0	0	0	0	+5	0	0			
0	0	+5	0	+5	0	0	0			
0	0	0	0	0	0	0	0			
0	+5	0	0	0	0	+5	+5			
+5	0	0	+5	+5	+5	0	0			
+5	+5	+5	0	+5	+5	+5	0			
0	0	+5	0	0	0	0	+5			
+5	+5	0	+5	+5	+5	+5	0			
+5	+5	+5	+5	+5	+5	+5	+5			

(3) 그림 8-8의 2진-to-BCD 변환기를 구성하고 입력 2진수에 대한 출력 BCD를 표 8-3에 기록하시오.

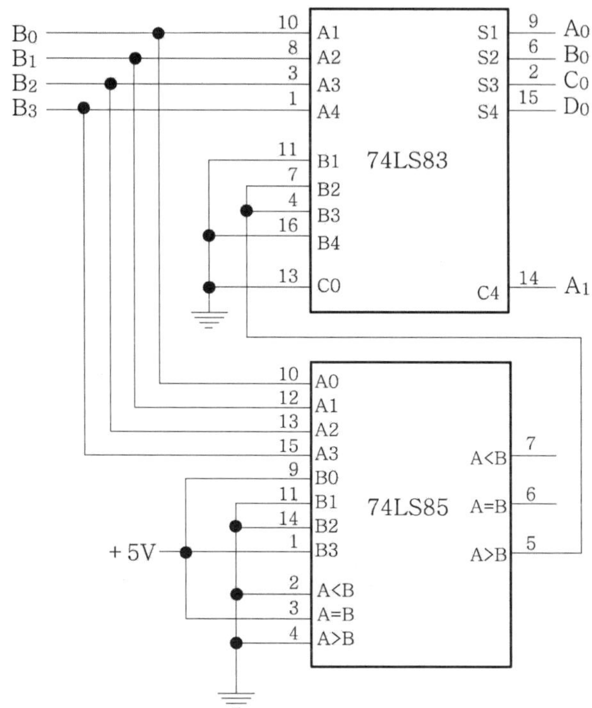

그림 8-8 2진-to-BCD 변환기

표 8-3

B_3 B_2 B_1 B_0	A_1	D_0 C_0 B_0 A_0
0 0 0 0		
0 0 0 1		
0 0 1 0		
0 0 1 1		
0 1 0 0		
0 1 0 1		
0 1 1 0		
0 1 1 1		
1 0 0 0		
1 0 0 1		
1 0 1 0		
1 0 1 1		
1 1 0 0		
1 1 0 1		
1 1 1 0		
1 1 1 1		

(4) 그림 8-9의 회로를 구성하고 입력 2진수에 대한 출력의 상태를 측정하여 표 8-4에 기록하시오.

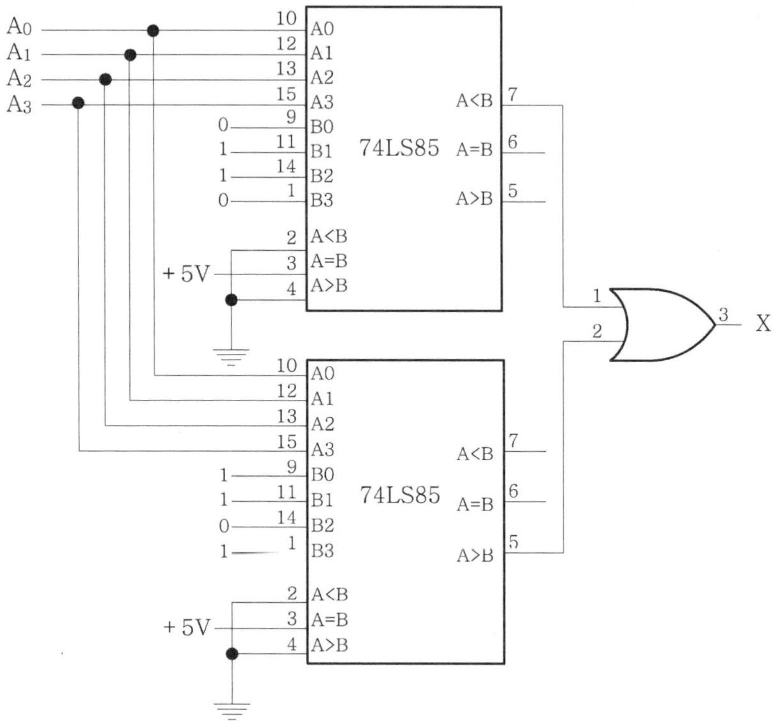

그림 8-9 입력 비교회로

표 8-4

A_3	A_2	A_1	A_0	X
0	0	0	0	
0	0	0	+5	
0	+5	+5	+5	
+5	0	0	0	
+5	+5	0	0	
+5	0	0	+5	
+5	0	+5	0	
+5	+5	+5	+5	

크 기 비 교 기

학과 : 학년 : 번호 : 조 : 성명 :

[예비보고사항]

(1) 비교기에 대해서 설명하시오.

(2) $A=A_3A_2A_1A_0$, $B=B_3B_2B_1B_0$일 때 $A>B$를 출력하는 회로를 구성하시오.

(3) 74LS85 4비트 비교기의 직렬 입력에 대해서 설명하시오.

(4) 8비트 비교기를 구성하시오.

크 기 비 교 기

학과 : 학년 : 번호 : 조 : 성명 :

[실험결과]

표 8-1R

A_3	A_2	A_1	A_0	B_3	B_2	B_1	B_0	X
0	0	0	0	0	0	0	0	
0	0	0	+5	0	0	0	0	
0	0	+5	0	0	0	+5	0	
0	0	+5	0	0	0	0	+5	
+5	+5	0	0	+5	+5	0	0	
+5	+5	0	0	+5	0	0	+5	
+5	+5	+5	+5	+5	+5	+5	+5	
0	+5	+5	+5	+5	+5	+5	+5	

표 8-2R

A_3	A_2	A_1	A_0	B_3	B_2	B_1	B_0	A>B	A<B	A=B
+5	0	0	0	0	+5	0	0			
0	0	+5	0	+5	0	0	0			
0	0	0	0	0	0	0	0			
0	+5	0	0	0	0	+5	+5			
+5	0	0	+5	+5	+5	0	0			
+5	+5	+5	0	+5	+5	+5	0			
0	0	+5	0	0	0	0	+5			
+5	+5	0	+5	+5	+5	+5	0			
+5	+5	+5	+5	+5	+5	+5	+5			

표 8-3R

B_3 B_2 B_1 B_0	A1	D_0 C_0 B_0 A_0
0 0 0 0		
0 0 0 1		
0 0 1 0		
0 0 1 1		
0 1 0 0		
0 1 0 1		
0 1 1 0		
0 1 1 1		
1 0 0 0		
1 0 0 1		
1 0 1 0		
1 0 1 1		
1 1 0 0		
1 1 0 1		
1 1 1 0		
1 1 1 1		

표 8-4R

A_3	A_2	A_1	A_0	X
0	0	0	0	
0	0	0	+5	
0	+5	+5	+5	
+5	0	0	0	
+5	+5	0	0	
+5	0	0	+5	
+5	0	+5	0	
+5	+5	+5	+5	

[검토사항]

(1) 표 8-1R로부터 4비트 비교기의 동작을 확인하시오.

(2) 표 8-2R로부터 74LS85 4비트 비교기의 동작을 확인하시오.

(3) 표 8-3R과 15까지의 BCD를 비교하시오.

(4) 입력되는 수가 8보다 작거나 12보다 클 때 HIGH를 출력하는 회로를 설계하시오.

실험 9

코 드 변 환 기

1. 목 적

코드 변환기의 구성방법과 동작원리를 이해하고 각종 코드 변환기의 실험을 통하여 코드 변환기에 대한 응용력을 기른다.

2. 이 론

코드 변환기는 하나의 코드를 다른 형태의 코드로 변환시키는 논리회로이다. BCD 코드가 컴퓨터에 의해 저장이나 처리되도록 하기 위해서는 2진수로 변환되어야 하는 것처럼 디지털 시스템에서는 다양한 형태의 코드 변환이 필요하다. 일반적인 코드 변환에는 BCD-to-2진 변환, 2진-to-BCD 변환, 2진-to-그레이코드 변환, 그레이코드-to-2진 변환, 2진-to-3초과코드 변환 등이 있다. BCD-to-7세그먼트 디코더는 BCD 코드에 대응하는 10진수를 7세그먼트 형태로 변환시키기 때문에 코드 변환기의 일종이다.

(1) BCD-to-2진 변환기

BCD(binary coded decimal)는 10진수와 2진수의 특성을 모두 포함하는 코드로서, 2진 코드로 각 10진수를 표현하는 10진수 체계이다. BCD에서는 4비트의 2진수에 의해 각각의 10진수가 표현되므로 0 (0000)에서 9 (1001)까지의 10개의 코드만 사용된다. BCD의 장점은 10개의 코드만 사용하기 때문에 10진수를 BCD로 변환하는 것이 비교적 용이하다는 점이다. 이런 변환의 용이함은 BCD를 10진수로 또는 10진수를 BCD로의 변환이 필요한 디지털 시스템을 구성할 때 매우 중요하다. BCD 코드를 2진수로 변환하는 방법은 BCD 코드에서 1로 표현된 비트의 10진 가중치를 2진수로 나타내어 모두 더하면, 그 값은 BCD 코드에 대응하는 2진

표 9-1 BCD 비트에 대한 10진 가중치의 2진 표현

BCD 비트	10진 가중치	b_6	b_5	b_4	b_3	b_2	b_1	b_0
A_0	1	0	0	0	0	0	0	1
B_0	2	0	0	0	0	0	1	0
C_0	4	0	0	0	0	1	0	0
D_0	8	0	0	0	1	0	0	0
A_1	10	0	0	0	1	0	1	0
B_1	20	0	0	1	0	1	0	0
C_1	40	0	1	0	1	0	0	0
D_1	80	1	0	1	0	0	0	0

수가 된다. 두 자리의 BCD에 대한 각 비트의 10진 가중치를 2진수로 변환하면 표 9-1과 같다.

예를 들어 BCD 코드 01010111 (10진수 57)을 2진수로 변환하면, BCD 코드의 1들의 가중치가 1, 2, 4, 10, 40이므로 이를 2진수로 나타내어 더하면 다음과 같다.

```
  0000001    1
  0000010    2
  0000100    4
  0001010   10
+ 0101000   40
-------------
  0111001   10진수 57의 2진수
```

BCD 코드의 2진수로의 변환과정에 따라서 가산기를 이용하여 BCD-to-2진 변환기를 구현할 수 있다.

그림 9-1은 2개의 4비트 병렬가산기를 이용하여 구성한 BCD-to-2진 변환기이다.

BCD 코드에서 1인 비트를 2진수로 나타내고, 2진수의 각 비트들을 가산기를 사용해서 더한다. BCD에서 1인 비트만 2진수로 변환하면 해당 열에 1이 생긴다. 이 특성을 이용해서 BCD 코드의 1이 입력되면 가산기의 해당 열에 1을 출력하도록 한다. 변환기는 두 자리의 BCD 입력을 위한 8개의 입력과 7비트의 2진수 출력을 위한 7개의 출력으로 구성된다. 2개의

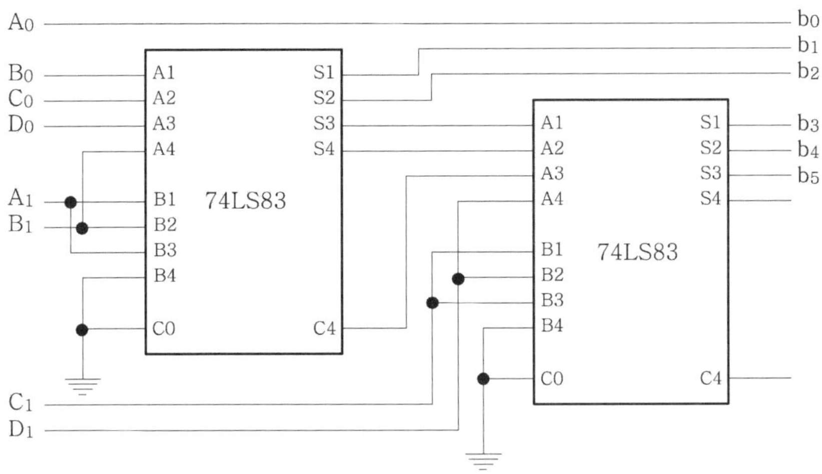

그림 9-1 4비트 병렬가산기를 이용한 BCD-to-2진 변환기

가산기가 표 6-1에 따른 덧셈을 수행한다. A_0은 LSB인 b_0의 값과 동일하므로 A_0은 출력 b_0과 직접 연결된다. A_1과 B_0을 더하여 b_1을 생성하고, A_2와 B_1을 더해서 b_2를 생성한다. b_3은 A_3, B_0, B_2를 더하여 생성한다. 위와 같은 방법으로 b_4는 B_1과 B_3을 더하고, b_5는 B_2와 위 가산기의 캐리 출력을 더하여 생성한다. b_6은 B_3과 0을 더하여 생성한다.

BCD-to-2진 변환기는 가산기를 이용하여 구현되는 것보다 일반적으로 ROM으로 구현된다. BCD-to-2진 변환기로는 TTL ROM인 74184가 있으며, 2진-to-BCD 변환기로는 TTL ROM인 74185가 있다.

(2) 2진-to-그레이코드 변환기

그레이코드는 한 코드에서 다음 코드로 변화할 때 단지 하나의 비트만이 변화되는 최소변화코드로서, 비트의 위치가 가중치를 가지지 않는 비가중치코드이기 때문에 산술연산에는 부적합하고 입출력장치와 A/D 변환기 같은 응용장치에 많이 사용된다. 2진수와 그레이코드 사이의 변환은 다른 코드를 그레이코드로 변환시킬 때 유용하다.

2진수를 그레이코드로 변환하는 방법은 다음과 같다.

1. 그레이코드의 MSB는 2진수의 대응하는 MSB와 같다.
2. 2진수의 MSB에서부터 이웃한 두 비트씩 Exclusive-OR하면 그레이코드의 다음 비트가 된다.

그림 9-2는 Exclusive-OR 게이트를 이용하여 구현된 4비트 2진-to-그레이코드 변환기이다.

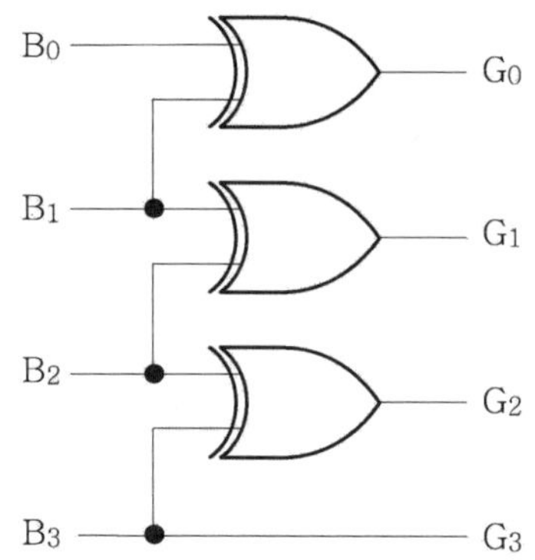

그림 9-2 4비트 2진-to-그레이코드 변환기

(3) 그레이코드-to-2진 변환기

그레이코드를 2진수로 변환하는 방법은 2진수를 그레이코드로 변환하는 방법과 비슷하나 약간의 차이가 있으며 다음과 같다.

1. 2진수의 MSB는 그레이코드의 대응하는 MSB와 같다.
2. MSB부터 2진수의 비트와 그레이코드의 다음 비트를 Exclusive-OR하면 2진수의 다음 비트가 된다.

그림 9-3은 Exclusive-OR 게이트를 이용하여 구현된 4비트 그레이코드-to-2진 변환기이다.

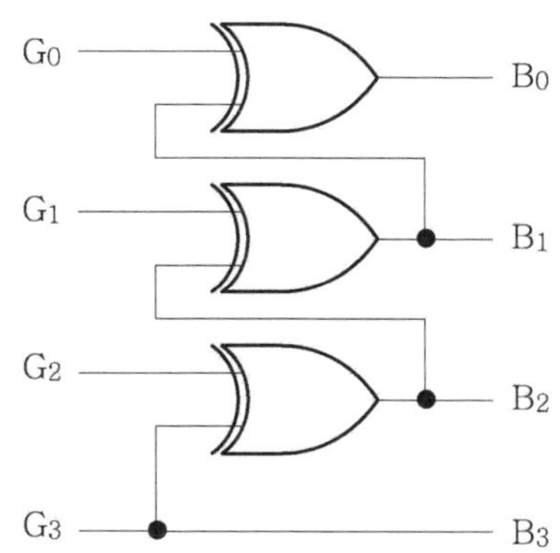

그림 9-3 4비트 그레이코드-to-2진 변환기

(4) BCD-to-3초과코드 변환기

3초과코드는 각각의 10진수에 3을 더해서 4비트의 2진수로 변환한 BCD와 연관된 코드로서 비트의 위치에 해당하는 가중치를 가지지 않는 비가중치 코드이다. 예를 들어, 10진수 2와 9의 3초과코드는 다음과 같이 구할 수 있다.

$$\begin{array}{r} 2 \\ +\ 3 \\ \hline 5 \end{array} \rightarrow 0101 \qquad \begin{array}{r} 9 \\ +\ 3 \\ \hline 12 \end{array} \rightarrow 1100$$

3초과코드의 중요한 특징은 자보수 코드라는 것이다. 즉, 3초과코드의 1의 보수는 대응하는 10진수에 대한 9의 보수에 해당하는 3초과코드이다. 예로서, 10진수 4에 대한 3초과코드는 0111이므로 1의 보수를 구하면 1000이며, 이것은 10진수 5에 해당하는 3초과코드이다. 디지털시스템에서 1의 보수는 단지 각 비트를 반전하여 쉽게 만들 수 있으므로 3초과코드의 자보수 특성은 10진수의 감산을 9의 보수를 이용하여 실행할 수 있으므로 연산에 유용하다. BCD 입력에 0011을 더하면 3초과코드가 출력되므로 가산기를 사용하여 변환기를 구현할 수 있다.

그림 9-4는 4비트 병렬가산기로 구현된 BCD-to-3초과코드 변환기이다.

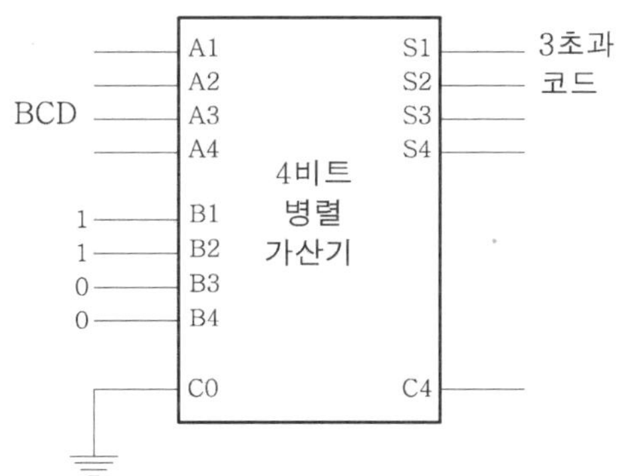

그림 9-4 BCD-to-3초과코드 변환기

3. 사용기기 및 부품

- 디지털실험장치
- 74LS83 4비트 병렬가산기

- 74LS86 Exclusive-OR 게이트
- 74185 2진-to-BCD 변환기
- 74184 BCD-to-2진 변환기

4. 실험방법

(1) 그림 9-5의 변환기를 구성하고 입력 BCD에 대한 2진수의 출력을 측정하여 표 9-2에 기록하시오.

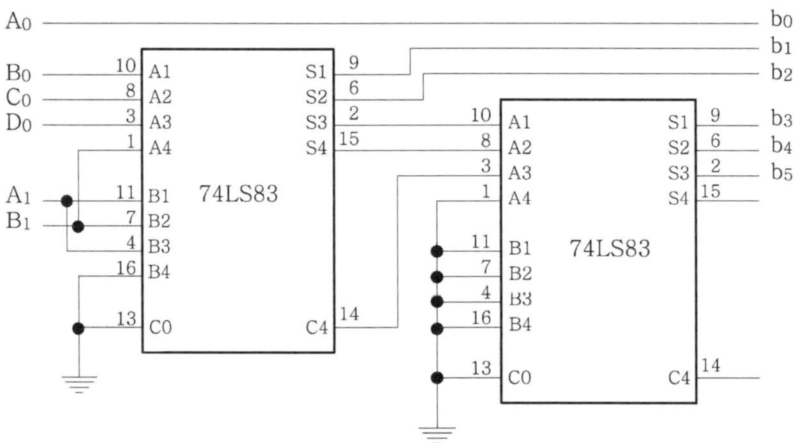

그림 9-5 74LS83 병렬가산기를 이용한 BCD-to-2진 변환기

표 9-2

B_1	A_1	D_0	C_0	B_0	A_0	b_5	b_4	b_3	b_2	b_1	b_0
0	0	0	0	+5	+5						
0	0	0	+5	+5	+5						
0	+5	0	0	+5	0						
0	+5	0	+5	0	0						
+5	0	0	+5	0	+5						
+5	0	+5	0	0	0						
+5	+5	0	+5	+5	0						
+5	+5	+5	0	0	+5						

(2) 그림 9-6의 변환기를 구성하고 입력 BCD에 대한 2진수의 출력을 측정하여 표 9-3에 기록하시오.

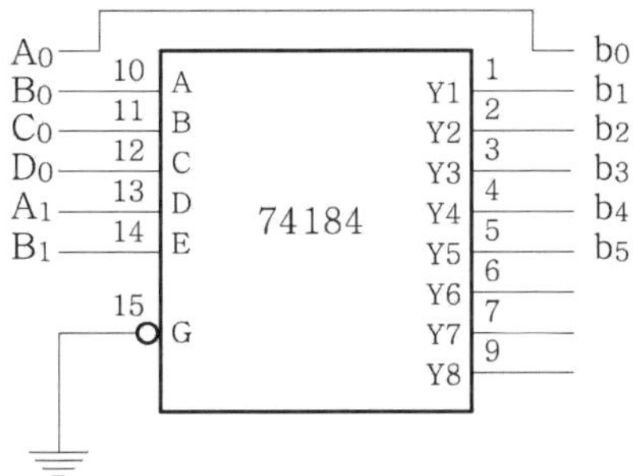

그림 9-6 74184 BCD-to-2진 변환기

표 9-3

B_1	A_1	D_0	C_0	B_0	A_0	b_5	b_4	b_3	b_2	b_1	b_0
0	0	0	0	+5	+5						
0	0	0	+5	+5	+5						
0	+5	0	0	+5	0						
0	+5	0	+5	0	0						
+5	0	0	+5	0	+5						
+5	0	+5	0	0	0						
+5	+5	0	+5	+5	0						
+5	+5	+5	0	0	+5						

(3) 그림 9-7의 변환기를 구성하고 입력 2진수에 대한 BCD의 출력을 측정하여 표 9-4에 기록하시오.

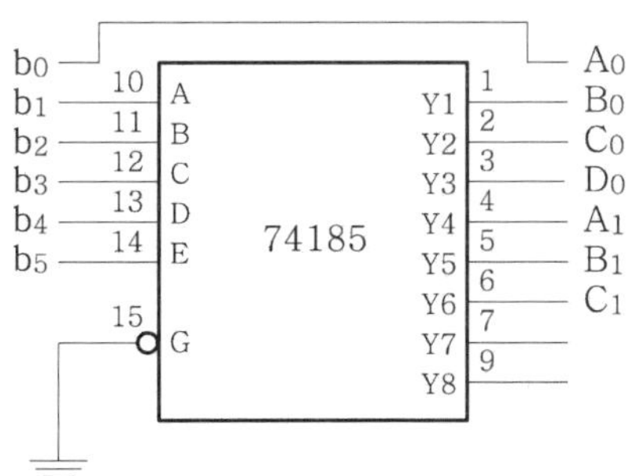

그림 9-7 74185 2진-to-BCD 변환기

표 9-4

b_5	b_4	b_3	b_2	b_1	b_0	C_1	B_1	A_1	D_0	C_0	B_0	A_0
0	0	0	+5	+5	0							
0	0	+5	+5	0	+5							
0	+5	+5	0	+5	0							
+5	0	0	+5	0	+5							
+5	0	+5	+5	+5	0							
+5	+5	0	+5	+5	0							
+5	+5	+5	+5	+5	+5							

(4) 그림 9-8의 변환기를 구성하고 입력 2진수에 대한 그레이코드의 출력을 측정하여 표 9-5에 기록하시오.

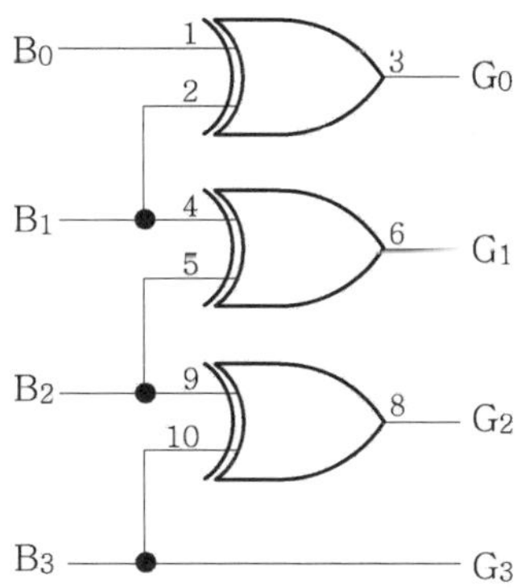

그림 9-8 4비트 2진-to-그레이코드 변환기

표 9-5

B_3	B_2	B_1	B_0	G_3	G_2	G_1	G_0
0	0	+5	+5				
0	5	0	+5				
0	+5	+5	+5				
+5	0	0	+5				
+5	0	+5	+5				
+5	+5	0	+5				
+5	+5	+5	+5				

(5) 그림 9-9의 변환기를 구성하고 입력 그레이코드에 대한 2진수의 출력을 측정하여 표 9-6에 기록하시오.

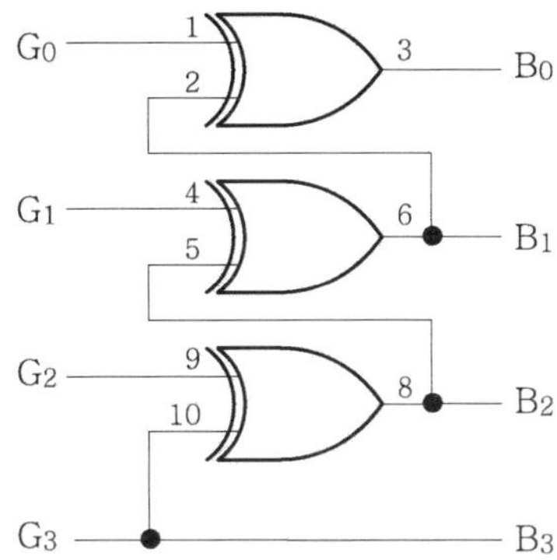

그림 9-9 4비트 그레이코드-to-2진 변환기

표 9-6

G_3	G_2	G_1	G_0	B_3	B_2	B_1	B_0
0	0	+5	+5				
0	5	0	+5				
0	+5	+5	+5				
+5	0	0	+5				
+5	0	+5	+5				
+5	+5	0	+5				
+5	+5	+5	+5				

(6) 그림 9-10의 변환기를 구성하고 입력 BCD에 대한 3초과코드의 출력을 측정하여 표 9-7에 기록하시오.

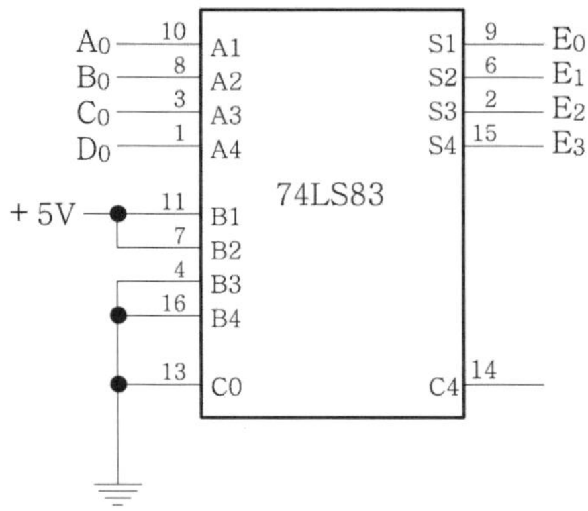

그림 9-10 BCD-to-3초과코드 변환기

표 9-7

D_0	C_0	B_0	A_0	E_3	E_2	E_1	E_0
0	0	0	0				
0	0	0	+5				
0	0	+5	0				
0	0	+5	+5				
0	+5	0	0				
0	+5	0	+5				
0	+5	+5	0				
0	+5	+5	+5				
+5	0	0	0				
+5	0	0	+5				

코 드 변 환 기

학과 : 학년 : 번호 : 조 : 성명 :

[예비보고사항]

(1) BCD에 대해서 설명하시오.

(2) BCD-to-2진 변환기의 구성방법에 대해서 설명하시오.

(3) 그레이코드에 대해서 설명하시오.

(4) 3초과코드에 대해서 설명하시오.

코 드 변 환 기

학과 : 학년 : 번호 : 조 : 성명 :

[실험결과]

표 9-2R

B_1	A_1	D_0	C_0	B_0	A_0	b_5	b_4	b_3	b_2	b_1	b_0
0	0	0	0	+5	+5						
0	0	0	+5	+5	+5						
0	+5	0	0	+5	0						
0	+5	0	+5	0	0						
+5	0	0	+5	0	+5						
+5	0	+5	0	0	0						
+5	+5	0	+5	+5	0						
+5	+5	+5	0	0	+5						

표 9-3R

B_1	A_1	D_0	C_0	B_0	A_0	b_5	b_4	b_3	b_2	b_1	b_0
0	0	0	0	+5	+5						
0	0	0	+5	+5	+5						
0	+5	0	0	+5	0						
0	+5	0	+5	0	0						
+5	0	0	+5	0	+5						
+5	0	+5	0	0	0						
+5	+5	0	+5	+5	0						
+5	+5	+5	0	0	+5						

표 9-4R

b_5	b_4	b_3	b_2	b_1	b_0	C_1	B_1	A_1	D_0	C_0	B_0	A_0
0	0	0	+5	+5	0							
0	0	+5	+5	0	+5							
0	+5	+5	0	+5	0							
+5	0	0	+5	0	+5							
+5	0	+5	+5	+5	0							
+5	+5	0	+5	+5	0							
+5	+5	+5	+5	+5	+5							

표 9-5R

B_3	B_2	B_1	B_0	G_3	G_2	G_1	G_0
0	0	+5	+5				
0	5	0	+5				
0	+5	+5	+5				
+5	0	0	+5				
+5	0	+5	+5				
+5	+5	0	+5				
+5	+5	+5	+5				

표 9-6R

G_3	G_2	G_1	G_0	B_3	B_2	B_1	B_0
0	0	+5	+5				
0	5	0	+5				
0	+5	+5	+5				
+5	0	0	+5				
+5	0	+5	+5				
+5	+5	0	+5				
+5	+5	+5	+5				

표 9-7R

D_0	C_0	B_0	A_0	E_3	E_2	E_1	E_0
0	0	0	0				
0	0	0	+5				
0	0	+5	0				
0	0	+5	+5				
0	+5	0	0				
0	+5	0	+5				
0	+5	+5	0				
0	+5	+5	+5				
+5	0	0	0				
+5	0	0	+5				

[검토사항]

(1) 표 9-2R과 표 9-3R로부터 두 BCD-to-2진 변환기를 비교하시오.

(2) 표 9-5R과 2진-to-그레이코드 변환기의 출력을 비교하시오.

(3) 표 9-6R과 그레이코드-to-2진 변환기의 출력을 비교하시오.

(4) 가산기를 사용하지 않고 BCD-to-3초과코드 변환기를 구성하시오.

실험 10

플립플롭

1. 목 적

SR, D 및 JK 플립플롭의 구성방법과 동작원리를 이해하고 D 및 JK 플립플롭의 실험을 통하여 플립플롭에 대한 동작특성을 확인한다.

2. 이 론

대부분의 디지털 시스템은 조합회로와 기억소자로 구성되어 으며 기본적인 기억소자는 플립플롭이고 논리게이트의 조합으로 구성되어 있다. 논리게이트 자체에는 저장능력이 없지만 여러 개의 논리게이트를 조합하면 기억소자로서 사용할 수 있다. 플립플롭에는 두 개의 안정된 출력이 있는데, 출력 Q는 플립플롭의 정상출력을, 출력 $\overline{Q}$는 반전출력을 나타낸다. 플립플롭이 HIGH상태이면 출력 $Q=1$, $\overline{Q}=0$임을 나타내고, LOW상태이면 출력 $Q=0$, $\overline{Q}=1$임을 나타낸다. 플립플롭은 출력상태를 결정하는 1개 또는 그 이상의 입력을 가지며, 플립플롭의 입력이 출력상태를 변화시키기 위해서는 클럭 펄스가 인가되어야 한다. 플립플롭은 입력이 없어진 뒤에도 계속적으로 출력상태를 유지하는 메모리 특성을 가지고 있다.

(1) SR 래치

SR 래치는 2개의 NAND 게이트 또는 NOR 게이트로 구성된 가장 기본적인 메모리 특성을 나타내는 기억소자이다. SR 래치는 일반적인 플립플롭과는 달리 클럭 펄스가 없어도 입력만에 의해 출력의 상태가 결정되고, 모든 플립플롭은 SR 래치를 기본소자로 하여 구성된다. 그림 10-1은 2개의 NAND게이트로 구성된 SR 래치와 진리표이다.

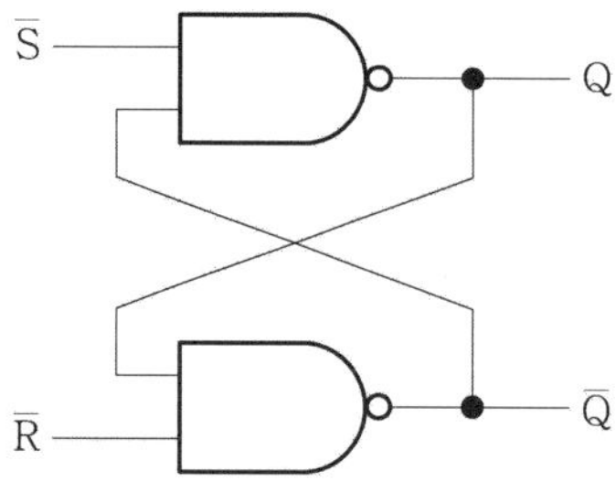

(a) 회로

$\overline{S}$	$\overline{R}$	Q
1	1	불변
1	0	0
0	1	1
0	0	금지

(b) 진리표

그림 10-1 SR 래치

SR 래치는 입력 $\overline{S}$와 $\overline{R}$ 및 상반된 출력 Q와 $\overline{Q}$를 가지고 있으며, 두 개의 NAND 게이트를 교차 결합하여 구성된다. 각 게이트의 출력이 상대 게이트의 입력으로 연결되어 피드백 됨으로써 SR 래치는 저장능력을 가질 수 있다. SR 래치에서 $\overline{S}$와 $\overline{R}$입력은 일반적으로 HIGH상태를 유지하고 있고, 출력들을 변화시키고자 할 때에는 두 입력 중 하나에 LOW를 인가한다. $\overline{S}=\overline{R}=1$인 경우에는 입력이 인가되기 전의 출력상태를 유지하며, $\overline{S}=0$, $\overline{R}=1$인 경우에는 출력은 항상 $Q=1$이 되며, $\overline{S}=1$, $\overline{R}=0$인 경우에는 출력은 $Q=0$이 된다. $\overline{S}=\overline{R}=0$인 경우에는 출력 $Q=\overline{Q}=1$인 상태로 되어 래치는 항상 상반된 출력을 가져야 하는 특성에 위배되므로 사용하지 않는다.

(2) SR 플립플롭

대부분의 디지털 시스템은 회로설계와 고장점검이 용이한 동기시스템으로 구성되어 있고, 동기시스템에서는 클럭 펄스에 의해 출력상태가 변화하는 플립플롭을 많이 사용하고 있다. 플립플립 의 종류에는 SR, D 및 JK 플립플롭이 있으나 SR 플립플롭은 실제로 거의 사용되지 않고 단지 집적회로의 내부구성 요소로만 사용될 뿐이다. D 및 JK 플립플롭은 널리 사용되고 있으며, 플립플롭을 이용한 모든 응용회로는 D 또는 JK 플립플롭에 의해 이루어진다. 그러나 D 및 JK 플립플롭은 SR 플립플롭으로부터 유도되기 때문에 SR 플립플롭을 먼저 이해하는 것이 중요하다.

그림 10-2는 SR 플립플롭의 논리기호와 진리표이다.

S와 R은 클럭 펄스가 인가될 때의 플립플롭의 동작을 결정하는 동기입력이고, CLK는 플립플롭을 트리거시키는 클럭 펄스이다. 클럭 펄스가 인가될 때까지는 S와 R에 의해서 플립

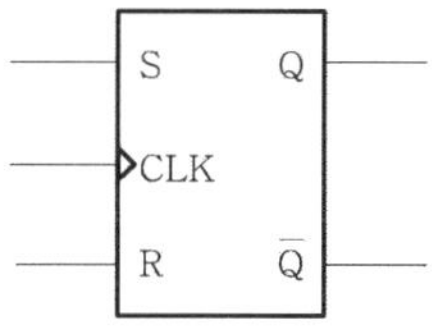

(a) 논리기호

S	R	Q
0	0	Q_0 (불변)
0	1	0
1	0	1
1	1	금지

(b) 진리표

그림 10-2 SR 플립플롭

플롭의 출력상태는 변화되지 않는다. S = R = 0일 때 클럭 펄스에 의해서 출력 Q의 상태는 변화되지 않는다. S = 0, R = 1일 때 클럭 펄스에 의해서 출력 Q는 0으로 리셋된다. S = 1, R = 0일 때 클럭 펄스에 의해서 출력 Q는 1로 세트된다. S=R=1일 때는 금지조건이다. 모든 플립플롭들은 일반적으로 집적회로로 구성되어 있지만 플립플롭의 기본회로는 플립플롭의 동작을 이해하는데 필요하다.

그림 10-3은 SR 플립플롭의 회로이다.

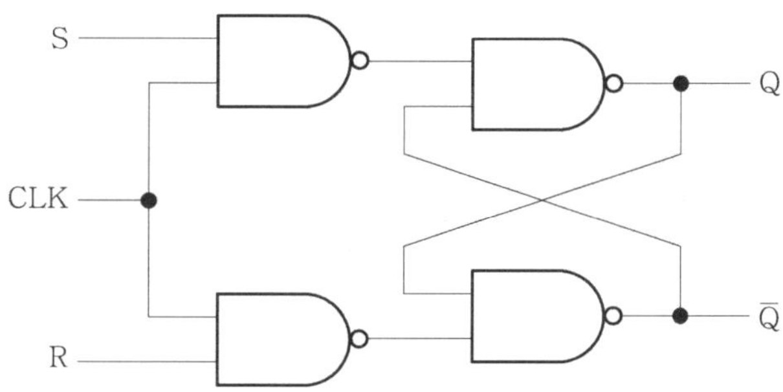

그림 10-3 SR 플립플롭의 회로

(3) D 플립플롭

D 플립플롭은 하나의 동기입력 D를 갖고 있으므로 단일의 비트를 저장할 때 매우 유용하다. 그림 10-4는 D 플립플롭의 논리기호와 진리표이다.

D 플립플롭은 클럭 펄스에 의해서 트리거되며, D 입력 하나만 갖고 있으므로 다른 플립플롭에 비해 동작은 간단하다. D 입력이 HIGH이면 클럭 펄스에 의해서 플립플롭은 세트되므로 1을 저장하고, D 입력이 LOW이면 클럭 펄스에 의해서 플립플롭은 리셋되므로 0을 저장한다. 즉 D 의 현재 입력이 플립플롭에 저장된다. D 플립플롭은 SR 플립플롭의 입력에 단순히 1개의 인버터만 추가하면 구현될 수 있다.

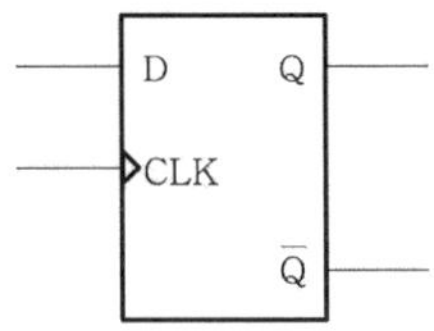

(a) 논리기호

D	Q
0	0
1	1

(b) 진리표

그림 10-4 D 플립플롭

그림 10-5는 D 플립플롭의 회로이다.

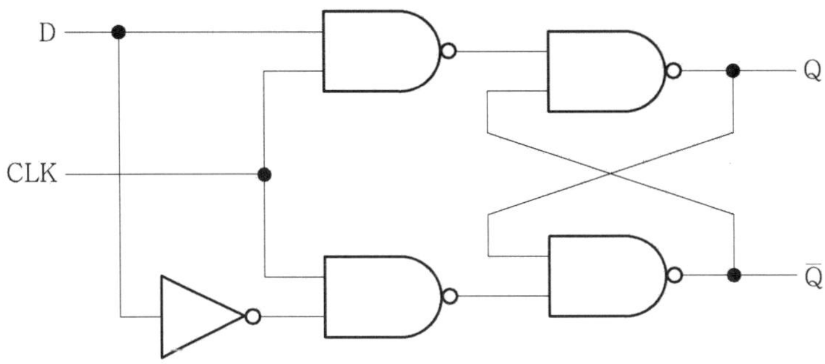

그림 10-5 D 플립플롭의 회로

입력 D가 인버터에 의해 S와 R입력에 상반되게 인가되므로 출력 Q는 입력 D와 같게 된다.

(4) JK 플립플롭

JK 플립플롭은 여러 플립플롭 중에서 가장 널리 사용되고 있다. JK 플립플롭은 세트, 리셋 및 불변의 출력상태는 SR 플립플롭과 동일하고 J=K=1일 때도 출력상태가 나타난다. 즉, J=K=1일 때는 출력의 상태가 반전된다.

그림 10-6은 JK 플립플롭의 논리기호와 진리표이다.

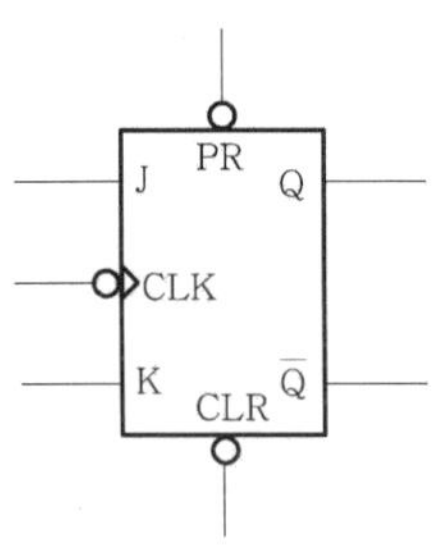

(a) 논리기호

J	K	Q
0	0	Q_0 (불변)
0	1	0
1	0	1
1	1	$\overline{Q_0}$ (토글)

(b) 진리표

그림 10-6 JK 플립플롭

CLK의 작은 원은 클럭 펄스의 하강에지에서 플립플롭이 트리거됨을 의미한다. JK 플립플롭은 $J = K = 1$의 입력조건만 제외하고는 SR 플립플롭과 동일하게 동작하고 $J = K = 1$에서는 출력 Q의 상태는 클럭 펄스가 인가되기 전의 상태와 반전되는 토글동작을 한다. 따라서 JK 플립플롭은 SR 플립플롭의 동작에다 토글동작의 기능도 함께 갖고 있다.

그림 10-7은 JK 플립플롭의 회로이다.

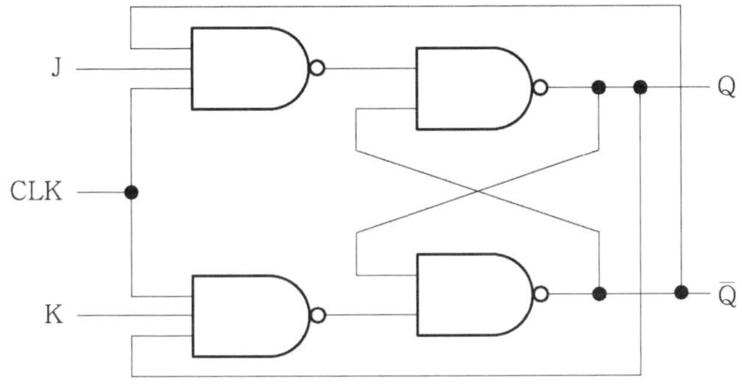

그림 10-7 JK 플립플롭의 회로

JK 플립플롭과 SR 플립플롭의 주된 차이점은 출력 Q와 $\overline{Q}$가 입력부분의 NAND게이트로 피드백 되어 있다는 것이다. 이 피드백이 $J = K = 1$ 조건에서 JK 플립플롭을 토글하게 한다.

(5) 비동기 입력

대부분의 플립플롭들은 동기입력 및 클럭 펄스와는 독립적으로 동작되는 1개 이상의 비동기 입력을 가지고 있다. 이 비동기 입력들은 다른 입력조건과 무관하게 플립플롭을 세트 또는 클리어시키기 위해 사용된다. 비동기입력은 플립플롭의 다른 입력들에 상관없이 플립플롭의 상태를 우선적으로 변화시킬 수 있기 때문에 오버라이드 입력이라고 한다. 그림 10-6은 2개의 비동기입력 PR과 CLR을 가진 JK 플립플롭이며, 이 비동기입력들은 동적 LOW입력이다.

PR과 CLR의 4가지 입력조건에 따른 동작은 다음과 같다.

- $\overline{PR} = \overline{CLR} = 1$: 비동기입력들은 동작되지 않고 플립플롭은 J, K, CLK에 의하여 동작하게 된다.
- $\overline{PR} = 0,\ \overline{CLR} = 1$: Q는 J, K, CLK에 관계없이 즉시 1로 세트된다.

- $\overline{PR}=1$, $\overline{CLR}=0$: Q는 J, K, CLK에 관계없이 즉시 0으로 클리어된다.
- $\overline{PR}=\overline{CLR}=0$: 이 조건은 애매 모호한 결과를 발생시키므로 사용하지 않는다.

3. 사용기기 및 부품

- 74LS00 NAND 게이트
- 74LS04 인버터
- 74LS74 D 플립플롭
- 74LS76 JK 플립플롭

4. 실험방법

(1) 그림 10-8의 SR 래치를 구성하고 입력에 대한 출력의 상태를 측정하여 표 10-1에 기록하시오.

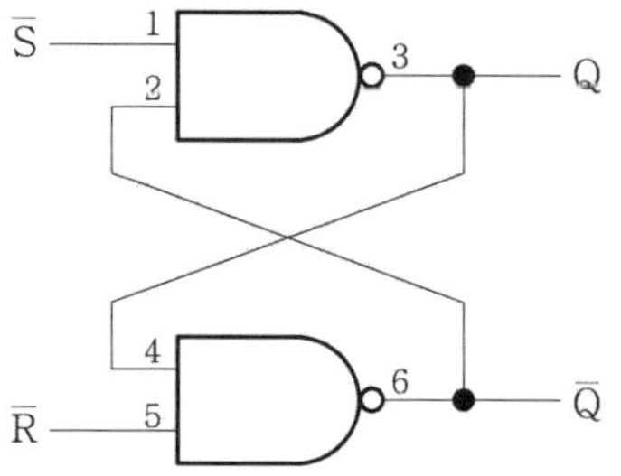

그림 10-8 SR 래치

표 10-1

$\overline{S}$	$\overline{R}$	Q	$\overline{Q}$
+5	0		
+5	+5		
0	+5		
+5	+5		
0	0		

(2) 그림 10-9의 SR 플립플롭을 구성하고 입력에 대한 출력의 상태를 측정하여 표 10-2에 기록하시오.

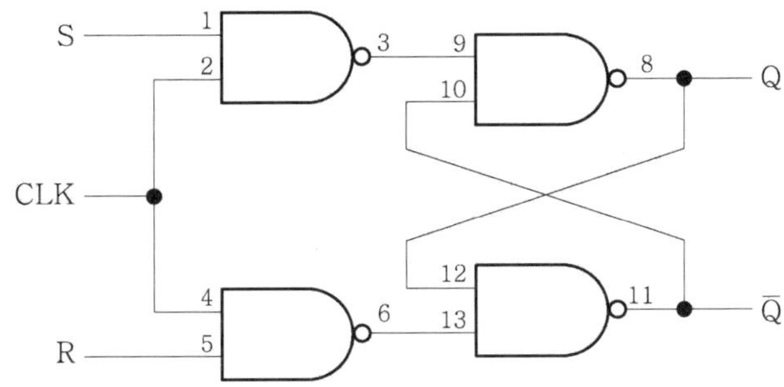

그림 10-9 SR 플립플롭

표 10-2

S	R	CLK	Q	$\overline{Q}$
0	+5	+5		
0	0	+5		
+5	0	+5		
0	0	0		
0	+5	+5		
+5	+5	0		
+5	0	+5		
0	+5	0		

(3) 그림 10-10의 D 플립플롭을 구성하고 입력에 대한 출력의 상태를 측정하여 표 10-3에 기록하시오.

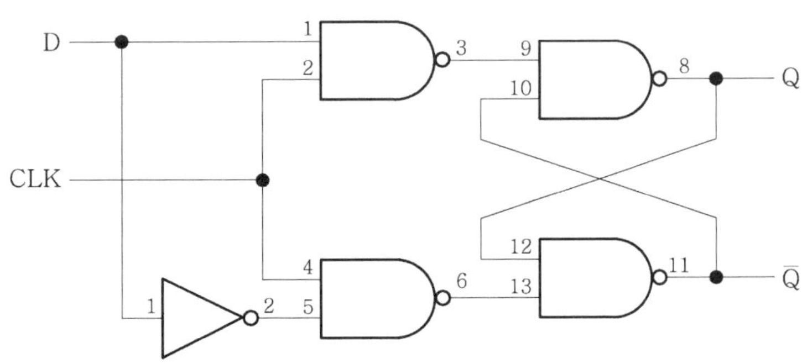

그림 10-10 D 플립플롭

표 10-3

D	CLK	Q	$\overline{Q}$
0	+5		
0	0		
+5	0		
+5	+5		
0	+5		
+5	0		

(4) 그림 10-11의 JK 플립플롭을 구성하고 입력에 대한 출력의 상태를 측정하여 표 10-4에 기록하시오.

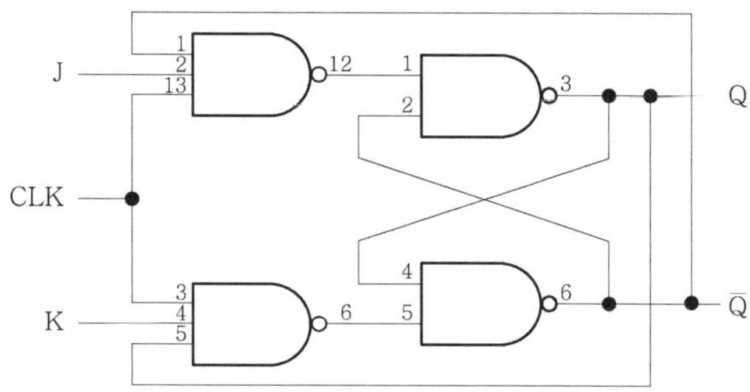

그림 10-11 JK 플립플롭

표 10-4

J	K	CLK	Q	$\overline{Q}$
0	+5	+5		
0	0	+5		
+5	0	0		
+5	+5	+5		
0	+5	+5		
+5	0	+5		
+5	+5	0		
+5	+5	+5		

(5) 그림 10-12의 D 플립플롭의 입력에 대한 출력의 상태를 측정하여 표 10-5에 기록하시오.

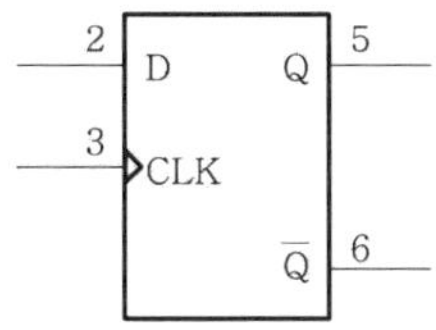

그림 10-12 D 플립플롭

표 10-5

D	CLK	Q	$\overline{Q}$
+5	↑		
0	↑		
+5	↑		
0	↑		
0	↑		
+5	↑		

(6) 그림 10-13의 JK 플립플롭의 입력에 대한 출력의 상태를 측정하여 표 10-6에 기록하시오.

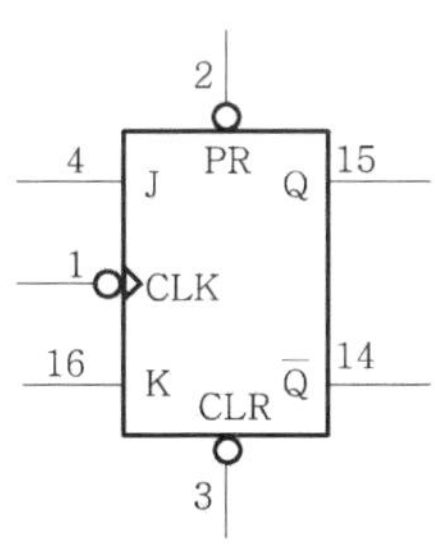

그림 10-13 JK 플립플롭

표 10-6

$\overline{PR}$	$\overline{CLR}$	J	K	CLK	Q	$\overline{Q}$
0	+5	0	0	↓		
+5	+5	0	+5	↓		
+5	+5	+5	+5	↓		
+5	0	+5	+5	↓		
+5	+5	+5	0	↓		
+5	+5	+5	+5	↓		
0	+5	0	+5	↓		
+5	+5	0	+5	↓		
+5	+5	+5	0	↓		
+5	+5	0	0	↓		
+5	0	+5	0	↓		
+5	+5	+5	+5	↓		

플립플롭

학과 : 학년 : 번호 : 조 : 성명 :

[예비보고사항]

(1) 래치와 플립플롭의 차이점을 설명하시오.

(2) SR 플립플롭에서 S=R=1은 왜 금지 입력인지 설명하시오.

(3) JK 플립플롭으로 D 플립플롭을 구성하시오.

(4) JK 플립플롭의 토글동작에 대해서 설명하시오.

플립플롭

학과 : 학년 : 번호 : 조 : 성명 :

[실험결과]

표 10-1R

$\overline{S}$	$\overline{R}$	Q	$\overline{Q}$
+5	0		
+5	+5		
0	+5		
+5	+5		
0	0		

표 10-2R

S	R	CLK	Q	$\overline{Q}$
0	+5	+5		
0	0	+5		
+5	0	+5		
0	0	0		
0	+5	+5		
+5	+5	0		
+5	0	+5		
0	+5	0		

표 10-3R

D	CLK	Q	$\overline{Q}$
0	+5		
0	0		
+5	0		
+5	+5		
0	+5		
+5	0		

표 10-4R

J	K	CLK	Q	$\overline{Q}$
0	+5	+5		
0	0	+5		
+5	0	0		
+5	+5	+5		
0	+5	+5		
+5	0	+5		
+5	+5	0		
+5	+5	+5		

표 10-5R

D	CLK	Q	$\overline{Q}$
+5	↑		
0	↑		
+5	↑		
0	↑		
0	↑		
+5	↑		

표 10-6R

$\overline{PR}$	$\overline{CLR}$	J	K	CLK	Q	$\overline{Q}$
0	+5	0	0	↓		
+5	+5	0	+5	↓		
+5	+5	+5	+5	↓		
+5	0	+5	+5	↓		
+5	+5	+5	0	↓		
+5	+5	+5	+5	↓		
0	+5	0	+5	↓		
+5	+5	0	+5	↓		
+5	+5	+5	0	↓		
+5	+5	0	0	↓		
+5	0	+5	0	↓		
+5	+5	+5	+5	↓		

[검토사항]

(1) 표 10-2R과 SR 플립플롭의 진리표를 비교하시오.

(2) 표 10-5R과 D 플립플롭의 진리표를 비교하시오.

(3) 표 10-6R과 JK 플립플롭의 진리표를 비교하시오.

(4) 비동기입력에 대해서 설명하시오.

실험 11

시프트 레지스터

1. 목 적

시프트 레지스터의 구성방법과 동작원리를 이해하고 다양한 시프트 레지스터와 링 카운터의 실험을 통하여 시프트 레지스터에 대한 응용력을 기른다.

2. 이 론

시프트 레지스터는 데이터 저장과 데이터 시프트의 두 가지 기본기능을 가진 디지털회로이다. 시프트 레지스터는 기본 기억소자인 D 및 JK 플립플롭으로 구성되며 디지털 시스템내의 데이터를 임시로 저장하는데 사용되거나, 디지털 시스템의 응용회로에 매우 중요하게 사용된다. 시프트 레지스터의 각 플립플롭들은 한 비트를 저장하므로 시프트 레지스터를 구성하는 플립플롭의 수는 시프트 레지스터의 저장용량을 나타낸다

시프트 레지스터의 시프트 기능은 클럭 펄스가 인가될 때 시프트 레지스터의 한 플립플롭에서 다른 플립플롭으로 또는 시프트 레지스터의 내부와 외부로 데이터를 시프트시키는 것이다. 시프트 레지스터에 데이터를 입력하는 방식에는 직렬 입력과 병렬 입력이 있고, 시프트 레지스터로부터 데이터를 출력하는 방식에는 직렬 출력과 병렬 출력이 있다. 따라서 이러한 입출력방식에 의해서 시프트 레지스터는 직렬입력-직렬출력 시프트 레지스터, 직렬입력-병렬출력 시프트 레지스터, 병렬입력-직렬출력 시프트 레지스터, 병렬입력-병렬출력 시프트 레지스터로 분류된다

(1) 직렬입력-직렬출력 시프트 레지스터

직렬입력-직렬출력 시프트 레지스터(SISO shift register)는 한번에 한 비트씩 데이터를 직렬로 입력하여 저장하고, 데이터를 출력할 때도 한번에 한 비트씩 직렬로 출력한다
그림 11-1은 D 플립플롭으로 구성된 4비트 직렬입력-직렬출력 시프트 레지스터이다.

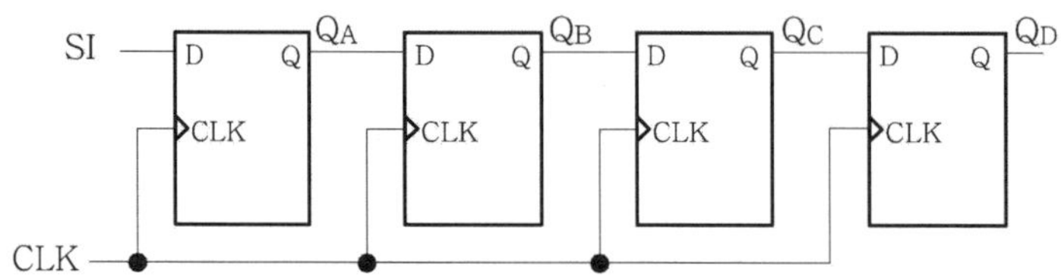

그림 11-1 4비트 직렬입력-직렬출력 시프트 레지스터

이 시프트 레지스터는 4개의 플립플롭으로 구성되어 있으므로 4비트의 데이터를 저장할 수 있다. 즉, 저장용량이 4비트이다. 데이터가 한 비트씩 SI에 입력되면 Q_A는 Q_B로, Q_B는 Q_C로, Q_C는 Q_D로 우측으로 시프트 된다. 시프트 레지스터에서 데이터를 출력할 때도 시프트 레지스터의 내용을 우측으로 1비트씩 시프트시키면서 Q_D에서 출력한다.

(2) 직렬입력-병렬출력 시프트 레지스터

직렬입력-병렬출력 시프트 레지스터(SIPO shift register)는 데이터를 입력할 때 한 비트씩 시프트 레지스터 내로 입력하고, 데이터를 시프트 레지스터에서 출력할 때는 동시에 모든 비트를 출력한다
그림 11-2는 D 플립플롭으로 구성된 4비트 직렬입력-병렬출력 시프트 레지스터이다.

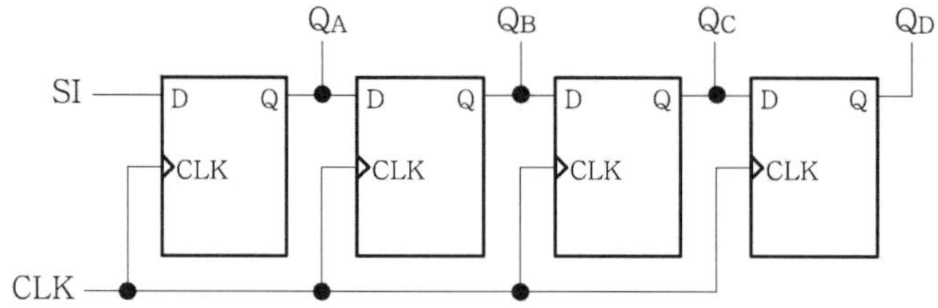

그림 11-2 4비트 직렬입력-병렬출력 시프트 레지스터

(3) 병렬입력-병렬출력 시프트 레지스터

병렬입력-병렬출력 시프트 레지스터(PIPO shift register)는 데이터를 입력할 때 동시에 모든 비트를 입력하고, 데이터를 출력할 때도 동시에 모든 비트를 출력한다.

그림 11-3은 74LS96 5비트 병렬입력-병렬출력 시프트 레지스터이다.

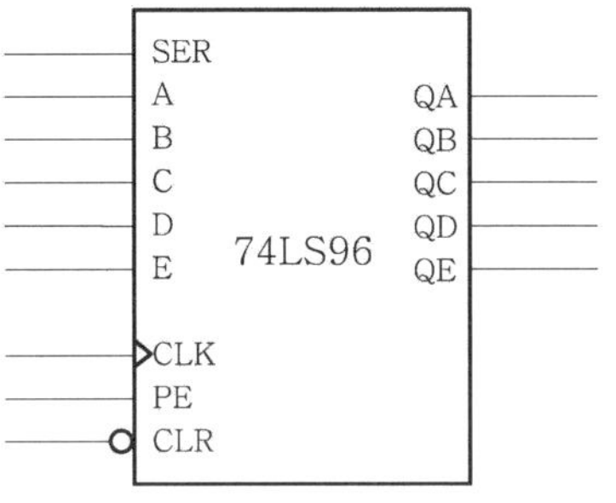

그림 11-3 74LS96 PIPO 시프트 레지스터

이 시프트 레지스터에는 병렬입력 A~E 및 직렬입력 SER과 병렬입력을 가능하게 하는 인에이블 입력 PE가 있다. PE가 HIGH일 때 5비트의 데이터가 병렬로 입력된다.

(4) 양방향 만능 시프트 레지스터

양방향 만능 시프트 레지스터는 직렬 입출력, 병렬 입출력이 모두 가능한 시프트 레지스터로서 시프트 레지스터의 모든 동작이 실현된다. 이 만능 시프트 레지스터는 대부분 집적회로화 되어 있으며 그 중에서 대표적인 것이 74LS194이다.

그림 11-4는 74LS194 양방향 만능 시프트 레지스터이다.

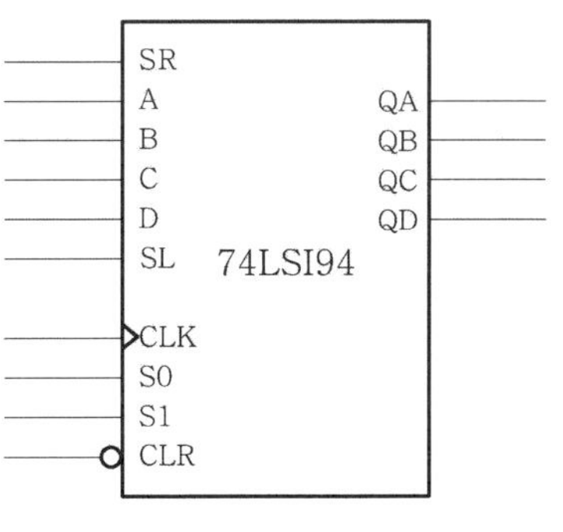

그림 11-4 74LS194 양방향 시프트 레지스터

이 시프트 레지스터는 병렬입력, 우측 시프트, 좌측 시프트의 동작을 할 수 있으며, 이러한 동작은 모드 선택신호 S_1과 S_0에 의해 선택된다. $S_1 = S_0 =$ HIGH이면 병렬입력 상태가 되므로 A~D를 통하여 데이터가 병렬로 입력된다. $S_1 =$ LOW이고, $S_0 =$ HIGH이면 우측 시프트 상태가 되므로 SR이 직렬입력이고, Q_D가 마지막 출력이다. $S_1 =$ HIGH이고, $S_0 =$ LOW이면 좌측 시프트 상태가 되므로 SL이 직렬입력이고, Q_A가 마지막 출력이다.

(5) 링 카운터

시프트 레지스터는 여러 가지 형태의 카운터를 구성하기 위해 배열될 수 있다. 가장 널리 이용되는 시프트 레지스터 카운터는 마지막 플립플롭의 출력과 첫째 플립플롭의 입력이 연결되어 순환 시프트 레지스터로 동작하는 링 카운터이다

그림 11-5는 D 플립플롭으로 구성된 4비트 링 카운터와 상태표이다.

데이터가 우측으로 시프트되면서 순환할 수 있도록 Q_A와 Q_D가 연결되어 있다. 대부분의 경우 시프트 레지스터에는 단지 하나의 1을 가진 데이터를 입력하고, 이 1이 클럭 펄스가 인가되는 한 계속 시프트 레지스터의 내부를 순환하면서 특정한 시퀀스 상태를 나타내기 때문

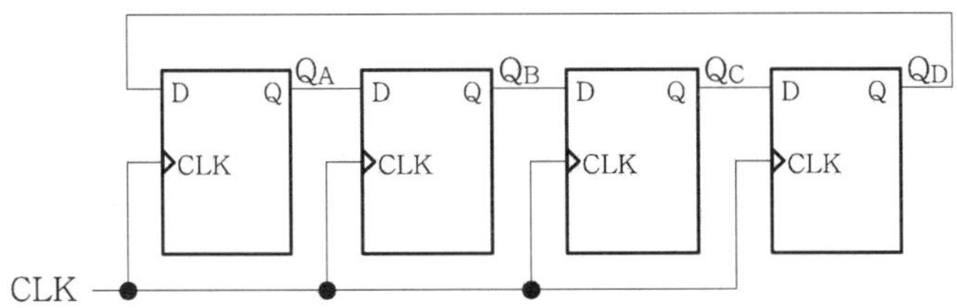

(a) 회로

CLK	Q_A	Q_B	Q_C	Q_D
0	1	0	0	0
1	0	1	0	0
2	0	0	1	0
3	0	0	0	1
4	1	0	0	0

(b) 상태표

그림 11-5 4비트 링 카운터

에 링 카운터라고 한다. 초기상태를 1000으로 설정한 후 첫 번째 클럭 펄스가 인가되면 1은 Q_A에서 Q_B로 시프트되어 0100의 상태가 되고, 두 번째 클럭 펄스는 0010의 상태를 만들고, 세 번째 클럭 펄스는 0001의 상태를 만든다. 네 번째 클럭 펄스에 의해서 1은 Q_D에서 Q_A로 순환되어 다시 초기상태 1000으로 되돌아가고 클럭 펄스가 계속 인가되면 이 주기가 반복된다

링 카운터는 보통 2진 카운터의 시퀀스대로 동작하지 않지만 4개의 상태를 가지기 때문에 MOD-4 카운터의 기능을 한다. MOD-N 링 카운터는 N개의 플립플롭을 연결하여 구성되며, 일반적으로 링 카운터의 구성에는 같은 MOD수를 가진 2진 카운터보다 더 많은 수의 플립플롭이 필요하다.

3. 사용기기 및 부품

- 74LS74 D 플립플롭
- 74LS96 5비트 PIPO 시프트 레지스터
- 74LS194 4비트 양방향 시프트 레지스터

4. 실험방법

(1) 그림 11-6의 4비트 시프트 레지스터를 구성하고 각 플립플롭의 PR과 CLR를 HIGH로 하시오. CLR를 LOW로 한 후 다시 HIGH로 하여 시프트 레지스터를 클리어하시오.

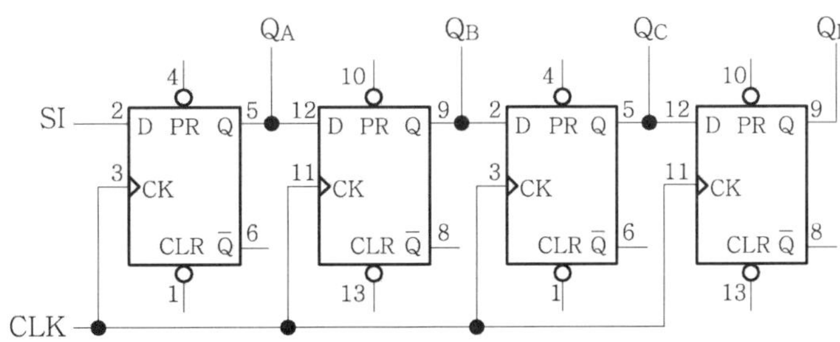

그림 11-6 4비트 시프트 레지스터

(2) 직렬 입력 SI에 표 11-1의 데이터를 입력하고 클럭 펄스를 인가할 때마다 출력 Q_A~Q_D의 상태를 측정하여 표 11-1에 기록하시오.

표 11-1

CLK	SI	Q_A	Q_B	Q_C	Q_D
0	—	L	L	L	L
1	+5				
2	+5				
3	0				
4	+5				

(3) 그림 11-6의 SI를 LOW로 하고 시프트 레지스터를 클리어하시오. 첫째와 셋째 플립플립의 PR를 LOW로 한 후 다시 HIGH로 하여 초기상태를 1010으로 설정하시오. 클럭 펄스를 인가할 때 마다 출력 Q_A~ Q_D 의 상태를 측정하여 표 11-2에 기록하시오.

표 11-2

CLK	Q_A	Q_B	Q_C	Q_D
0	H	L	H	L
1				
2				
3				
4				

(4) 그림 11-7의 4비트 링 카운터를 구성하고 클리어하시오. 초기상태를 1000으로 설정한 후 클럭펄스를 인가할 때마다 출력 Q_A~ Q_D의 상태를 측정하여 표 11-3에 기록하시오.

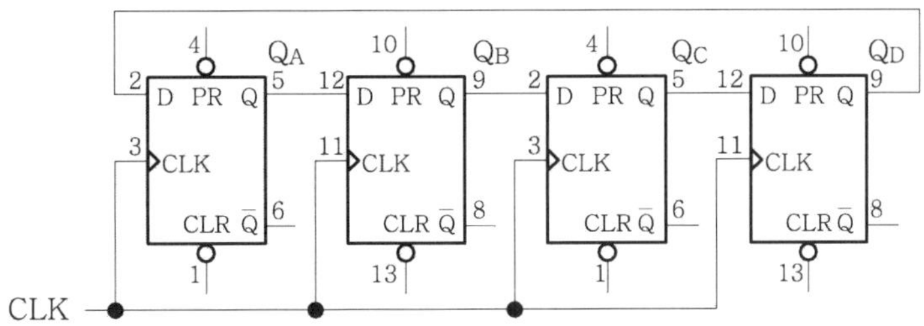

그림 11-7 4비트 링 카운터

표 11-3

CLK	Q_A	Q_B	Q_C	Q_D
0	H	L	L	L
1				
2				
3				
4				

(5) 그림 11-8의 시프트 레지스터의 SER을 LOW로 하고 시프트 레지스터를 클리어하시오.

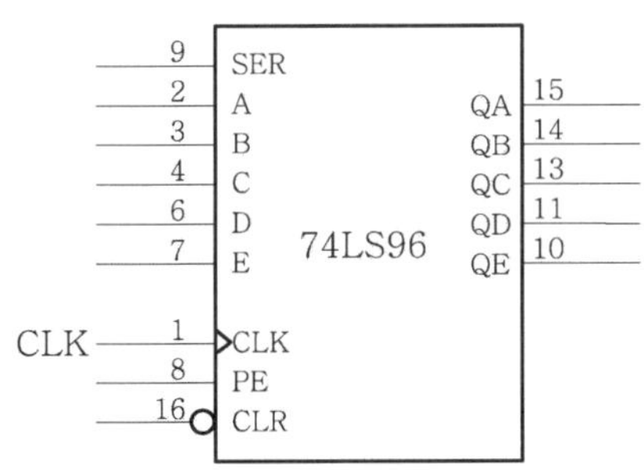

그림 11-8 74LS96 PIPO 시프트 레지스터

(6) 초기상태를 11000으로 설정한 후 클럭 펄스를 인가할 때마다 출력 $Q_A \sim Q_E$ 의 상태를 측정하여 표 11-4 에 기록하시오.

표 11-4

CLK	Q_A	Q_B	Q_C	Q_D	Q_E
0	H	H	L	L	L
1					
2					
3					
4					
5					

(7) 그림 11-9의 5비트 링 카운터를 구성하고 클리어하시오. 초기상태를 10000으로 설정한 후 클럭펄스를 인가할 때마다 출력 $Q_A \sim Q_E$ 의 상태를 측정하여 표 11-5에 기록하시오.

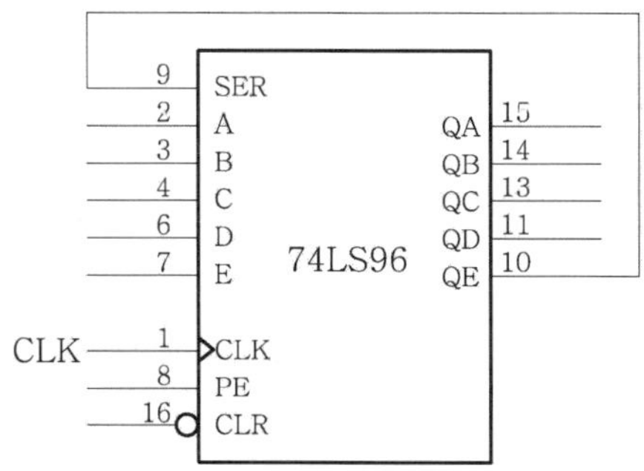

그림 11-9 5비트 링 카운터

표 11-5

CLK	Q_A	Q_B	Q_C	Q_D	Q_E
0	H	L	L	L	L
1					
2					
3					
4					
5					

(8) 그림 11-9의 링 카운터를 클리어한 후 초기상태를 10000으로 설정하시오. CLK에 10-kHz 의 구형파를 인가할 때 출력 $Q_A \sim Q_E$ 의 파형을 측정하여 그림 11-10에 그리시오.

그림 11-10 5비트 링 카운터의 파형

(9) 그림 11-11의 시프트레지스터의 CLR을 LOW로 한 후 다시 HIGH로 하여 시프트 레지스터를 클리어하시오.

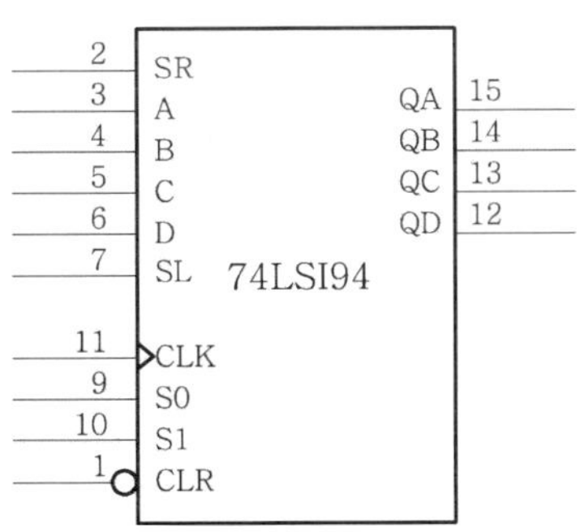

그림 11-11 74LS194 양방향 시프트 레지스터

(10) 병렬 입력동작 때는 $S_1 = S_0 =$ HIGH로, 우측 시프트동작 때는 $S_1 =$ LOW, $S_0 =$ HIGH로, 좌측 시프트동작 때는 $S_1 =$ HIGH, $S_0 =$ LOW로 설정하시오. 각 동작 모드에서 데이터를 입력한 후 클럭 펄스를 인가할 때마다 출력 QA ~ QD 의 상태를 측정하여 표 11-6에 기록하시오.

표 11-6

CLK	S_1	S_0	SR	SL	A	B	C	D	Q_A	Q_B	Q_C	Q_D
0	×	×	×	×	×	×	×	×	L	L	L	L
1	H	H	×	×	+5	+5	0	+5				
2	L	H	0	×	×	×	×	×				
3	L	H	+5	×	×	×	×	×				
4	L	H	+5	×	×	×	×	×				
5	L	H	0	×	×	×	×	×				
6	H	H	×	×	+5	0	+5	+5				
7	H	L	×	+5	×	×	×	×				
8	H	L	×	0	×	×	×	×				
9	H	L	×	+5	×	×	×	×				
10	H	L	×	0	×	×	×	×				
11	H	H	×	×	+5	0	+5	0				

(11) 그림 11-12의 양방향 링 카운터를 구성하고 클리어하시오. 초기상태를 1000으로 설정한 후 클럭 펄스를 인가할 때마다 출력 Q_A ~ Q_D 의 상태를 측정하여 표 11-7에 기록하시오.

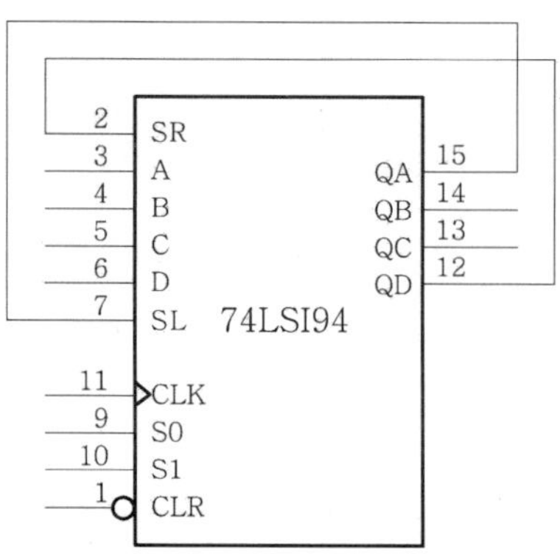

그림 11-12 양방향 링 카운터

표 11-7

CLK	S_1	S_0	Q_A	Q_B	Q_C	Q_D
1	H	H	H	L	L	L
2	L	H				
3	L	H				
4	L	H				
5	L	H				
6	H	L				
7	H	L				
8	H	L				
9	H	L				
10	H	L				
11	L	H				

(12) 그림 11-12의 링 카운터를 클리어한 후 초기상태를 1000으로 설정하시오. CLK에 10-kHz의 구형파를 인가할 때 출력 $Q_A \sim Q_D$ 의 파형을 측정하여 그림 11-13에 그리시오.

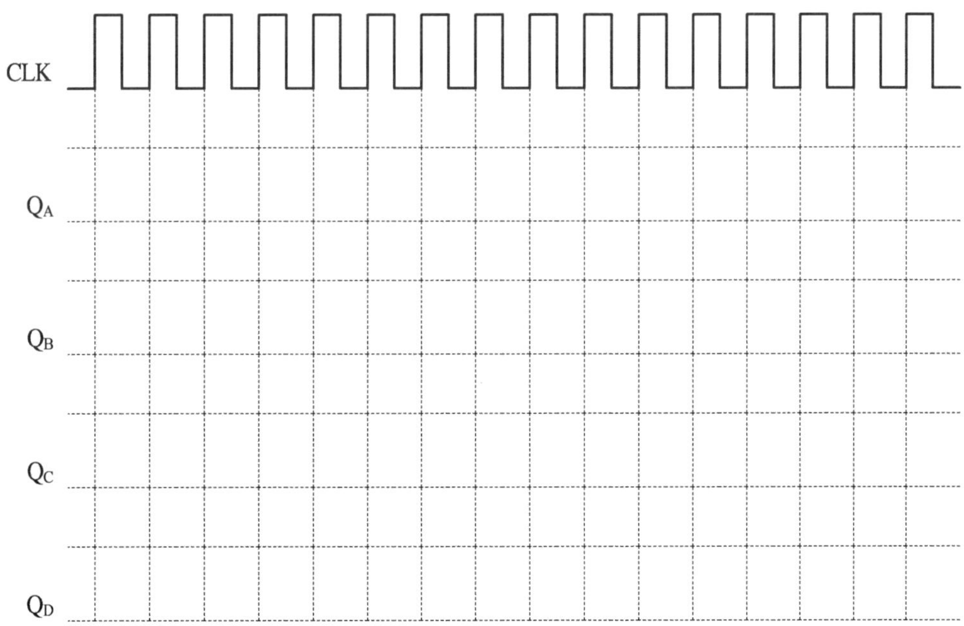

그림 11-13 양방향 링 카운터의 파형

시프트 레지스터

학과 : 학년 : 번호 : 조 : 성명 :

[예비보고사항]

(1) 시프트 레지스터를 분류하시오,

(2) 4개의 JK 플립플롭으로 링 카운터를 구성하시오.

(3) 74LS96 5비트 시프트 레지스터로 링 카운터를 구성하시오.

(4) 74LS194 양방향 만능 시프트 레지스터의 동작모드에 대해서 설명하시오.

시프트 레지스터

학과 : 학년 : 번호 : 조 : 성명 :

[실험결과]

표 11-1R

CLK	S_I	Q_A	Q_B	Q_C	Q_D
0	—	L	L	L	L
1	+5				
2	+5				
3	0				
4	+5				

표 11-2R

CLK	Q_A	Q_B	Q_C	Q_D
0	H	L	H	L
1				
2				
3				
4				

표 11-3R

CLK	Q_A	Q_B	Q_C	Q_D
0	H	L	L	L
1				
2				
3				
4				

표 11-4R

CLK	Q_A	Q_B	Q_C	Q_D	Q_E
0	H	H	L	L	L
1					
2					
3					
4					
5					

표 11-5R

CLK	Q_A	Q_B	Q_C	Q_D	Q_E
0	H	L	L	L	L
1					
2					
3					
4					
5					

그림 11-10R

표 11-6R

CLK	S_1	S_0	SR	SL	A	B	C	D	Q_A	Q_B	Q_C	Q_D
0	×	×	×	×	×	×	×	×	L	L	L	L
1	H	H	×	×	+5	+5	0	+5				
2	L	H	0	×	×	×	×	×				
3	L	H	+5	×	×	×	×	×				
4	L	H	+5	×	×	×	×	×				
5	L	H	0	×	×	×	×	×				
6	H	H	×	×	+5	0	+5	+5				
7	H	L	×	+5	×	×	×	×				
8	H	L	×	0	×	×	×	×				
9	H	L	×	+5	×	×	×	×				
10	H	L	×	0	×	×	×	×				
11	H	H	×	×	+5	0	+5	0				

표 11-7R

CLK	S_1	S_0	Q_A	Q_B	Q_C	Q_D
1	H	H	H	L	L	L
2	L	H				
3	L	H				
4	L	H				
5	L	H				
6	H	L				
7	H	L				
8	H	L				
9	H	L				
10	H	L				
11	L	H				

그림 11-13R

[검토사항]

(1) 표 11-3R과 링 카운터의 출력을 비교하시오.

(2) 링 카운터와 존슨 카운터를 비교하시오.

(3) 74LS96 5비트 시프트 레지스터로 존슨 카운터를 구성하시오.

(4) 74LS194를 이용한 양방향 링 카운터의 동작을 설명하시오

실험 12

비동기 카운터

1. 목 적

비동기 카운터의 구성방법과 동작원리를 이해하고 다양한 비동기 카운터의 실험을 통하여 비동기 카운터에 대한 응용력을 기른다.

2. 이 론

카운터는 플립플롭을 이용하여 구성한 순서논리회로로서 플립플롭들이 출력하는 상태의 수가 최대가 되도록 구성되어 있다. 카운터는 플립플롭들이 트리거되는 방식에 따라 동기 카운터와 비동기 카운터로 나눌 수 있고, 동작특성에 따라 업(up)카운터, 다운(down)카운터, MOD-N 카운터 등으로 분류할 수 있다. 비동기 카운터는 모든 플립플롭들이 클럭 펄스에 의해 트리거되지 않고 단지 첫째 플립플롭만이 클럭 펄스에 의해 트리거되고, 나머지 플립플롭들은 앞단의 출력에 의해서 트리거된다. 그러므로 각각의 플립플롭 사이의 동작에서는 시간지연이 발생하므로 동작 속도는 느리나 구조가 간단하며, 이러한 형태의 카운터를 리플카운터 또는 직렬 카운터라고 한다.

(1) 비동기 업 카운터

비동기 업(up) 카운터는 클럭 펄스에 의해 초기상태에서부터 시작하여 출력의 상태가 하나씩 증가하는 카운터이다

그림 12-1은 4개의 JK 플립플롭으로 구성된 비동기 업 카운터와 파형이다.

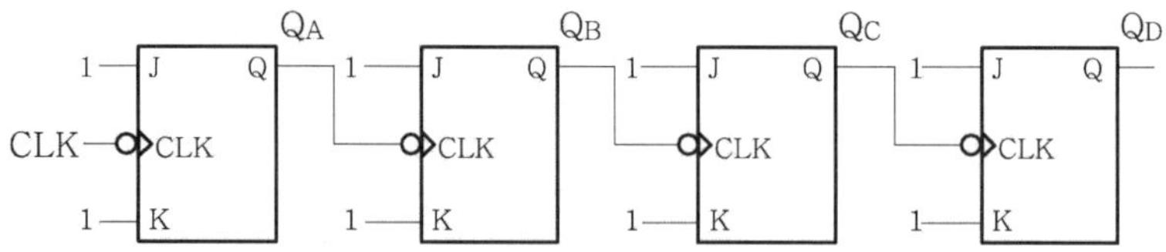

(a) 회로

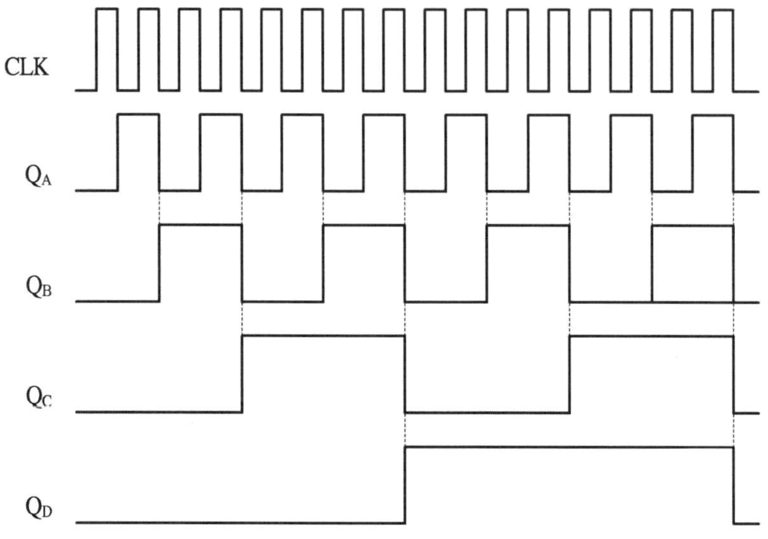

(b) 파형

그림 12-1 비동기 업 카운터

첫째 플립플롭은 클럭 펄스에 의해 트리거되므로 클럭 펄스가 인가될 때마다 토글하고, 나머지 플립플롭들은 앞단의 출력 Q에 의해 트리거되므로 앞단의 출력 Q가 HIGH에서 LOW로 천이 될 때 뒤 단의 플립플롭은 토글한다. 첫째 플립플롭이 LSB이고 마지막 플립플롭이 MSB이다. 이 카운터는 초기상태 0000에서 시작하여 최종상태 1111까지의 전체사이클 (0000~1111)을 거치고 다시 초기상태로 재순환하며, 16개의 서로 다른 출력상태를 가지므로 MOD-16 카운터라 한다.

(2) 비동기 다운 카운터

비동기 다운(down) 카운터는 클럭 펄스에 의해 최대상태에서부터 시작하여 출력의 상태가 하나씩 감소하는 카운터이다.

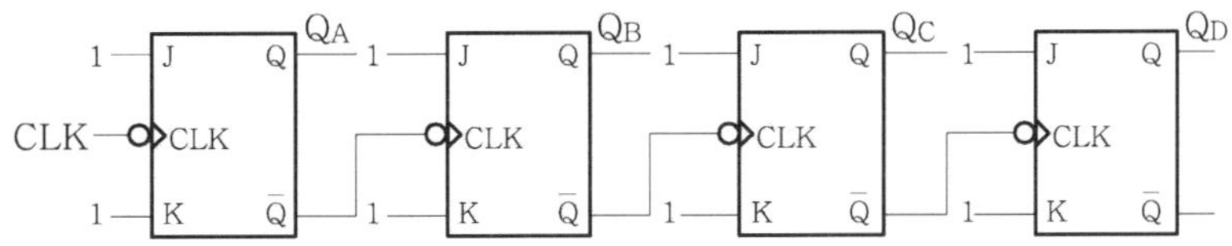

(a) 회 로

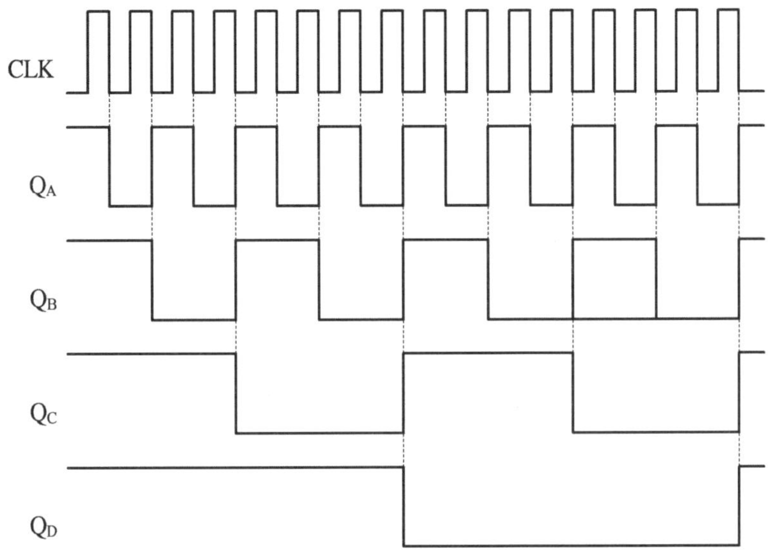

(b) 파 형

그림 12-2 비동기 다운 카운터

그림 12-2는 4개의 JK 플립플롭으로 구성된 비동기 다운 카운터와 파형이다.

비동기 다운 카운터가 비동기 업 카운터와 다른 점은 앞단 플립플롭의 출력 $\overline{Q}$에 의해 뒷단 플립플롭이 트리거된다는 점이다. 이 카운터는 초기상태 1111에서 시작하여 최종상태 0000까지의 전체사이클을 거치고 다시 초기상태로 재순환한다.

(3) 비동기 10진 카운터

비동기 10진 카운터는 0000에서부터 1001까지의 10개의 출력상태를 가지는 대표적인 비동기 카운터이다.

그림 12-3은 4개의 JK 플립플롭으로 구성된 비동기 10진 카운터와 파형이다.

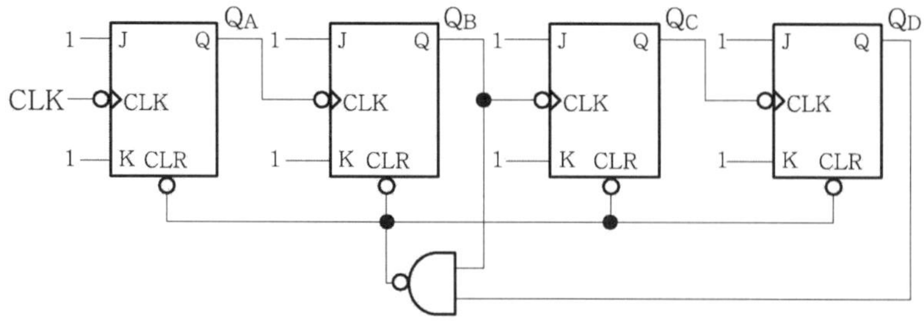

(a) 회로

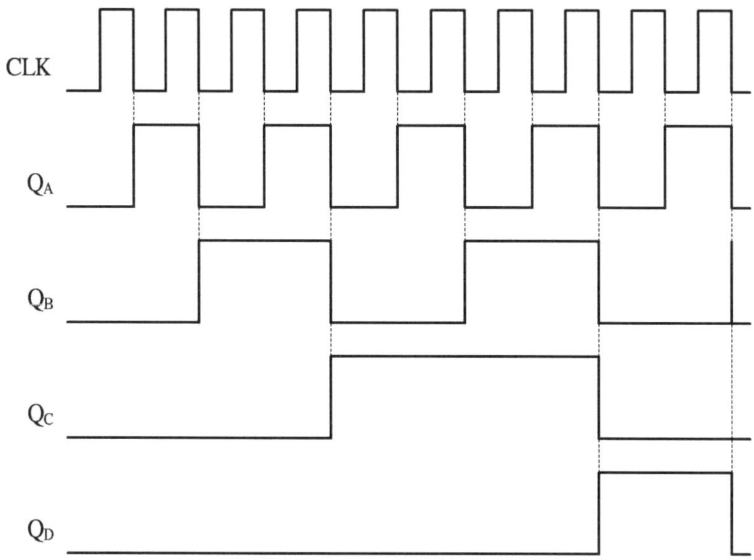

(b) 파형

그림 12-3 비동기 10진 카운터

4개의 JK 플립플롭으로 구성된 카운터는 최대 16개의 상태가 있으나, 10진 카운터는 10개의 상태만 필요하다. 이런 출력상태를 얻기 위해서는 카운터가 정상적인 상태를 모두 거치기 전에 카운터를 최종상태 1001에서 초기상태 0000으로 재순환시켜야 한다. 1001에서 0000으로 재순환시키는 방법은 NAND 게이트를 사용하여 1010을 디코딩하도록 출력 Q_B와 Q_D를 NAND 게이트의 입력에 연결하고 NAND 게이트의 출력을 각 플립플롭의 CLR에 연결하는 것이다. 카운터의 상태가 1010이 되면 NAND 게이트의 출력은 0이 되면서 모든 플립플롭들은 비동기적으로 클리어된다. 이러한 카운터의 특성은 카운터가 0000으로 클리어되기 전에 출력 Q_B가 먼저 1이 되어 잠시동안 1010 상태에 있게 되므로 출력 Q_B에서 글리치가 나타나는 것이다. 이 카운터는 10개의 출력상태를 가지므로 MOD-10 카운터라고 하고, 10개 상태의 시퀀스가 BCD 코드이기 때문에 BCD 카운터라고도 한다.

(4) 집적회로 비동기 카운터

다양한 형태의 집적회로 비동기 카운터가 있으며 그 중에서 대표적인 것 중의 하나가 74LS293이다.

그림 12-4는 74LS293 4비트 2진 카운터이다.

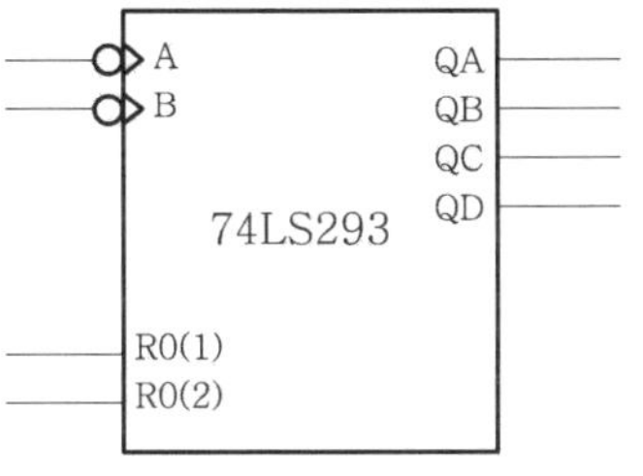

그림 12-4 74LS293 4비트 2진 카운터

이 카운터는 입력 A를 CLK로 사용하는 하나의 플립플롭과 입력 B를 CLK로 사용하는 3비트 비동기 카운터로 구성되어 있다. 이러한 배열에 의해 74LS293은 여러 형태의 비동기 카운터로 변형될 수 있다. 이 카운터에는 입력 R0(1)과 R0(2)가 있으며, 둘 다 HIGH일 때 카운터는 클리어된다.

(a) MOD-16 카운터의 구성

그림 12-5는 74LS293을 이용하여 구성한 MOD-16 카운터이다.

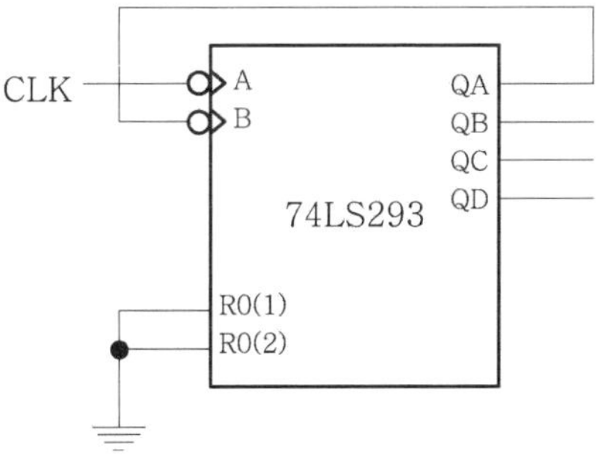

그림 12-5 74LS293을 이용한 MOD-16 카운터

MOD-16 카운터를 구성하기 위해서는 4비트 비동기 카운터가 필요하므로 Q_A를 B에 연결하고 클럭 펄스는 A에 인가한다.

(b) MOD-10 카운터의 구성

그림 12-6은 74LS293을 이용하여 구성한 MOD-10 카운터이다.

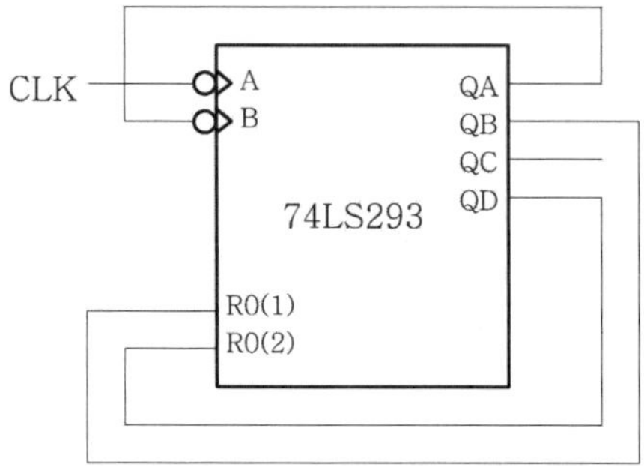

그림 12-6 74LS293을 이용한 MOD-10 카운터

MOD-10 카운터의 구성에는 4비트 비동기 카운터가 필요하므로 Q_A을 B에 연결하고 클럭 펄스는 A에 인가한다. 카운터가 1010에서 0000으로 재순환하여야 하므로 Q_B와 Q_D를 R0(1)과 R0(2)에 연결한다. 1010이면 R0(1)과 R0(2)에 1이 입력되므로 카운터는 클리어된다.

(c) MOD-14 카운터의 구성

그림 12-7은 74LS293을 이용하여 구성한 MOD-14 카운터이다.

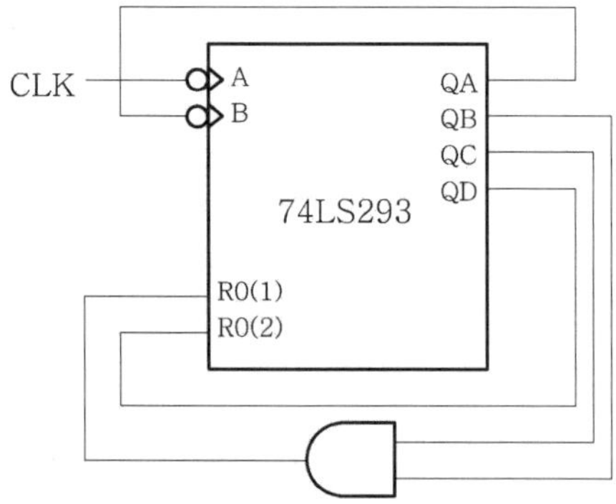

그림 12-7 74LS293을 이용한 MOD-14 카운터

MOD-14 카운터로 구성하기 위해서는 4비트 비동기 카운터가 필요하므로 Q_A을 B에 연결하고 클럭 펄스는 A에 인가한다. 카운터가 1110에서 0000으로 재순환하여야 하므로 하나의

AND 게이트를 추가하여 Q_B와 Q_C는 AND 게이트를 거쳐서 R0(1)에 연결하고 Q_D는 직접 R0(2)에 연결한다. 1110이면 R0(1)과 R0(2)에 1이 입력되므로 카운터는 클리어된다.

3. 사용기기 및 부품

- 디지털실험장치
- 74LS00 NAND 게이트
- 74LS08 AND 게이트
- 74LS76 JK 플립플롭
- 74LS293 4비트 2진 카운터

4. 실험방법

(1) 그림 12-8의 비동기 업 카운터를 구성하고 클리어하시오.

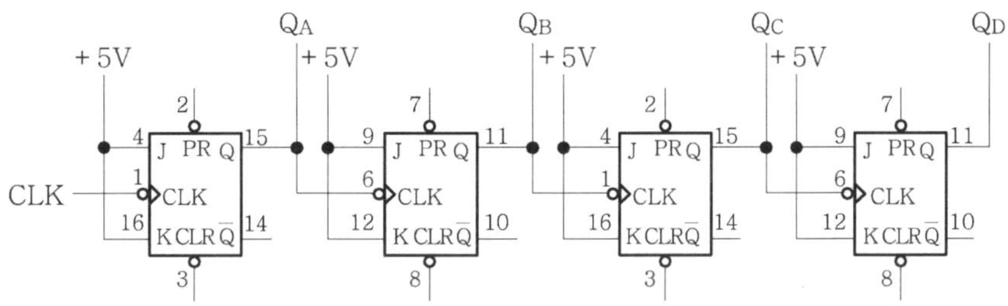

그림 12-8 비동기 업 카운터

(2) 클럭 펄스를 인가할 때마다 출력 Q_A~Q_D의 상태를 측정하여 표 12-1에 기록하시오.

표 12-1

CLK	Q_D	Q_C	Q_B	Q_A	10진수
0	L	L	L	L	0
1					
2					
3					
4					
5					
6					

표 12-1 (계속)

CLK	Q_D	Q_C	Q_B	Q_A	10진수
7					
8					
9					
10					
11					
12					
13					
14					
15					

(3) 그림 12-9의 비동기 10진 카운터를 구성하고 클리어하시오.

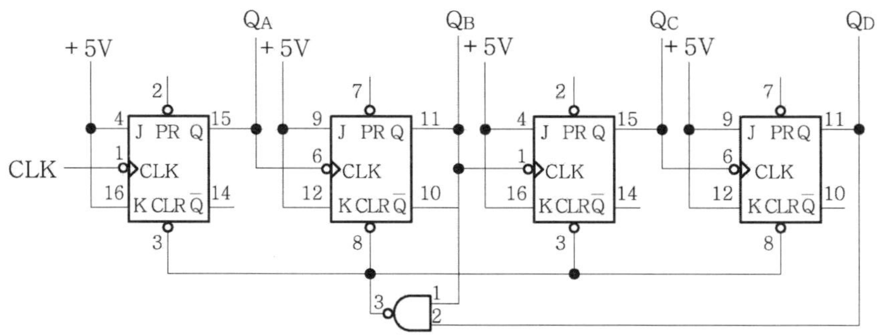

그림 12-9 비동기 10진 카운터

(4) 클럭 펄스를 인가할 때마다 출력 $Q_A \sim Q_D$ 의 상태를 측정하여 표 12-2에 기록하시오.

표 12-2

CLK	Q_D	Q_C	Q_B	Q_A	10진수
0	L	L	L	L	0
1					
2					
3					
4					
5					
6					
7					
8					
9					

(5) 그림 12-10의 MOD-16 카운터를 구성하고 R0(1)과 R0(2)를 HIGH로 한 후 다시 LOW로 하여 카운터를 클리어하시오.

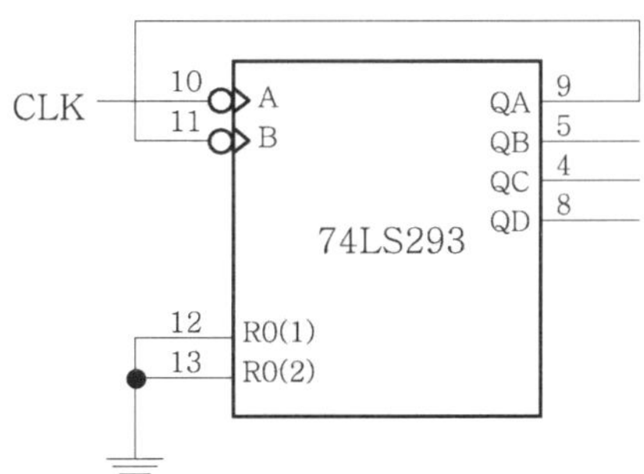

그림 12-10 MOD-16 카운터

(6) 입력 A에 10-kHz의 구형파를 인가할 때 출력 $Q_A \sim Q_D$ 의 파형을 측정하여 그림 12-11에 그리시오.

그림 12-11 MOD-16 카운터의 파형

(7) 그림 12-12의 MOD-10 카운터를 구성하고 카운터를 클리어하시오.

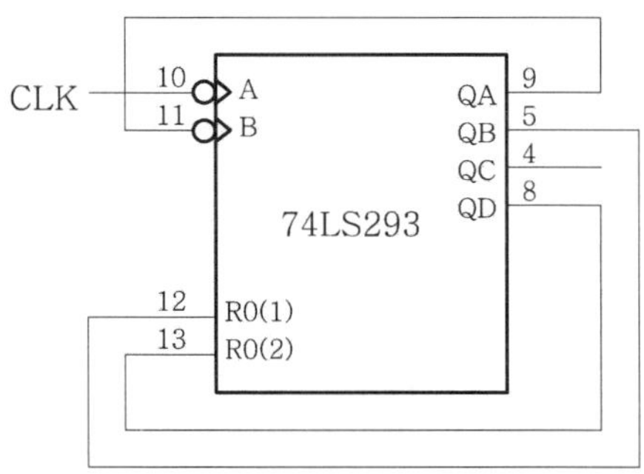

그림 12-12 MOD-10 카운터

(8) 입력 A에 10-kHz의 구형파를 인가할 때 출력 $Q_A \sim Q_D$ 의 파형을 측정하여 그림 12-13에 그리시오.

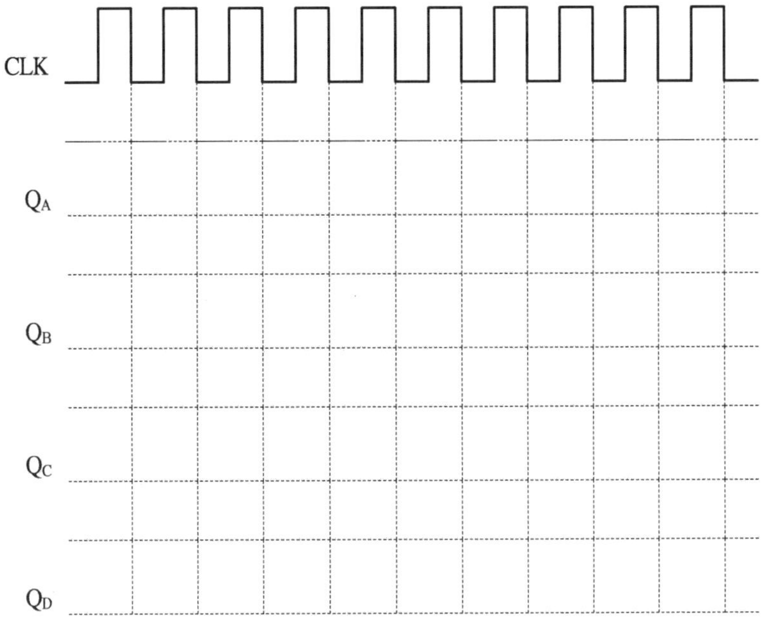

그림 12-13 MOD-10 카운터의 파형

(9) 그림 12-14의 MOD-14 카운터를 구성하고 카운터를 클리어하시오.

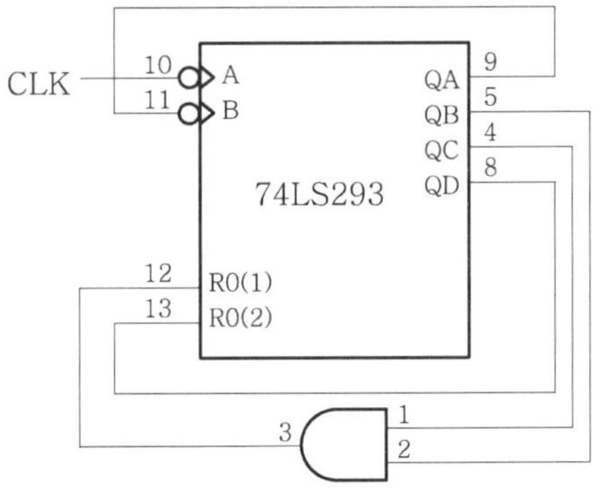

그림 12-14 MOD-14 카운터

(10) 입력 A에 10-kHz의 구형파를 인가할 때 출력 $Q_A \sim Q_D$ 의 파형을 측정하여 그림 12-15에 그리시오.

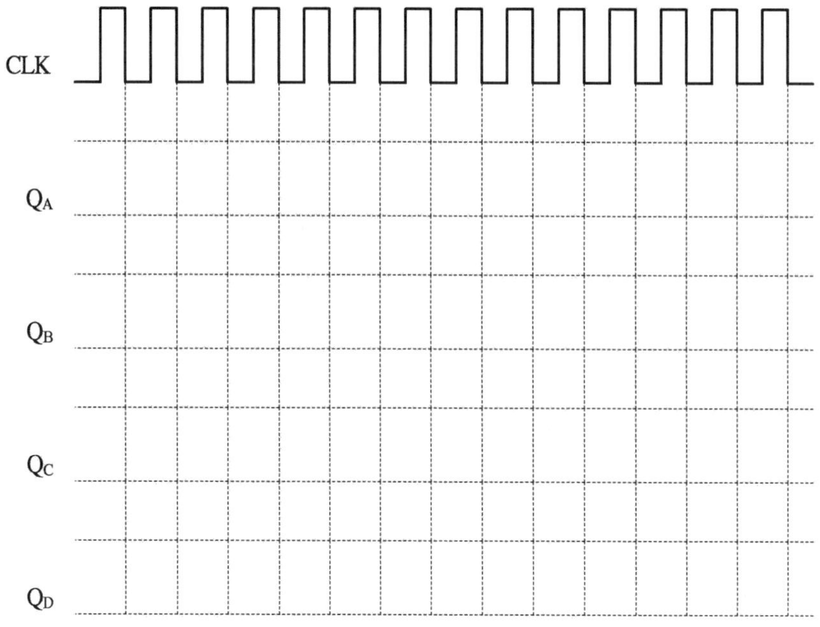

그림 12-15 MOD-14 카운터의 파형

비동기 카운터

학과 : 학년 : 번호 : 조 : 성명 :

[예비보고사항]

(1) 비동기 카운터와 동기 카운터에 대해서 설명하시오.

(2) 비동기 10진 카운터의 동작에 대해서 설명하시오.

(3) N분주 카운터에 대해서 설명하시오.

(4) 글리치 현상에 대해서 설명하시오.

비동기 카운터

학과 : 학년 : 번호 : 조 : 성명 :

[실험결과]

표 12-1R

CLK	Q_D	Q_C	Q_B	Q_A	10진수
0	L	L	L	L	0
1					
2					
3					
4					
5					
6					
7					
8					
9					
10					
11					
12					
13					
14					
15					

표 12-2R

CLK	Q_D	Q_C	Q_B	Q_A	10진수
0	L	L	L	L	0
1					
2					
3					
4					
5					
6					
7					
8					
9					

그림 12-11R

그림 12-13R

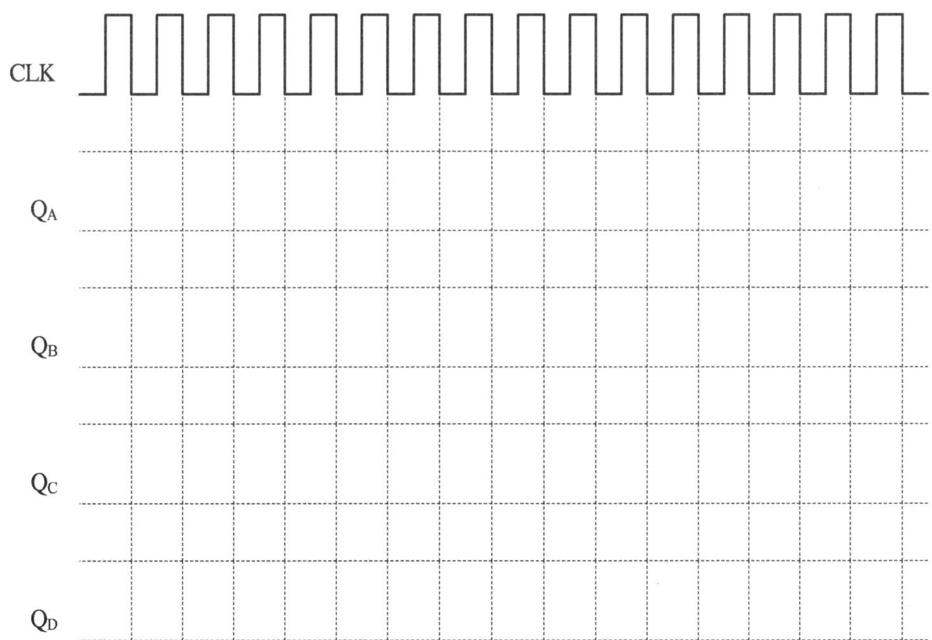

그림 12-15R

[검토사항]

(1) 표 12-1R과 비동기 업 카운터의 출력상태를 비교하시오.

(2) 표 12-2R과 비동기 10진 카운터의 출력상태를 비교하시오.

(3) 클럭 주파수가 10-KHz일 때 그림 12-12의 Q_D에서의 주파수를 구하시오.

(4) 클럭 주파수가 10-KHz일 때 그림 12-14의 Q_D에서의 주파수를 구하시오.

실험 13

동기 카운터

1. 목 적

동기 카운터의 구성방법과 동작원리를 이해하고 다양한 동기카운터의 실험과 동기 카운터의 설계방법을 통하여 동기 카운터에 대한 응용력을 기른다.

2. 이 론

동기 카운터는 모든 플립플롭에 동시에 클럭 펄스가 인가되어 동작하는 카운터로서 각 플립플롭은 클럭 펄스에 의해 토글하거나 상태가 변하지 않는다. 클럭 펄스에 의해 플립플롭이 동시에 트리거되므로 비동기 카운터와 달리 플립플롭의 시간지연이 누적되지 않는다. 그러므로 동기 카운터는 같은 수의 플립플롭을 갖는 비동기 카운터보다 더 높은 주파수를 사용하는 곳에 이용할 수 있는 반면에 비동기 카운터보다 더 많은 회로소자가 필요하다.

(1) 동기 업 카운터

동기 업 카운터는 플립플롭에 동시에 인가된 클럭 펄스에 의해 초기상태에서부터 시작하여 출력의 상태가 하나씩 증가하는 카운터이다.

그림 13-1은 4개의 JK 플립플롭으로 구성된 동기 업 카운터와 파형이다.

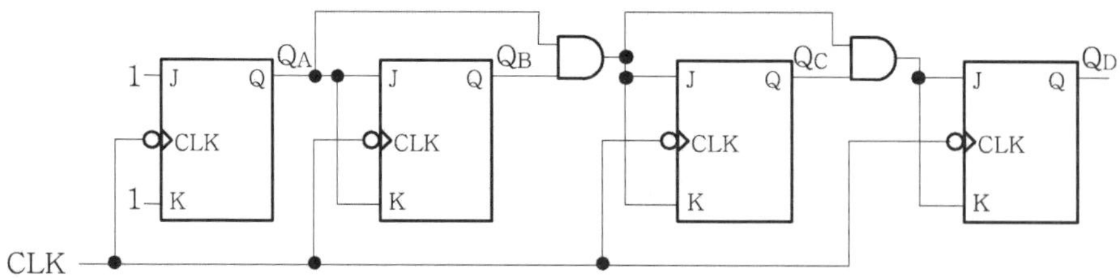

(a) 회로

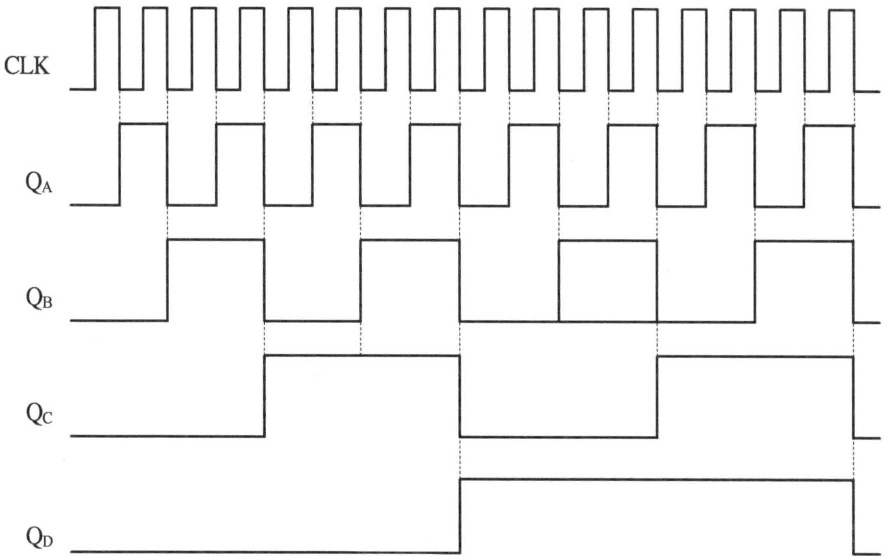

(b) 파형

그림 13-1 동기 업 카운터

카운터의 파형을 분석해 보면 동기 업 카운터의 동작을 이해할 수 있다. 출력 Q_A는 각 클럭 펄스에서 토글하며, 이러한 동작을 하기 위해서는 J_A와 K_A를 1로 해야 한다. 출력 Q_B는 Q_A가 1일 때 클럭 펄스가 인가되면 토글하므로 Q_A를 J_B와 K_B에 연결한다. 출력 Q_C는 Q_A와 Q_B가 둘 다 1일 때 클럭 펄스가 인가되면 토글하며, 이러한 동작을 하기 위해서 Q_A와 Q_B를 AND 게이트를 거쳐서 J_C와 K_C에 연결한다. 출력 Q_D는 Q_A, Q_B, Q_C가 모두 1일 때 클럭 펄스가 인가되면 토글하므로 Q_A, Q_B, Q_C를 AND 게이트를 거쳐서 J_D와 K_D에 연결한다. Q_A, Q_B, Q_C가 모두 1일 때 AND 게이트의 출력이 J_D와 K_D를 1로 만들므로 Q_D는 다음 클럭 펄스에서 토글한다. 이 카운터는 0000에서 1111까지의 16개의 출력상태를 나타낸다.

(2) 동기 10진 카운터

동기 10진 카운터는 4개의 플립플롭에 동시에 인가된 클럭 펄스에 의해 0000에서 1001까지의 10개의 출력상태를 나타낸다. 이 카운터는 10개의 출력상태를 가지므로 MOD-10 카운터 또는 출력상태가 BCD 코드를 나타내므로 BCD 카운터라고 한다.

그림 13-2는 동기 10진 카운터와 파형이다.

이 카운터는 동기 카운터의 설계방법에 의해 구한 각 플립플롭의 J와 K입력에 대한 논리식에 따라서 구현될 수 있으며, 각 플립플롭의 J와 K입력에 대한 논리식은 다음과 같다.

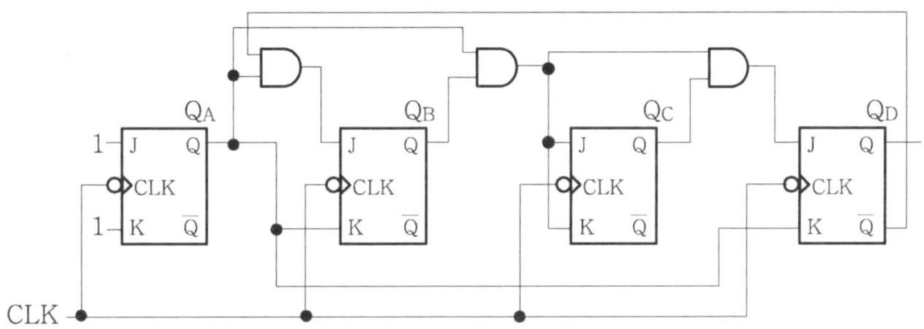

(a) 회로

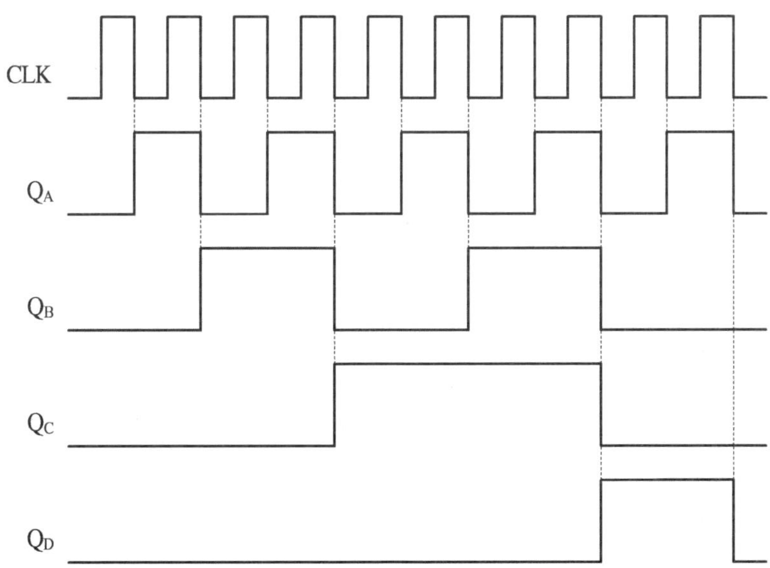

(b) 파형

그림 13-2 동기 10진 카운터

$J_A=1$ $K_A=1$

$J_B=Q_A\overline{Q_D}$ $K_B=Q_A$

$J_C=Q_AQ_B$ $K_C=Q_AQ_B$

$J_D=Q_AQ_BQ_C$ $K_D=Q_A$

(3) 동기 카운터의 설계

비동기 MOD-N 카운터는 NAND 게이트를 사용하여 카운터의 N상태를 디코드하는 방법으로 구성할 수 있지만 동기 MOD-N 카운터는 동기 카운터 설계 방법에 의해 구성할 수 있다. 동기 카운터의 모든 플립플롭에는 동시에 클럭 펄스가 인가되기 때문에 각 플립플롭이 정확하게 동작하기 위해서는 클럭 펄스가 인가되기 전에 모든 플립플롭의 J와 K입력은 정확한 논리상태에 있어야 한다. 동기 카운터의 설계는 각 플립플롭의 J와 K입력에 정확한 논리값을 주기 위한 논리회로의 설계이다.

동기 카운터에 적용되는 설계 방법의 각 단계는 다음과 같다.

단계 1 : 상태 선도의 작성

클럭 펄스가 인가될 때 카운터가 진행하는 상태를 보여주는 상태 선도를 그린다.

그림 13-3은 MOD-6 카운터의 상태 선도이다.

이 카운터는 000~101까지의 6개의 상태를 가지고 상태 선도의 순서대로 동작한다.

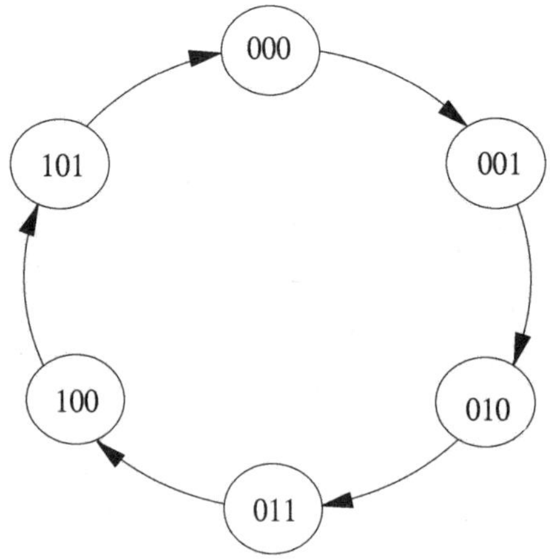

그림 13-3 MOD-6 카운터의 상태 선도

단계 2 : 다음 상태표의 작성

카운터의 상태 선도를 참조하여 다음 상태표를 작성한다.

카운터의 현재 상태와 이에 대응하는 다음 상태를 표현한 다음 상태표를 작성한다.

표 13-1 MOD-6 카운터의 다음 상태표

현재 상태			다음 상태		
Q_C	Q_B	Q_A	Q_C	Q_B	Q_A
0	0	0	0	0	1
0	0	1	0	1	0
0	1	0	0	1	1
0	1	1	1	0	0
1	0	0	1	0	1
1	0	1	0	0	0

단계 3 : JK 플립플롭 천이표의 작성

모든 가능한 출력 천이를 나타내는 JK 플립플롭의 천이표를 작성한다.

표 13-2 JK 플립플롭의 천이표

출력 천이			플립플롭 입력	
Q_N		Q_{N+1}	J	K
0	→	0	0	×
0	→	1	1	×
1	→	0	×	1
1	→	1	×	0

플립플롭의 입력은 각 출력 천이를 발생하게 하는 J와 K의 입력이다. 천이표는 주어진 플립플롭의 종류가 같으면 항상 같다.

단계 4 : 카르노 맵의 작성

카르노 맵은 각 플립플롭의 J와 K입력에 대한 논리식을 구하는데 사용한다. 각 플립플롭의 J와 K입력에 대한 카르노 맵을 작성한다. 천이표의 J와 K입력을 참조하여 카르노 맵의 현재 상태의 칸에 1, 0, × 중 하나를 기입한다.

Q_A \ Q_CQ_B	00	01	11	10
0	1	1	×	1
1	×	×	×	×

J_A맵

Q_A \ Q_CQ_B	00	01	11	10
0	×	×	×	×
1	1	1	×	1

K_A맵

Q_A \ Q_CQ_B	00	01	11	10
0		×	×	
1	1	×	×	

J_B맵

Q_A \ Q_CQ_B	00	01	11	10
0	×		×	×
1	×	1	×	×

K_B맵

Q_A \ Q_CQ_B	00	01	11	10
0			×	×
1		1	×	×

J_C맵

Q_A \ Q_CQ_B	00	01	11	10
0	×	×	×	
1	×	×	×	1

K_C맵

그림 13-4 J와 K입력에 대한 카르노 맵

단계 5 : J와 K입력의 논리식

카르노 맵의 1의 그룹으로부터 각 플립플롭의 J와 K입력에 대한 논리식을 구한다.

$J_A = 1$ $K_A = 1$

$J_B = Q_A \overline{Q_C}$ $K_B = Q_A$

$J_C = Q_A Q_B$ $K_C = Q_A$

단계 6 : 카운터의 구현

J와 K입력의 논리식에 따라서 각각의 입력에 대한 논리회로를 구현하고, 이를 플립플롭의 입력에 연결하여 카운터를 구현한다.

그림 13-5는 설계방법에 의해서 구현된 MOD-6 카운터이다.

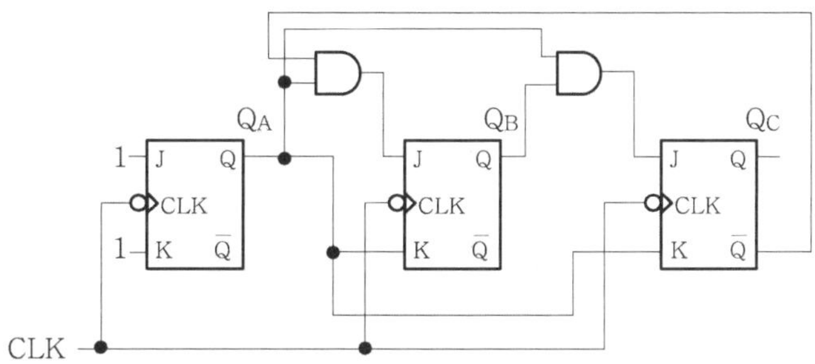

그림 13-5 MOD-6 카운터

(4) 집적회로 동기 카운터

집적회로 동기 카운터는 비동기나 동기적으로 원하는 초기상태를 미리 설정할 수 있도록 병렬입력이 가능하다. 이 병렬입력 동작을 카운터의 로드라고 한다. 다양한 형태의 집적회로 동기 카운터 중에서 대표적인 것 중의 하나가 비동기 로드와 클리어입력을 가진 74LS193이다.

그림 13-6은 74LS193 동기 업/다운 2진 카운터이다.

LOAD를 사용하여 비동기적으로 병렬입력 A~D의 데이터를 카운터의 초기상태로 미리

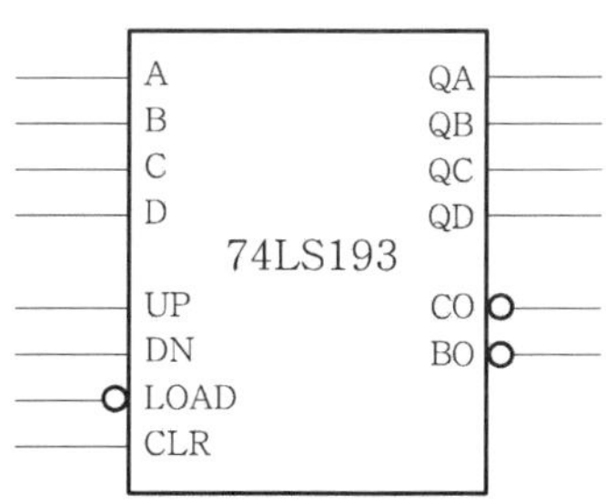

그림 13-6 74LS193 동기 업/다운 2진 카운터

설정할 수 있다. 카운트 업 동작은 UP에 클럭 펄스가 인가될 때 카운터는 초기상태에서 최대상태 1111까지 증가하고 다시 0000로 재순환하고, 카운트 다운 동작은 DN에 클럭 펄스가 인가되면 카운터는 초기상태에서 최소상태 0000까지 감소하고 다시 1111 상태로 재 순환한다.

(a) MOD-10 카운터의 구성

병렬입력이 가능한 카운터는 논리회로를 추가하지 않아도 다양한 MOD수를 가진 카운터를 구성할 수 있다.

그림 13-7은 74LSI93을 이용하여 구성한 MOD-10 카운터이다.

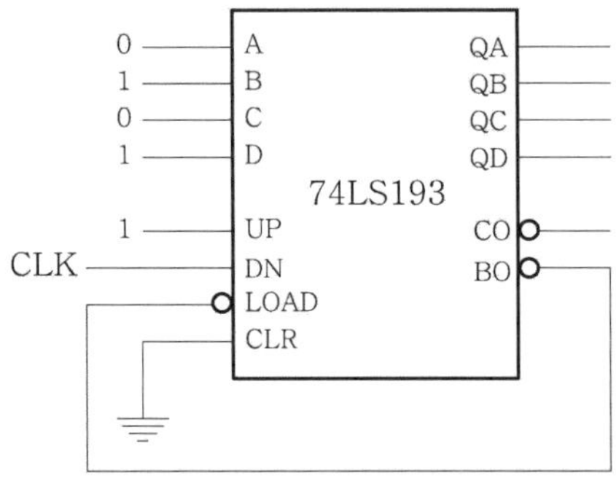

그림 13-7 74LSI93을 이용한 MOD-10 카운터

DN에 클럭 펄스가 인가되면 카운터는 0000까지 감소된 후 BO가 LOAD를 동적화시키므로 1010으로 설정된다. 출력 Q_D의 파형을 관찰하면 클럭 펄스의 10주기마다 1개주기가 나타나므로 출력 Q_D의 주파수는 클럭 펄스 주파수의 1/10임을 알 수 있다.

(b) MOD-5 카운터의 구성

그림 13-8은 74LS193을 이용하여 구성한 MOD-5 카운터이다.

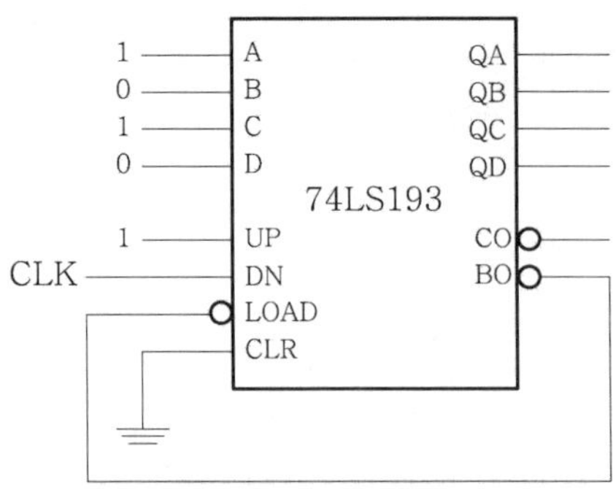

그림 13-8 74LS193을 이용한 MOD-5 카운터

DN에 클럭 펄스가 인가되면 카운터는 0000까지 감소한 후 BO가 LOAD를 동적화시키므로 0101로 설정된다. 출력 Q_C의 파형을 관찰하면 클럭 펄스의 5주기마다 1개의 주기가 나타나므로 출력 Q_C의 주파수는 클럭 펄스 주파수의 1/5임을 알 수 있다.

3. 사용기기 및 부품

- 디지털실험장치
- 74LS08 AND 게이트
- 74LS76 JK 플립플롭
- 74LS193 동기 업/다운 2진 카운터

4. 실험방법

(1) 그림 13-9의 동기 업 카운터를 구성하고 CLR을 LOW로 한 후 다시 HIGH로 하여 카운터를 클리어하시오.

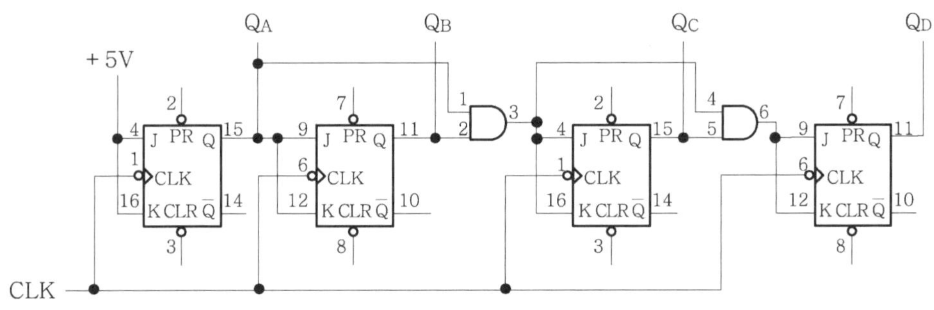

그림 13-9 동기 업 카운터

(2) 클럭 펄스를 인가할 때마다 출력 $Q_A \sim Q_D$ 의 파형을 측정하여 그림 13-10에 그리시오.

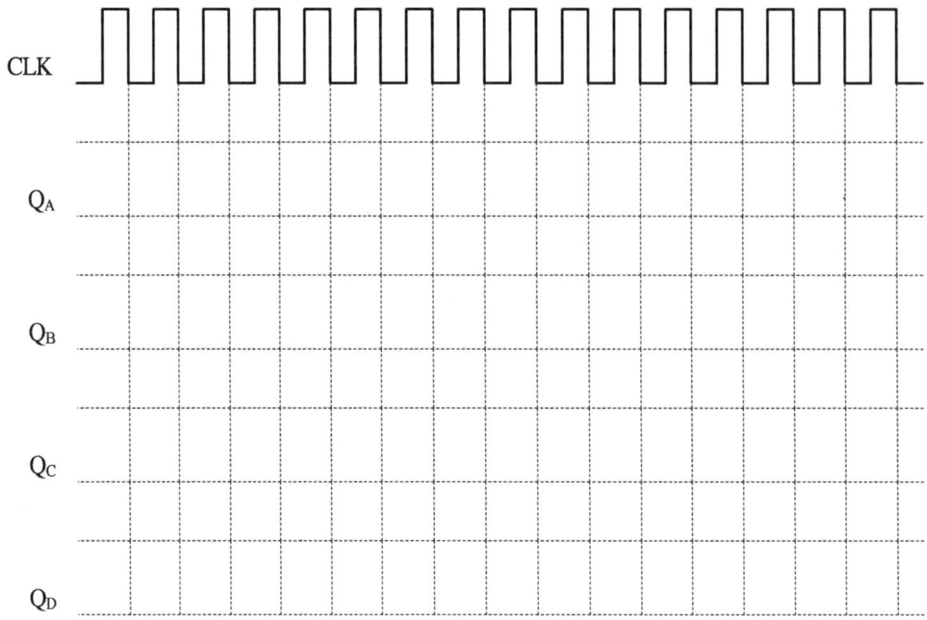

그림 13-10 동기 업 카운터의 파형

(3) 그림 13-11의 동기 10진 카운터를 구성하고 클리어하시오.

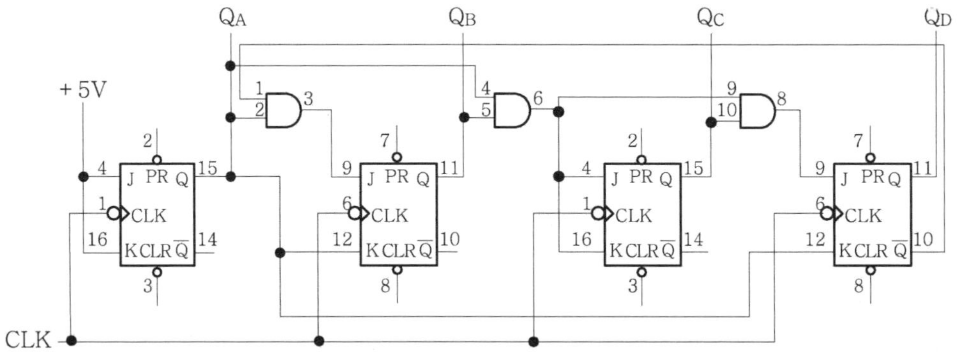

그림 13-11 동기 10진 카운터

(4) 클럭 펄스를 인가할 때마다 출력 $Q_A \sim Q_D$ 의 파형을 측정하여 그림 13-12에 그리시오.

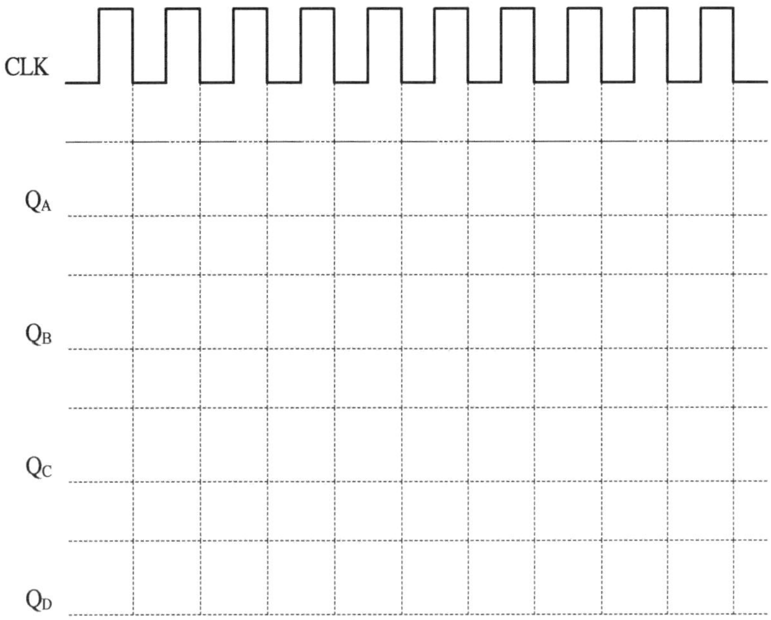

그림 13-12 동기 10진 카운터의 파형

(5) 그림 13-13의 MOD-6 카운터를 구성하고 클리어하시오.

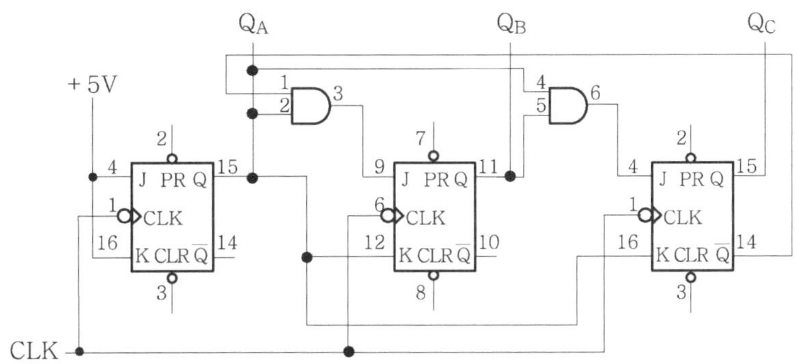

그림 13-13 MOD-6 카운터

(6) 클럭 펄스를 인가할 때마다 출력 $Q_A \sim Q_C$ 의 파형을 측정하여 그림 13-14에 그리시오.

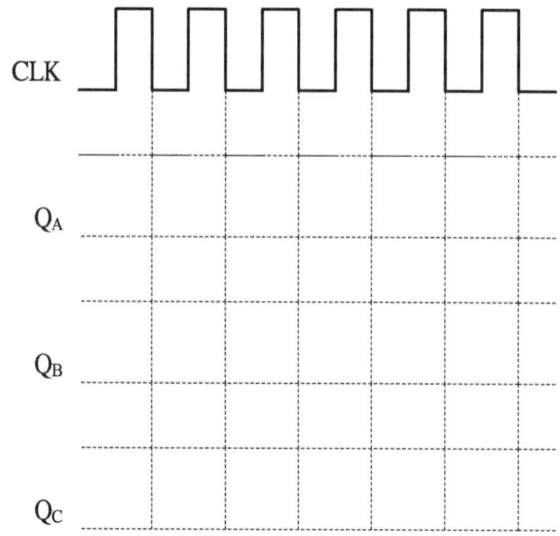

그림 13-14 MOD-6 카운터의 파형

(7) 그림 13-15의 MOD-10 카운터를 구성하고 초기상태를 1010으로 설정하시오.

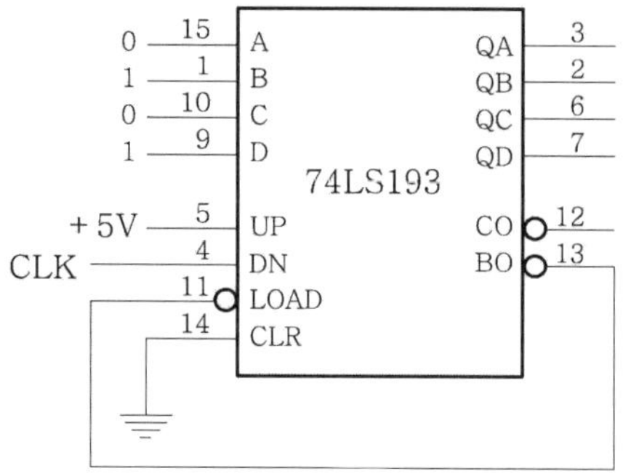

그림 13-15 MOD-10 카운터

(8) 클럭 펄스를 인가할 때마다 출력 $Q_A \sim Q_D$ 의 파형을 측정하여 그림 13-16에 그리시오.

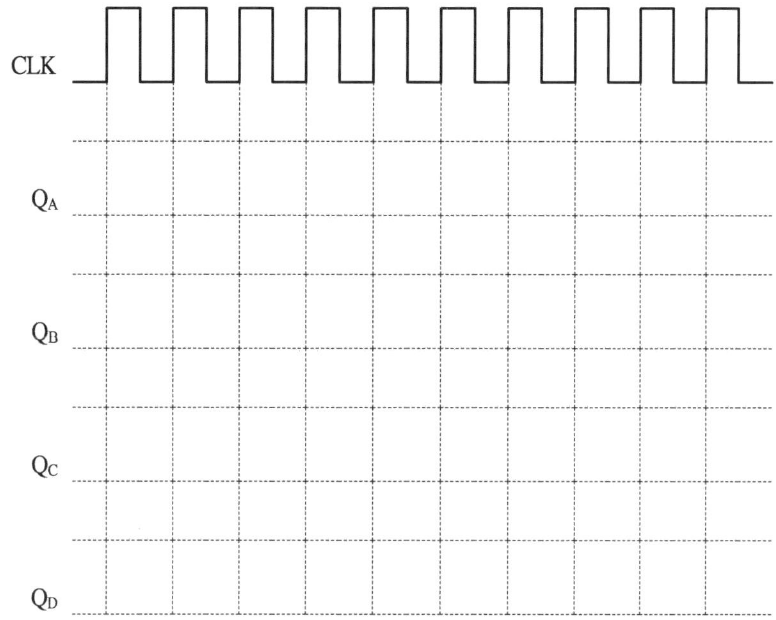

그림 13-16 MOD-10 카운터의 파형

(9) 클럭 펄스의 주파수가 10-kHz일 때 출력 Q_D 에서의 주파수를 측정하시오.

(10) 그림 13-17의 MOD-5 카운터를 구성하고 초기상태를 0101로 설정하시오.

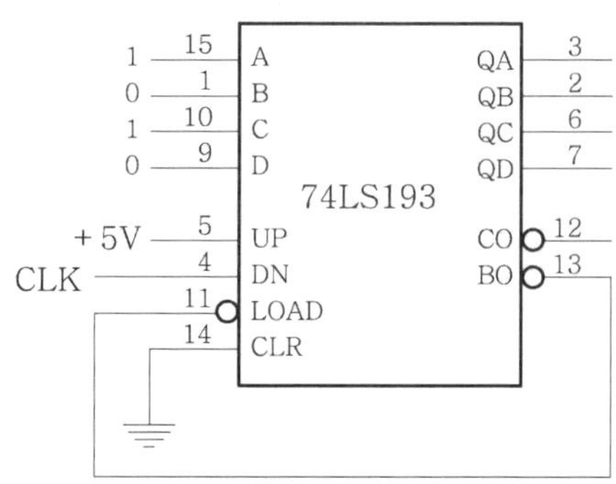

그림 13-17 MOD-5 카운터

(11) 클럭 펄스를 인가할 때마다 출력 $Q_A \sim Q_C$ 의 파형을 측정하여 그림 13-18에 그리시오.

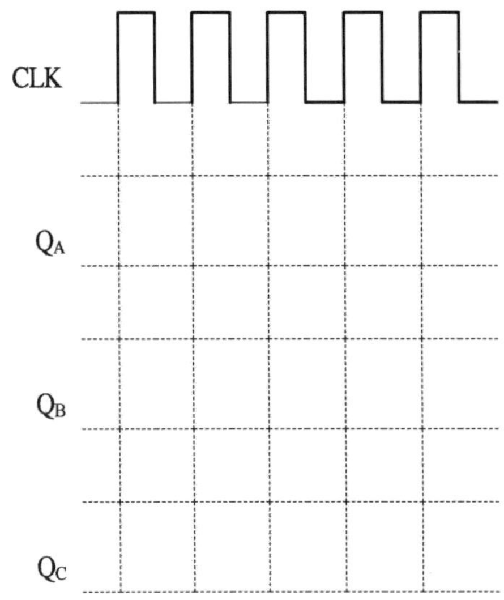

그림 13-18 MOD-5 카운터의 파형

(12) 클럭 펄스의 주파수가 10-kHz일 때 출력 Q_C 에서의 주파수를 측정하시오.

동기 카운터

학과 : 학년 : 번호 : 조 : 성명 :

[예비보고사항]

(1) 동기 카운터에 대해서 설명하시오.

(2) 동기 업 카운터의 J_C에 대한 카르노 맵을 그리시오.

(3) 동기 10진 카운터의 K_C에 대한 카르노 맵을 그리시오.

(4) 74LS193을 이용하여 MOD-7 카운터를 구성하시오.

동기 카운터

학과 : 학년 : 번호 : 조 : 성명 :

[실험결과]

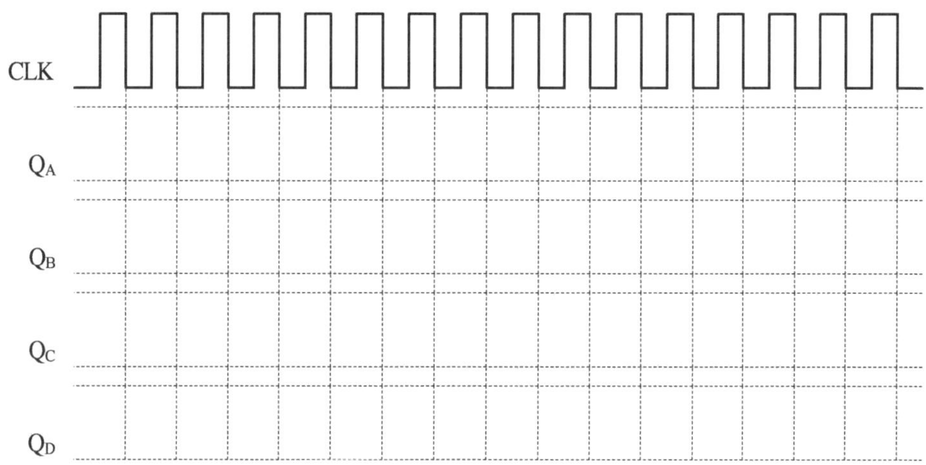

그림 13-10R

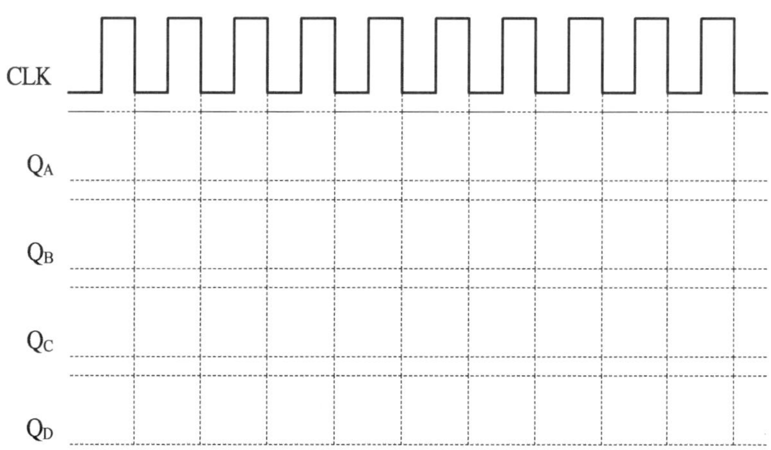

그림 13-12R

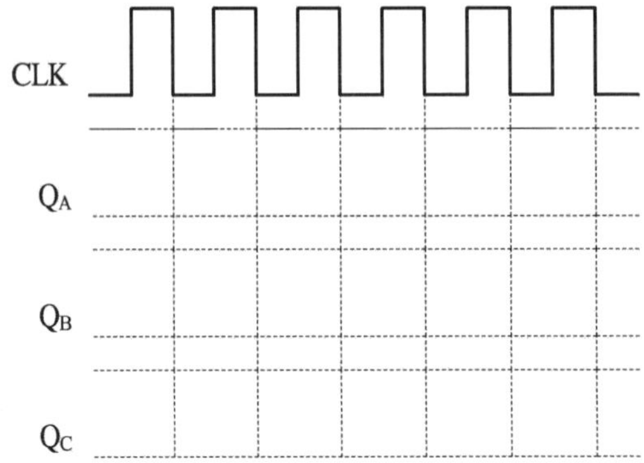

그림 13-14R

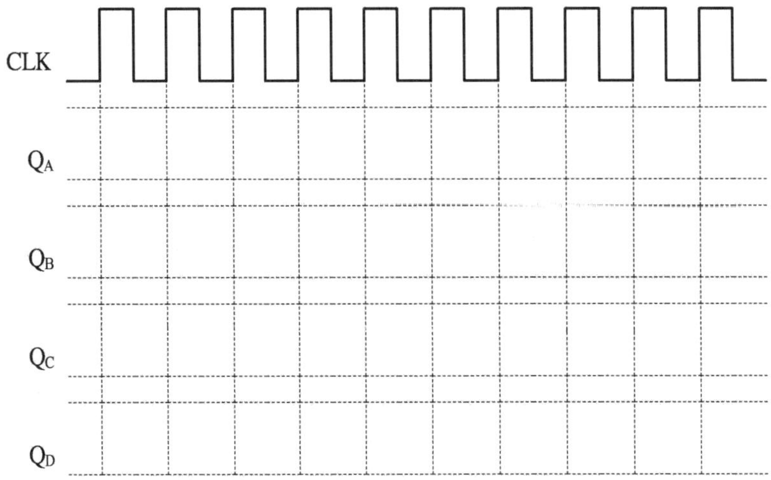

그림 13-16R

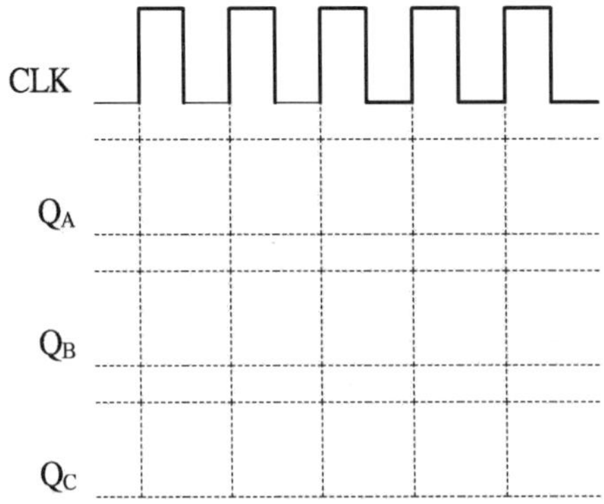

그림 13-18R

[검토사항]

(1) 그림 13-10R로부터 동기 업 카운터의 출력상태를 쓰시오.

(2) 그림 13-12R로부터 동기 10진 카운터의 출력상태를 쓰시오.

(3) 그림 13-14R로부터 MOD-6 카운터의 출력상태를 쓰시오.

(4) 하강 에지와 상승 에지에서 트리거되는 카운터의 동작을 비교하시오.

실험 14

메 모 리

1. 목 적

반도체 메모리인 RAM과 ROM의 동작원리 및 특성을 이해하고 RAM의 실험을 통하여 메모리의 기본동작을 확인한다.

2. 이 론

메모리는 데이터를 저장하는 장치이다. 메모리의 2가지 형태는 반도체 메모리와 자기 메모리이다. 반도체 메모리에는 ROM과 RAM이 있으며, 이들은 저장소자인 플립플롭이나 커패시터의 배열로 구성되어 있다. 반도체 메모리는 동작 속도가 빠르며, 컴퓨터의 주 메모리로서 현재 사용하는 프로그램과 데이터를 저장하는데 사용된다.

(1) 기본 메모리 동작

메모리의 유형에 따라서 각각의 내부동작은 다르지만 모든 메모리에서 수행되는 기본 기능은 동일하다. 메모리의 기본 기능에는 읽기나 쓰기 동작시의 어드레스의 선택, 읽기 또는 쓰기 동작의 선택, 읽기나 쓰기 동작시의 데이터의 입출력, 메모리의 인에이블이 있다.
그림 14-1은 4비트의 워드 32개를 저장하는 32×4 메모리의 블럭도이다.

- 어드레스 입력

메모리에 32개의 워드가 저장되기 때문에 00000에서 11111까지의 어드레스 영역을 갖는 32개의 서로 다른 저장장소가 필요하다. 그러므로 $A_0 \sim A_4$ 의 5개의 어드레스 입력이 있다. 읽기 또는 쓰기 동작을 위해 메모리의 한 저장장소에 액세스하기 위해서는 그 저장장소에

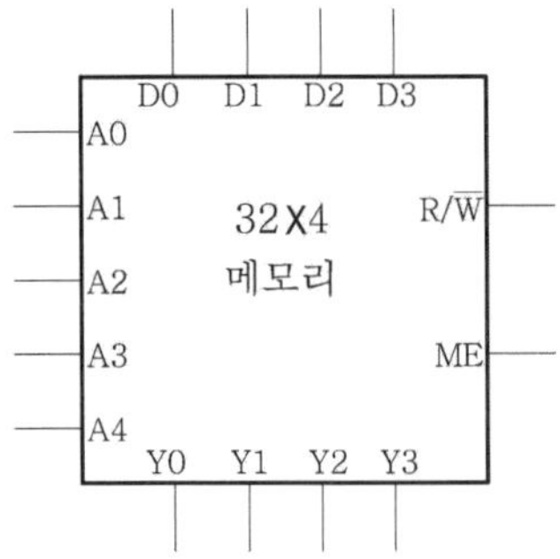

그림 14-1 32×4 메모리의 블록도

대한 5비트의 어드레스가 어드레스 입력에 인가된다.

• 데이터 입/출력

워드크기가 4비트이기 때문에 $D_0 \sim D_3$ 의 4개의 데이터 입력과 $Y_0 \sim Y_3$ 의 4개의 데이터 출력이 있다. 쓰기 동작을 할 때 메모리에 저장되는 데이터는 데이터 입력에 인가되고, 읽기 동작을 할 때 메모리로부터 읽어내는 워드가 데이터 출력에 나타난다.

• R / W 입력

읽기/쓰기($R/\overline{W}$) 입력은 어떤 메모리 동작이 수행될지를 제어한다. $R/\overline{W}$ = HIGH일 때 읽기 동작, $R/\overline{W}$ = LOW일 때 쓰기 동작이 수행됨을 나타낸다.

• 메모리 인에이블

메모리 인에이블($\overline{ME}$) 입력이 HIGH일 때 메모리를 인에이블시키고, LOW일 때 메모리를 디스에이블시킨다. 이 입력은 메모리의 용량을 확장하여 대용량의 메모리를 구성할 때 유용하다.

(a) 쓰기 동작

메모리의 기본동작은 단방향 버스인 어드레스 버스 및 제어 버스, 양방향 버스인 데이터 버스를 통해서 수행된다. 데이터를 메모리에 저장하려면 데이터가 저장될 메모리위치의 어드레스를 어드레스 버스에 싣는다. 어드레스가 버스에 실리면 어드레스 디코더가 어드레스를 해독하여 메모리의 위치를 선택한다. 그런 다음, 메모리는 쓰기 명령을 받게 되고 데이터를 데이터 버스에 싣고 선택된 메모리위치에 저장함으로써 쓰기 동작을 완료한다. 이 위치에 있던 데이터는 새로운 데이터가 저장되면 없어진다.

(b) 읽기 동작

데이터를 읽어 내려면 메모리위치의 어드레스를 어드레스 버스에 싣는다. 어드레스가 버스에 실리면 어드레스 디코더가 어드레스를 해독하여 메모리의 위치를 선택한다. 그런 다음, 메모리는 읽기 명령을 받게 되고 선택된 메모리위치에 저장되어 있던 데이터를 데이터 버스에 실음으로써 읽기 동작을 완료한다. 읽어낸 메모리위치의 데이터는 없어지지 않고 그대로 남아있게 된다.

(2) ROM

ROM(Read Only Memory)은 읽기 전용 메모리로서, 데이터는 영구적 또는 반영구적으로 저장되며, 필요시에는 언제나 메모리로부터 데이터를 읽어낼 수 있다. 데이터가 영구적으로 저장되는ROM에서는 기억장치가 만들어질 때에 특정한 데이터를 저장시키거나 또는 사용자가 기억 장치에 프로그램 할 수도 있는데, 그 이후에는 메모리에 쓰기 동작을 할 수 없다. 데이터가 반영구적으로 저장되는 ROM에서는 데이터를 특정한 방법으로 변경할 수 있으나 쓰기 동작은 할 수 없다. ROM은 비휘발성 메모리이므로 저장된 데이터는 전원이 꺼진 후에도 없어지지 않는다. ROM은 시스템 초기화와 시스템에서 반복적으로 사용되는 데이터를 저장하는데 사용된다.

(a) 마스크 ROM

마스크 ROM은 그냥 ROM이라고도 하며, ROM의 제조 과정에서 영구적으로 프로그램된 메모리이다. 일단 메모리가 프로그램된 후에는 그 내용을 변경할 수 없다. 대부분의 집적회로 ROM에서는 ROW/COLUMN 접합에 트랜지스터가 연결되어 있으면 1, 연결되지 않으면 0을 나타낸다. ROM은 바이폴라 또는 MOS형으로 구성될 수 있다.

그림 14-2는 바이폴라 ROM의 셀 구조이다.

ROW가 트랜지스터의 베이스에 연결되어 있으면 ROW가 HIGH가 될 때 ROW와 베이스로 연결된 모든 트랜지스터는 ON되고, 트랜지스터에 연결된 COLUMN들이 HIGH가 되므로 그 위치의 내용은 1이 된다. ROW에 베이스가 연결되어 있지 않으면 COLUMN들은 ROW가 HIGH가 되어도 0을 유지한다.

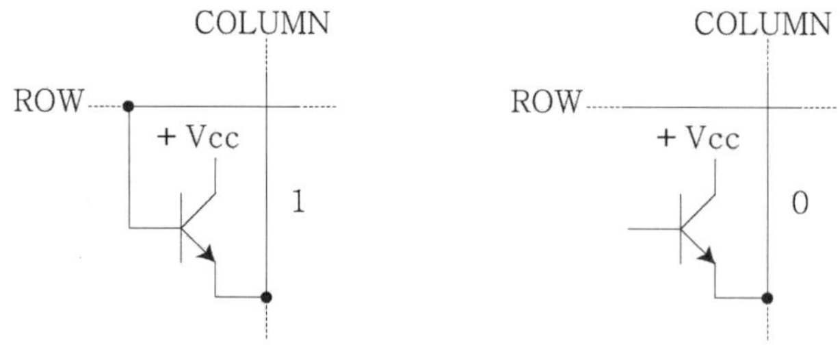

그림 14-2 바이폴라 ROM 셀

(b) PROM

PROM(Programmable ROM)은 제조과정 동안에 프로그램되지 않고 사용자에 의해서 프로그램되어 진다. 한번 프로그램된 PROM은 지우거나 재프로그램하지 못하는 것은 마스크 ROM과 같다. PROM은 융접 링크를 가진 구조로 되어 있으며, PROM을 프로그램하기 위해서는 링크를 융접 해야 한다. 일단 PROM이 프로그램되면 내용을 변경시킬 수 없다. PROM은 바이폴라나 MOS 기술로 제작될 수 있다.

그림 14-3은 융접링크가 있는 바이폴라 PROM이다.

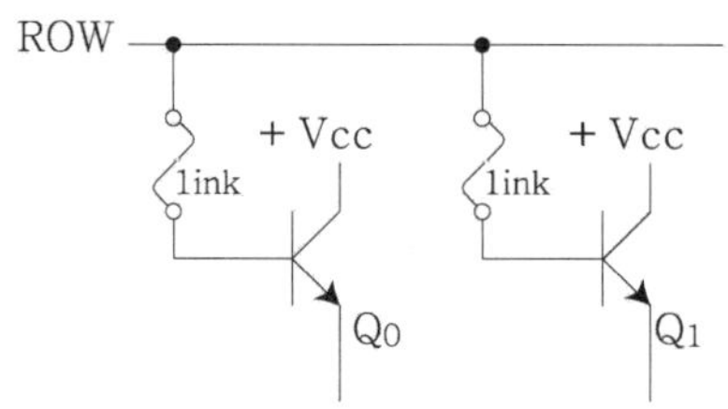

그림 14-3 바이폴라 PROM

각 셀의 트랜지스터 베이스와 ROW의 사이에 융접 링크가 있다. 프로그래밍 과정에서 충분한 전류를 융접 링크에 가하여 링크를 끊으면 0이 저장되고, 융접하지 않으면 1이 저장된다.

(c) EPROM

EPROM(Erasable PROM)은 사용자가 프로그램한 후 지우거나 다시 프로그램할 수 있다. 일단 프로그램된 EPROM은 저장된 데이터를 그대로 유지하는 비휘발성 메모리이다. EPROM의 저장 셀은 전기적 접점이 없는 실리콘 게이트로 된 MOSFET 트랜지스터로서, 정상상태에서 각 트랜지스터는 OFF되고 각 셀에는 1이 저장된다. 트랜지스터는 고전압 프로그램 펄스를 인가함으로써 ON상태로 유지되어 셀은 0으로 저장된다. 일단 EPROM 셀이 프로그램되면 그 내용은 칩 패키지 위에 있는 윈도우를 통해 15~30분 동안 자외선을 쪼임으로써 지울 수 있다. 지워진 EPROM의 셀은 모두 1로 되고, EPROM은 다시 프로그램될 수 있다.

(d) EEPROM

EEPROM(Electrically EPROM)은 EPROM을 개선하기 위해 개발되었다. EEPROM은 EPROM 처럼 부동게이트 구조의 장점을 가지고 있다. MOSFET의 게이트와 드레인 사이에 고전압을 인가함으로써 부동게이트 상에 전하가 유도되며, 전원이 없어도 남아 있게 된다. 동일한 전압을 역 방향으로 인가하면 부동게이트로부터 전하가 제거되고 셀도 지워진다. 이러한 전하 전달 메카니즘은 낮은 전류를 요구하기 때문에 EEPROM의 프로그램과 삭제는 보통 회로 내에서 이루어진다. EEPROM은 메모리 어레이에서 각 워드가 전기적으로 지워지므로 고속으로 재 프로그램될 수 있다.

(e) ROM의 응용

ROM은 저장된 데이터가 거의 변화하지 않는 응용분야에 사용된다. 일반적인 응용회로의 하나인 코드 변환기는 프로그램된 ROM으로 구현된다. 74184는 BCD-to-2진 변환기로 프로그램된 ROM이고, 74185는 2진-to-BCD 변환기로 프로그램된 ROM이다.

그림 14-4는 74185 2진-to-BCD 변환기이다.

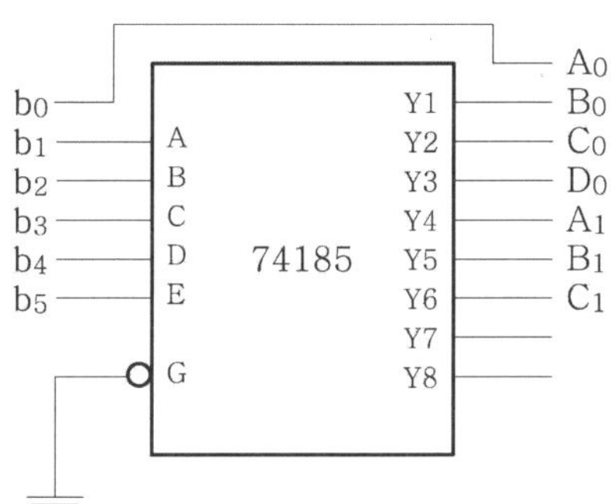

그림 14-4 74185 2진-to-BCD 변환기

이 ROM은 6비트 2진수에 대응하는 BCD 코드를 저장하고 있다. 100110(10진수 38)의 어드레스를 입력하면 00111000(10진수 38에 대한 BCD)의 데이터가 출력된다.

(3) RAM

RAM(Random Access Memory)은 선택된 어드레스에 데이터를 쓰고 읽어낼 수 있다. RAM

의 특정 어드레스에 데이터를 쓰면 이전에 저장되어 있던 데이터는 없어지고 새로운 데이터가 저장되고, 특정 어드레스로부터 데이터를 읽어내면 그 어드레스에 저장되어 있던 데이터는 없어지지 않는다.

(a) 정적 RAM

정적 RAM(Static RAM)의 저장 셀들은 바이폴라 또는 MOS 래치이다.

그림 14-5는 SRAM 셀의 기능을 논리선도로 나타낸 것이다.

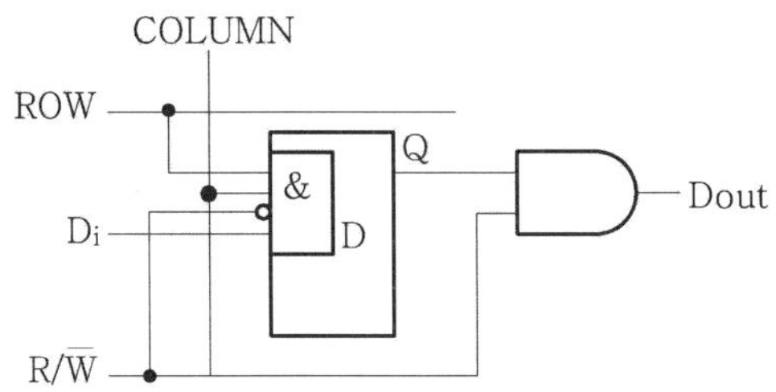

그림 14-5 SRAM 셀의 논리선도

ROW와 COLUMN이 HIGH이면 해당 셀이 선택된다. R/W= LOW이면 래치에 입력된 데이디 비트가 저장되어 데이더를 해당 셀에 기록한다. R/W= HIGH이면 래치의 내용은 변하지 않고 저장된 데이터 비트가 데이터 출력으로부터 출력된다. SRAM은 전원이 끊어지면 각 셀에 저장되어 있던 데이터가 없어지는 휘발성 메모리로서 DRAM보다 일반적으로 동작속도가 빠르고 리프레시 동작은 필요하지 않으나 DRAM의 용량과는 비교가 될 수 없다. SRAM은 공간과 소비전력보다는 적은 양의 메모리와 빠른 속도가 요구되는 분야에 적합하므로 디지털 오실로스코프와 논리분석기와 같이 매우 빠른 속도의 메모리가 필요한 분야에 사용된다.

(b) 동적 RAM

동적 RAM(Dynamic RAM)은 MOS 기술을 이용하여 만들어지며 대용량, 저전력 그리고 보통정도의 동작속도를 가진다. DRAM은 데이터 비트를 래치보다 작은 커패시터 셀에 저장한다. 이러한 셀은 구조가 매우 간단하므로 적은 비트 당의 비용으로 대용량의 메모리를 만들 수 있으나 커패시터는 일정한 시간이 지나면 방전되므로 메모리 셀을 주기적으로 재충전하여야 한다. 이것을 DRAM을 리프레시한다고 하고, 각 셀은 적어도 2~10ms 간격으로 리프레시 되지 않으면 저장되어 있던 데이터는 잃게 된다.

그림 14-6은 단일 MOS 트랜지스터와 커패시터로 구성된 일반적인 DRAM의 셀이다.

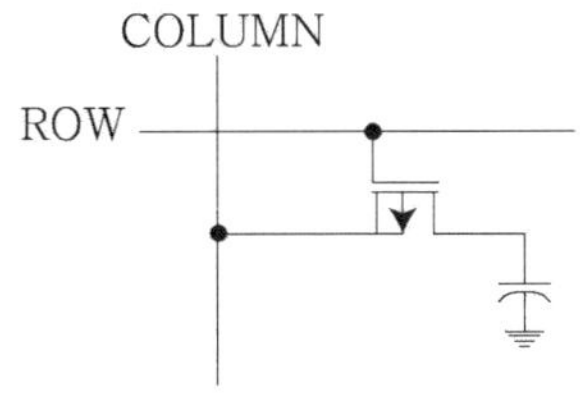

그림 14-6 DRAM 셀

이러한 DRAM에서는 트랜지스터가 스위치로서 동작한다. 지정된 셀에 1을 저장하려면 해당 ROW와 COLUMN이 HIGH가 되어 트랜지스터가 ON되어야 한다. 이때 트랜지스터는 커패시터와 COLUMN을 연결하는 닫힌 스위치로 동작하므로 커패시터에 양의 전압(+)이 걸리게 된다. 0을 저장할 때는 해당 ROW는 HIGH이고 COLUMN은 LOW이므로 커패시터가 0을 저장하고 있으면 계속 충전되지 않은 상태로 있고, 1을 저장하고 있을 때는 반전된다. 셀로부터 데이터를 읽으려면 해당 ROW에 HIGH가 인가되어 트랜지스터는 ON되어야 한다. 커패시터와 COLUMN이 연결되므로 데이터 비트가 출력된다. DRAM은 간단한 셀 구조 때문에 SRAM 밀도의 거의 4배이고, 전력 소모는 실제로 SRAM의 1/6에서 1/2정도이다. DRAM도 전원이 끊어지면 각 셀에 저장되어 있던 데이터가 없어지는 휘발성 메모리로서 대용량이면서 전력을 적게 소비하기 때문에 컴퓨터의 주 메모리로 사용된다.

(4) 74LS89 RAM

74LS89 TTL RAM은 16×4로 구성된 64비트 SRAM으로 일반적인 RAM에 비해 용량이 적고 내부구조가 단순하다.

그림 14-7은 74LS89 64비트 RAM이다.

이 RAM에는 16개의 워드가 있기 때문에 0000에서 1111까지의 어드레스를 갖는 A0~A3의 4개의 어드레스 입력이 있고, 워드의 크기가 4비트이기 때문에 D0~D3의 4개의 데이터 입력과 Y0~Y3의 4개의 개방 콜렉터 데이터 출력이 있다. 4비트의 어드레스에 의해서 16개의 워드 중 하나를 선택하여 4비트의 데이터가 RAM에 저장되기도 하고 RAM으로부터 읽어낼 수 있다. 메모리의 동작은 ME와 WE에 의해서 제어되는데 ME가 LOW일 때 메모리는 인에이블되고, HIGH일 때 디스에이블된다. WE가 LOW일 때 쓰기 동작, HIGH일 때 읽기 동작이 수행된다.

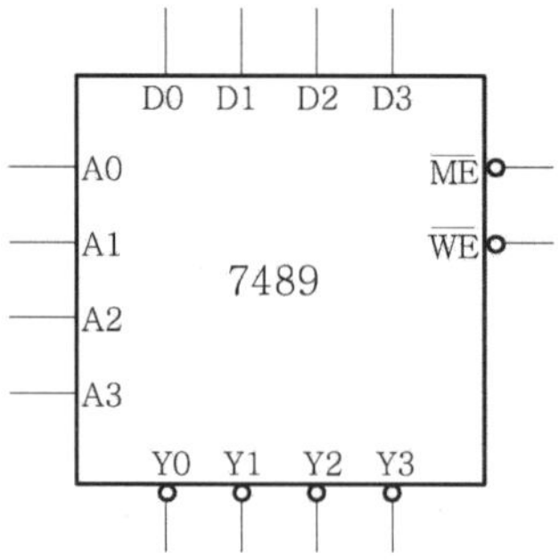

그림 14-7 7489 64비트 RAM

3. 사용기기 및 부품

- 디지털실험장치
- 74LS89 64비트 RAM
- 74185 2진-to-BCD 변환기
- 저항 680Ω

4. 실험방법

(1) 그림 14-8의 회로를 구성하고 $\overline{ME}$와 $\overline{WE}$를 HIGH로 하시오.

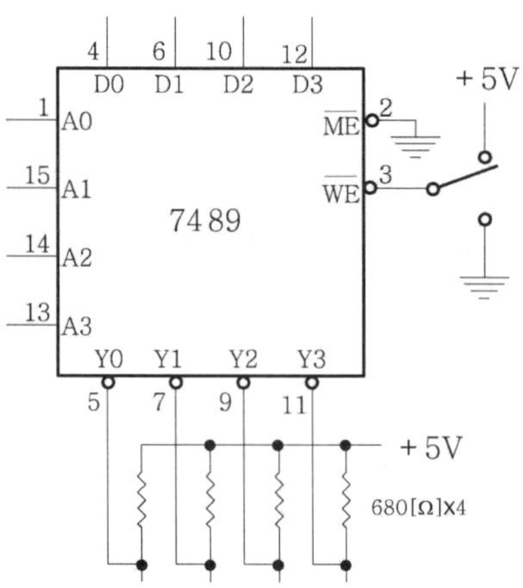

그림 14-8 7489 RAM

(2) 표 14-1의 어드레스를 선택하고 데이터를 인가한 후 $\overline{ME}$와 $\overline{WE}$를 LOW로 하여 해당 어드레스에 데이터를 저장하시오. 부적절한 데이터의 입력을 방지하기 위해 $\overline{ME}$와 $\overline{WE}$를 HIGH로 한 후에 어드레스를 변경하시오.

(3) 표 14-1의 어드레스를 선택한 후 $\overline{ME}$ = LOW로, $\overline{WE}$ = HIGH로 하여 해당 어드레스로부터 저장된 데이터를 읽어내어 표 14-1에 기록하시오.

표 14-1

어드레스 $A_3A_2A_1A_0$	저장될 데이터 $D_3D_2D_1D_0$	저장된 데이터 $Y_3Y_2Y_1Y_0$
0 0 0 0	1 1 1 1	
0 0 0 1	1 1 1 0	
0 0 1 0	1 1 0 0	
0 0 1 1	1 1 0 1	
0 1 0 0	1 0 0 1	
0 1 0 1	1 0 0 0	
0 1 1 0	1 0 1 0	
0 1 1 1	1 0 1 1	
1 0 0 0	0 0 1 1	
1 0 0 1	0 0 1 0	
1 0 1 0	0 0 0 0	
1 0 1 1	0 0 0 1	
1 1 0 0	0 1 0 1	
1 1 0 1	0 1 0 0	
1 1 1 0	0 1 1 0	
1 1 1 1	0 1 1 1	

(4) 그림 14-9의 회로를 구성하고 2진수를 어드레스로 입력할 때 출력되는 BCD를 측정하여 표 14-2에 기록하시오.

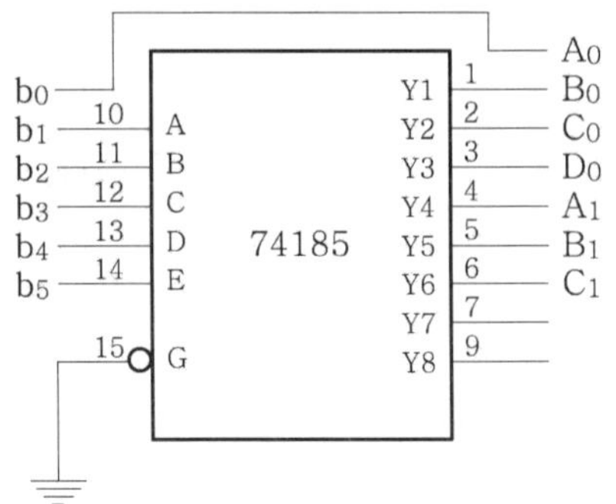

그림 14-9 74185 2진-to-BCD 변환기

표 14-2

$b_5b_4b_3b_2b_1b_0$	$C_1B_1A_1D_0C_0B_0A_0$
0 0 0 0 0 0	
0 0 0 1 0 1	
0 0 1 1 0 0	
0 1 0 0 0 1	
0 1 0 1 1 1	
0 1 1 0 0 1	
1 0 0 0 1 0	
1 0 0 1 1 1	
1 0 1 0 0 1	
1 0 1 1 1 0	
1 1 0 1 0 0	
1 1 1 0 1 0	
1 1 1 1 1 1	

메 모 리

학과 : 학년 : 번호 : 조 : 성명 :

[예비보고사항]

(1) 메모리에 대해서 설명하시오

(2) ROM의 종류에 대해서 설명하시오.

(3) ROM의 응용분야에 대해서 설명하시오.

(4) SRAM과 DRAM을 비교하시오.

메 모 리

학과 : 학년 : 번호 : 조 : 성명 :

[실험결과]

표 14-1R

어드레스 $A_3A_2A_1A_0$	저장될 데이터 $D_3D_2D_1D_0$	저장된 데이터 $Y_3Y_2Y_1Y_0$
0 0 0 0	1 1 1 1	
0 0 0 1	1 1 1 0	
0 0 1 0	1 1 0 0	
0 0 1 1	1 1 0 1	
0 1 0 0	1 0 0 1	
0 1 0 1	1 0 0 0	
0 1 1 0	1 0 1 0	
0 1 1 1	1 0 1 1	
1 0 0 0	0 0 1 1	
1 0 0 1	0 0 1 0	
1 0 1 0	0 0 0 0	
1 0 1 1	0 0 0 1	
1 1 0 0	0 1 0 1	
1 1 0 1	0 1 0 0	
1 1 1 0	0 1 1 0	
1 1 1 1	0 1 1 1	

표 14-2R

$b_5b_4b_3b_2b_1b_0$	$C_1B_1A_1D_0C_0B_0A_0$
0 0 0 0 0 0	
0 0 0 1 0 1	
0 0 1 1 0 0	
0 1 0 0 0 1	
0 1 0 1 1 1	
0 1 1 0 0 1	
1 0 0 0 1 0	
1 0 0 1 1 1	
1 0 1 0 0 1	
1 0 1 1 1 0	
1 1 0 1 0 0	
1 1 1 0 1 0	
1 1 1 1 1 1	

[검토사항]

(1) 표 14-1R로부터 저장될 데이터와 저장된 데이터를 비교하시오

(2) 표 14-1R로부터 7489 64비트 RAM의 기능에 대해서 설명하시오.

(3) 표 14-2R의 실험치와 이론치를 비교하시오.

(4) 반도체 메모리의 특성에 대해서 설명하시오

실험 15

A/D 및 D/A 변환기

1. 목 적

A/D 및 D/A 변환기의 구성방법과 동작원리를 이해하고 기본적인 A/D 및 D/A 변환기의 실험을 통하여 A/D 및 D/A 변환기의 특성을 확인한다.

2. 이 론

디지털 시스템과 아날로그 시스템 사이의 인터페이스를 위해서는 두 가지의 기본변환이 필요하다. 그것은 아날로그에서 디지털로의 변환(A/D)과 디지털에서 아날로그(D/A)로의 변환이다. D/A 변환은 디지털 입력을 이에 비례하는 아날로그의 전압이나 전류로 바꿔주는 과정이고, A/D 변환은 아날로그 입력을 이에 대응하는 디지털 코드로 변환하는 과정이다.

(1) 2진 가중 입력 D/A 변환기

D/A 변환 방법에는 여러 가지가 있는데 그 중 가장 간단한 것은 디지털 입력 비트의 2진 가중치를 나타내는 저항을 사용하는 2진 가중 입력 D/A 변환이다.

그림 15-1은 2진 가중 입력 D/A 변환기이다.

입력 A~D는 0V 또는 5V를 갖는 2진 입력이고, 입력 전압 가중치의 합을 만들어내기 위해 가산 증폭기의 역할을 수행하는 연산 증폭기가 사용되었다. 가산 증폭기는 각 입력 전압을 귀환저항 R_F와 입력저항 R_{IN}의 비로 곱한다. 입력 저항은 대응하는 입력 비트의 2진 가중치에 반비례하도록 선택하므로 R은 입력의 MSB에 해당한다. 다른 입력저항은 각각 2진 가중치 2^2, 2^1, 2^0에 대응하는 2R, 4R, 8R과 같이 R의 배수이다.

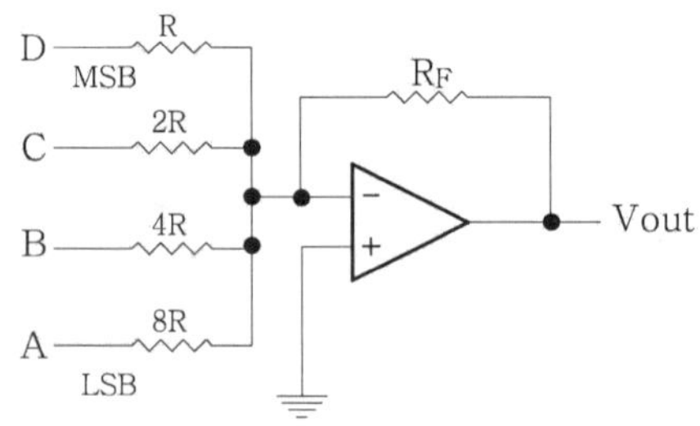

그림 15-1 2진 가중 입력 D/A 변환기

가산 증폭기의 출력은

$$V_{OUT} = -(V_D + \frac{1}{2}V_C + \frac{1}{4}V_B + \frac{1}{8}V_A)$$

가 된다.

가산 증폭기의 출력은 디지털 입력 가중치의 합을 나타내는 아날로그 전압이다. 디지털 입력이 1010이면 $V_D = V_B = 5V$, $V_C = V_A = 0V$이므로

$$\begin{aligned} V_{OUT} &= -(5V + 0V + \frac{1}{4}\times 5V + 0V) \\ &= -6.25V \end{aligned}$$

이 변환기의 분해능은 최하위 비트의 가중치 1/8×5V=0.625V와 같으며, 아날로그 출력은 2진 입력이 증가함에 따라 0.625V씩 증가한다. 이러한 형태의 변환기의 단점은 최상위 비트와 최하위 비트 사이의 저항 값의 차이가 큰 것인데, 이는 특히 분해능이 높은 D/A 변환기일 경우 더욱 그러하다. 예를 들어 12비트 D/A 변환기의 최상위 비트 저항이 1kΩ이라면 최하위 비트 저항은 2MΩ이 넘게 되는데, 현재의 집적회로 제조 기술로는 이와 같이 넓은 영역에 걸쳐 정확한 비율을 유지하는 저항을 만들어 내기는 매우 어렵다.

(2) R/2R 사다리형 D/A변환기

2진 가중 입력 D/A 변환기의 문제점을 해결하기 위한 다른 형태의 D/A 변환기로는 R/2R 사다리형 D/A 변환기가 있다.

그림 15-2는 R/2R 사다리형 D/A 변환기이다.

이 변환기에는 단지 R과 2R의 두 가지 저항만이 사용된다. 2진 입력 A~D에 의해 전류 값이 결정되며, 이 전류는 V_{out}을 출력시키기 위해 전류-전압 변환 연산 증폭기를 통과하게 된다.

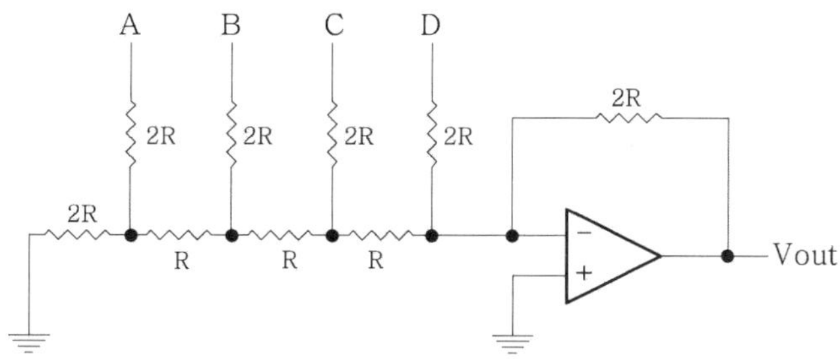

그림 15-2 R/2R 사다리형 D/A 변환기

출력 Vout 은

$$V_{OUT} = \frac{-V_{REF}}{8} \times B$$

이며, 여기서 B는 4비트의 2진수이다.

V_{REF}=5V이고, B=1111일 때

$$V_{OUT} = \frac{-5V}{8} \times 15$$
$$= -9.375\ V$$

(3) 디지털 램프 A/D 변환기

A/D 변환기는 아날로그 입력을 이에 대응하는 디지털 코드로 변환한다. A/D 변환은 D/A 변환에 비해 많은 단계를 거쳐야 하므로 변환과정이 복잡하고 더 많은 시간이 소요된다. 여러 형태의 A/D 변환기들은 회로의 일부로 D/A 변환기를 사용한다. 디지털 램프 A/D 변환기는 D/A 변환기와 2진 카운터로 구성되며, D/A 변환기의 출력 파형이 조금씩 경사를 이루었기 때문에 디지털 램프 A/D 변환기라 한다.

그림 15-3은 디지털 램프 A/D 변환기이다.

ST를 HIGH로 하여 카운터를 클리어하면 D/A 변환기의 출력 V_A=0이 된다. $V_{in} > V_A$ 이기 때문에 비교기의 출력 EOC는 HIGH가 된다. ST가 LOW가 되면 AND 게이트가 인에이블 되고, 클럭 펄스가 인가되어 카운터의 상태가 증가함에 따라 V_A는 한 단계씩 증가한다. V_A가 V_{in}을 초과하는 단계에 이를 때 EOC는 LOW가 되면서 AND 게이트가 디스에이블 되고, 클

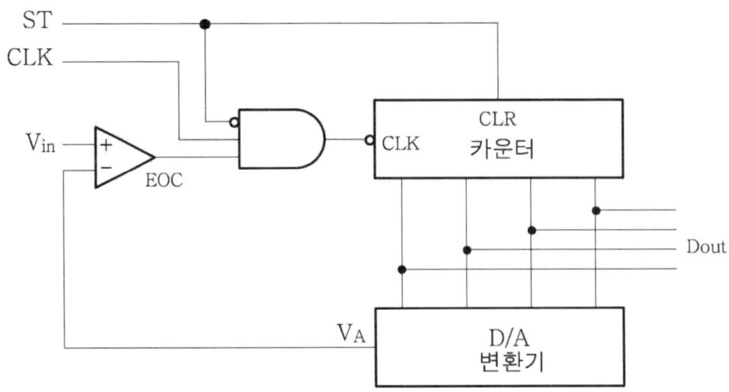

그림 15-3 디지털 램프 A/D 변환기

력 펄스의 공급이 중단되므로 카운터의 동작이 멈추게 된다. 이로써 변환과정은 완료되고 카운터에 저장되어 있는 2진수는 V_{in}의 디지털값을 나타낸다. 디지털 램프 A/D 변환기에 최대 입력이 인가될 때 카운터는 최대 상태까지의 연속된 단계를 거쳐야 하기 때문에 빠르게 변하는 아날로그 신호에 대해 A/D 변환을 수행해야 하는 응용 분야에는 적합하지 않지만, 저속의 변환에서는 다른 A/D 변환기보다 유용하게 사용될 수 있다. 이 변환기의 변환시간은 아날로그 입력에 따라 달라진다.

(4) 연속 근사 A/D 변환기

연속 근사 A/D 변환기는 가장 널리 사용되는 A/D 변환기중의 하나로서, 디지털 램프 A/D 변환기에 비해 회로의 구성은 더 복잡하나 변환시간이 짧으며 아날로그 입력에 관계없이 변환시간이 일정하다.

그림 15-4는 연속 근사 A/D 변환기이다.

이 변환기는 디지털 램프 A/D 변환기의 구성과 비슷하지만 D/A 변환기에 입력을 인가하기 위해 카운터 대신 레지스터를 사용한다는 점이 다르다. 변환기의 제어로직은 레지스터의 내용이 아날로그 입력 V_{in}에 대해 변환기의 분해능보다 작은 오차를 가지는 디지털 값이 될 때까지 최상위 비트에서 시작하여 1비트씩 1로 세트하면서 레지스터의 내용을 변경한다. 각 비트가 1로 세트될 때마다 비교기는 V_{in}과 V_A를 비교하여 V_A가 V_{in}보다 크면 비교기의 출력이 LOW가 되어 레지스터의 해당 비트를 리셋 시키고, V_A가 V_{in}보다 작으면 비교기의 출력은 HIGH가 되고 레지스터의 해당 비트는 1을 유지하게 된다. 레지스터의 모든 비트들에 대

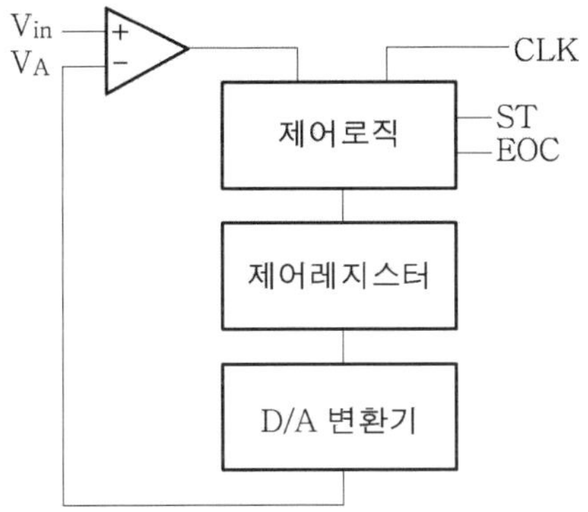

그림 15-4 연속 근사 A/D 변환기

해 수행되면 변환은 끝나게 되고 제어논리는 V_{in}의 디지털값이 레지스터 내에 저장되어 있다는 것을 알리기 위해 EOC 신호를 출력한다. 예로서 V_{in}=10.4V에 대한 디지털 출력은 1010이 된다. 출력이 1010=10[V]로 아날로그 입력보다 작은 것이 연속 근사 변환방법의 특징이다. 연속 근사 A/D 변환기는 상대적으로 변환속도가 빠르기 때문에 빠르게 변하는 아날로그 신호에 대한 데이터 획득을 요구하는 응용분야에서 유용하게 사용될 수 있다.

3. 사용기기 및 부품

- 디지털실험장치
- 74LS04 인버터
- 74LS11 AND 게이트
- 74LS393 4비트 2진 카운터
- 741 연산증폭기
- 저항 10kΩ, 20kΩ

4. 실험방법

(1) 그림 15-5의 회로를 구성하고 디지털 입력에 대한 아날로그 출력 전압을 측정하여 표 15-1에 기록하시오.

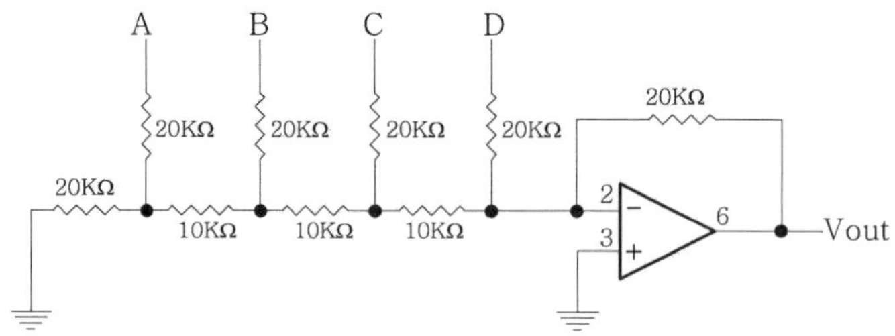

그림 15-5 R/2R 사다리형 D/A 변환기

표 15-1

D	C	B	A	V_{out} (V)
0	0	0	0	
0	0	0	+5	
0	0	+5	0	
0	0	+5	+5	
0	+5	0	0	
0	+5	0	+5	
0	+5	+5	0	
0	+5	+5	+5	
+5	0	0	0	
+5	0	0	+5	
+5	0	+5	0	
+5	0	+5	+5	
+5	+5	0	0	
+5	+5	0	+5	
+5	+5	+5	0	
+5	+5	+5	+5	

(2) 그림 15-6의 회로를 구성하고 ST를 HIGH로 하여 카운터를 클리어한 후 D/A 변환기의 출력 전압이 0V임을 확인하시오.

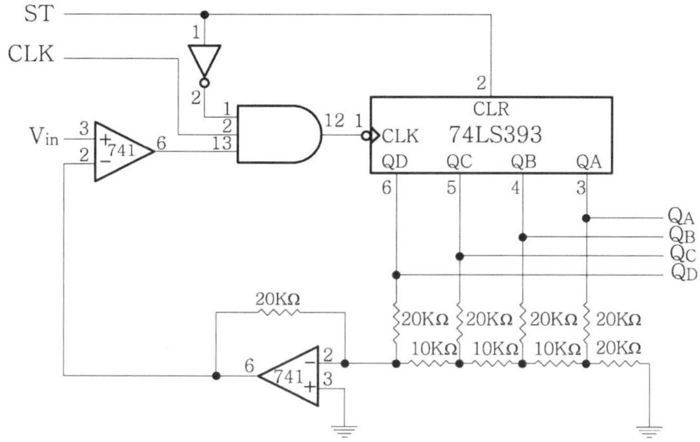

그림 15-6 디지털 램프 A/D 변환기

(3) 표 15-2에 주어진 V_{in}을 입력하고 ST를 LOW로 한 후 클럭 펄스를 카운터에 인가하시오. 카운터의 동작이 멈추었을 때 카운터의 출력상태를 측정하여 표 15-2에 기록하시오.

표 15-2

V_{in} (V)	Q_D	Q_C	Q_B	Q_A
0				
1				
2				
3				
4				
5				
6				
7				
8				
9				

A/D 및 D/A 변환기

학과 : 학년 : 번호 : 조 : 성명 :

[예비보고사항]

(1) D/A 변환기에 대해서 설명하시오.

(2) A/D 변환기에 대해서 설명하시오.

(3) D/A 변환기의 분해능에 대해서 설명하시오.

(4) 연산증폭기에 대해서 설명하시오.

A/D 및 D/A 변환기

학과 : 학년 : 번호 : 조 : 성명 :

[실험결과]

표 15-1R

D	C	B	A	V_{out}(V)
0	0	0	0	
0	0	0	+5	
0	0	+5	0	
0	0	+5	+5	
0	+5	0	0	
0	+5	0	+5	
0	+5	+5	0	
0	+5	+5	+5	
+5	0	0	0	
+5	0	0	+5	
+5	0	+5	0	
+5	0	+5	+5	
+5	+5	0	0	
+5	+5	0	+5	
+5	+5	+5	0	
+5	+5	+5	+5	

표 15-2R

V_{in}(V)	Q_D	Q_C	Q_B	Q_A
0				
1				
2				
3				
4				
5				
6				
7				
8				
9				

[검토사항]

(1) 표 15-1R의 실험치와 이론치를 비교하시오.

(2) 표 15-2R의 실험치와 이론치를 비교하시오.

(3) 표 15-1R로부터 변환기의 분해능을 구하시오.

(4) 아날로그 입력 V_{in} 이 D/A 변환기의 최대치보다 크게될 때의 디지털 램프 A/D 변환기의 동작에 대해서 설명하시오.

부 록

TTL Manual

00
Quad 2 Input NAND

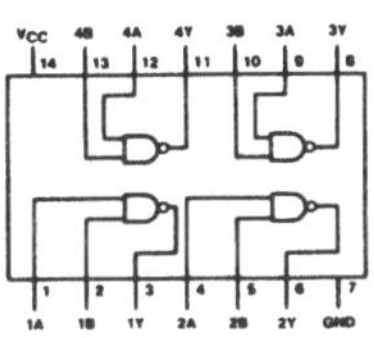

7400 74AS00 74HC00
74LS00 74ALS1000 74HCT00
74S00 74AS1000 40H000
74ALS00
74F00

01
Quad 2 Input NAND with OC

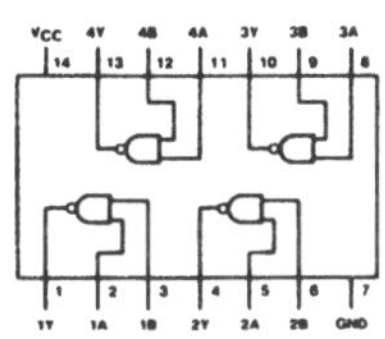

7401 74HC01
74LS01
74ALS01

02
Quad 2 Input NOR

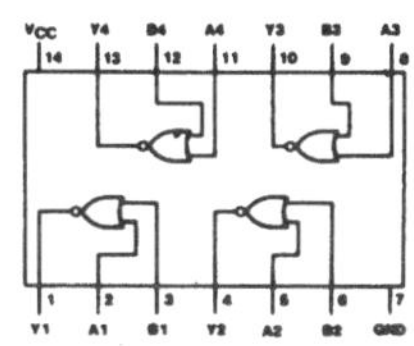

7402 74AS02 74HC02
74LS02 74ALS1002 40H002
74ALS02 74AS1002
74F02
74S02

03
Quad 2 Input NAND with OC

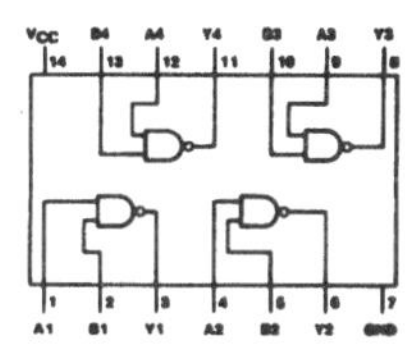

7403 74ALS1003 74HC03
74LS03
74S03
74ALS03

04
Hex Inverter

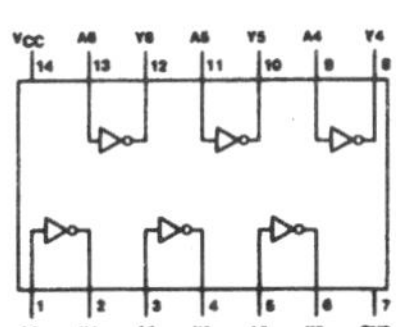

7404 74AS04 74HCU04
74LS04 74ALS1004 74HC04
74S04 74AS1004 74HCT04
74ALS04 40H004
74F04

05
Hex Inveter with OC

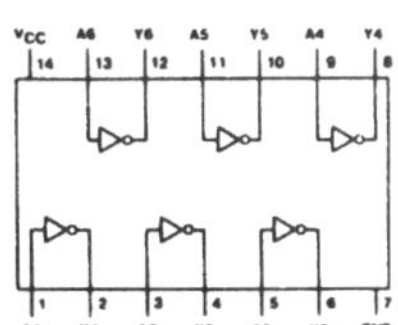

7405 74HCT05
74LS05
74ALS05
74S05
74ALS1005

06
Hex Inverter Buffer with OC High Voltage Output

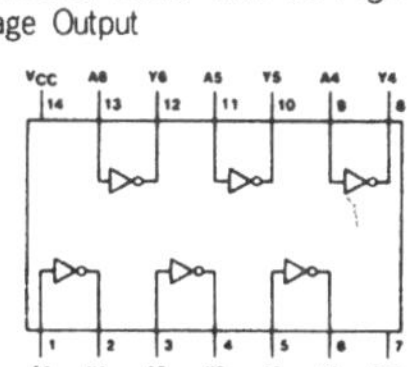

7406
74LS06

07
Hex Buffer with OC High Voltage Output

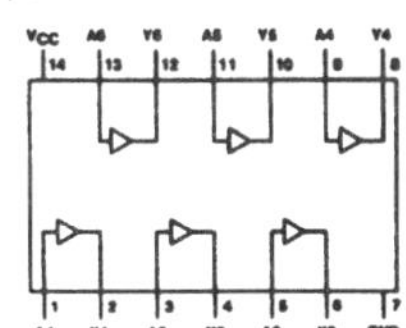

7407 74HC07
74LS07

08
Quad 2 Input AND

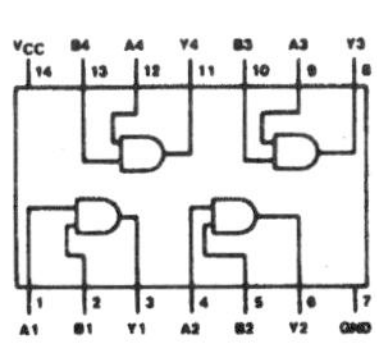

7408 74AS08 74HC08
74LS08 74ALS1008 74HCT08
74S08 74AS1008 40H008
74ALS08
74F08

09
Quad 2 Input AND with OC

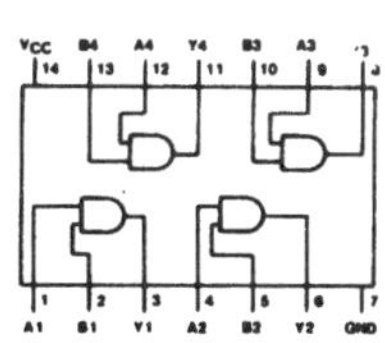

7409
74LS09
74S09
74ALS09

10
Triple 3 Input NAND

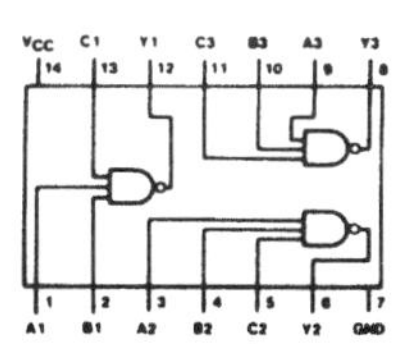

7410 74AS10 74HC10
74LS10 74ALS1010 74HCT10
74S10 40H010
74ALS10
74F10

11
Triple 3 Input AND

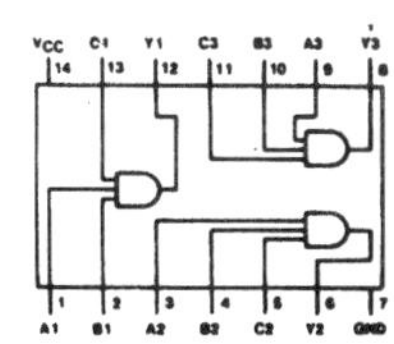

7411 74F11 74HC11
74LS11 74ALS1011 74HCT11
74S11 40H011
74ALS11
74AS11

12
Triple 3 Input NAND with OC

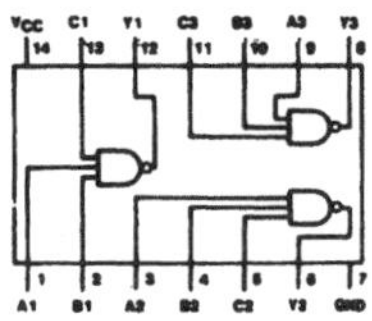

7412
74LS12
74S12
74ALS12

13
Dual 4 Input NAND Schmitt Trigger

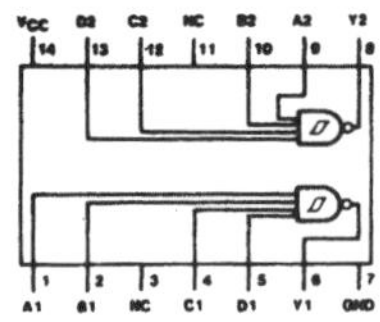

7413 74HC13
74LS13
74F13

14
Hex Inverter Schmitt Trigger

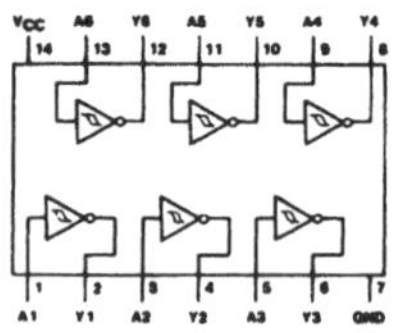

7414 74HC14
74LS14 74HCT14
74F14

15
Triple 3 Input AND with OC

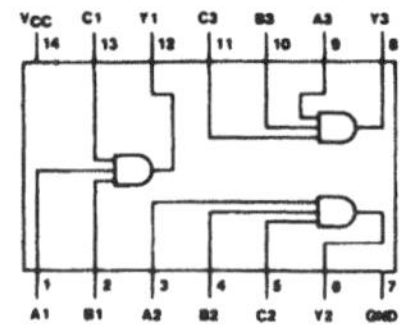

74LS15
74S15
74ALS15

16
Hex Inverter Buffer 15V with OC

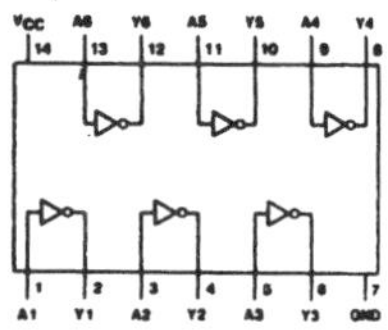

7416
74LS16

17
Hex Buffer 15V with OC

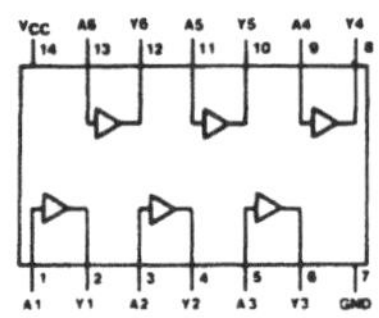

7417
74LS17

18
Dual 4 Input NAND Schmitt Trigger

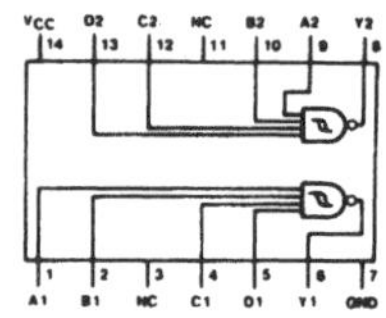

74LS18

19
Hex Inverter Schmitt Trigger

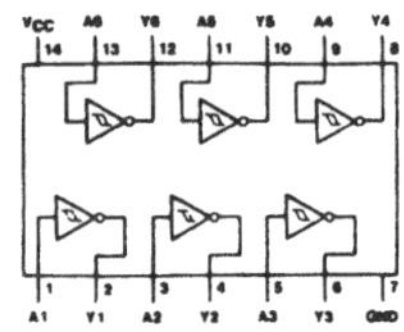

74LS19

20
Dual 4 Input NAND

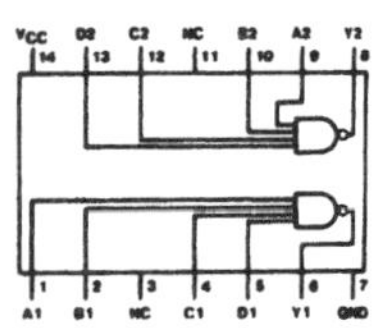

7420 74AS20 74HC20
74LS20 74ALS1020 74HCT20
74S20 40H020
74ALS20
74F20

21
Dual 4 Input AND with OC

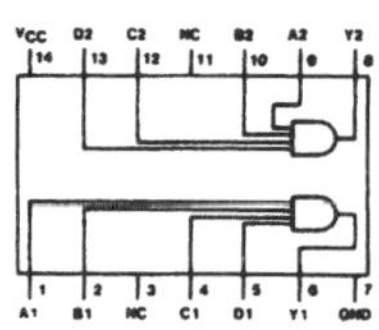

7421 74HC21
74LS21 40H021
74ALS21
74AS21

22
Dual 4 Input NAND with OC

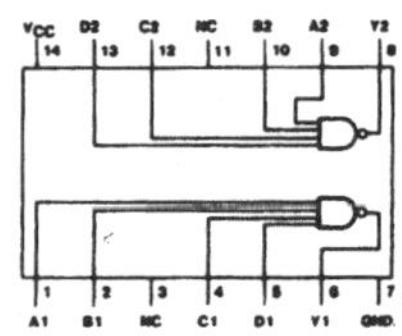

7422 74ALS22
74LS22
74S22

23
Expandable Dual 4 Input NOR with Strobe

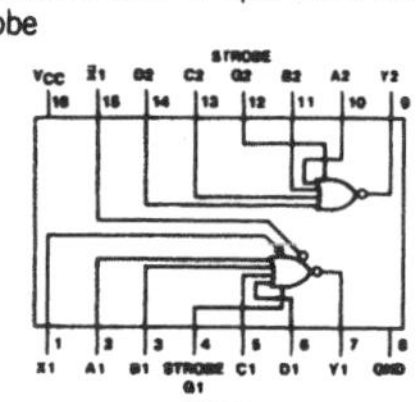

7423

24
Quad 2 Input NAND Schmitt Trigger

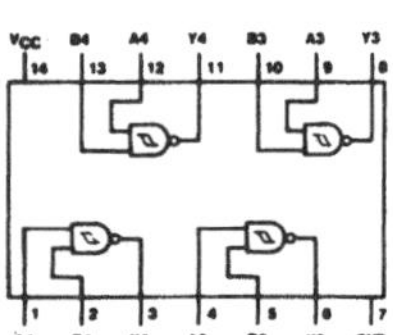

74LS24

25
Dual 4 Input NOR with Strobe

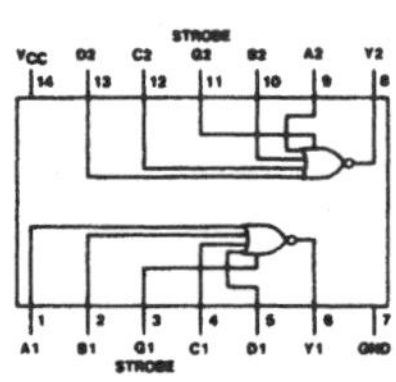

7425

26
Quad 2 Input NAND 15V with OC

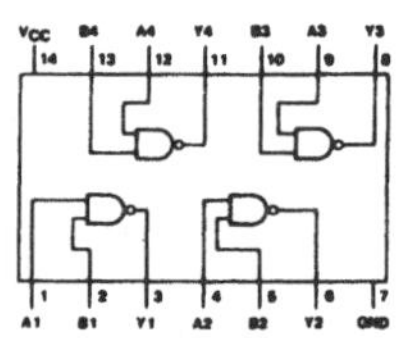

7426
74LS26

27
Triple 3 Input NOR

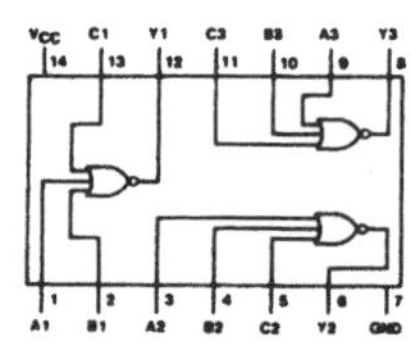

7427 74HC27
74LS27 74HCT27
74ALS27 40H027
74AS27

28
Quad 2 Input NOR Buffer

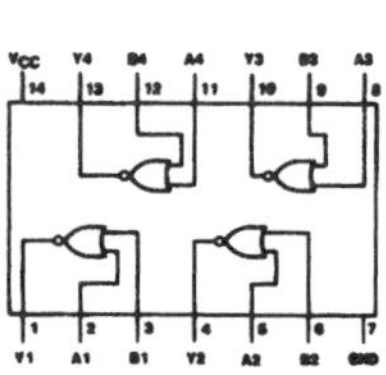

7428
74LS28
74ALS28
74ALS1028

30
8 Input NAND

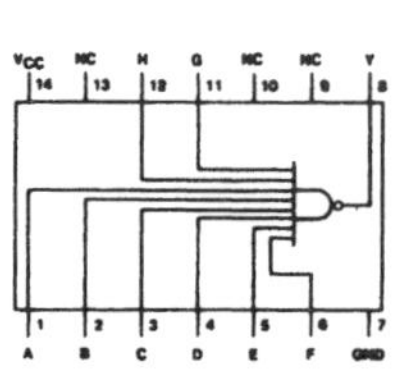

7430 74HC30
74LS30
74ALS30
74S30
74AS30

31
Delay Element

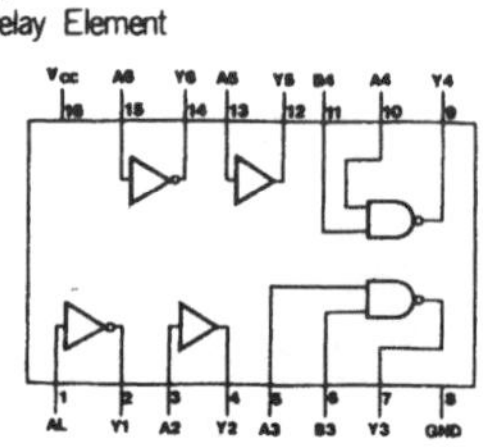

74LS31

32
Quad 2 Input OR

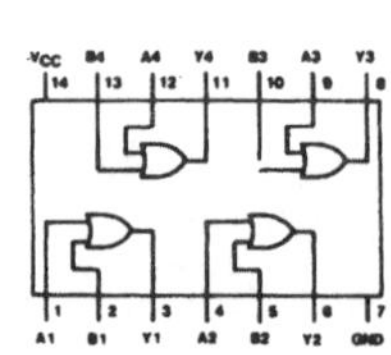

7432 74AS32 74HC32
74LS32 74ALS1032 74HCT32
74S32 74AS1032 40H032
74ALS32
74F32

33
Quad 2 Input NOR Buffer with OC

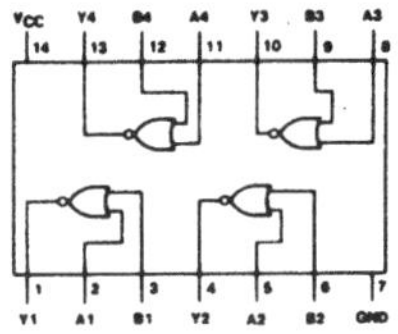

7433
74LS33
74ALS33

34
Hex Buffer

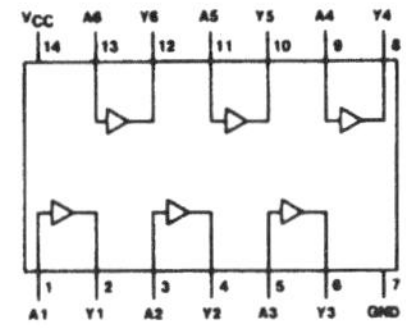

74ALS34 74AS34 74HCT34
74ALS1034 74AS1034

35
Hex Buffer with OC

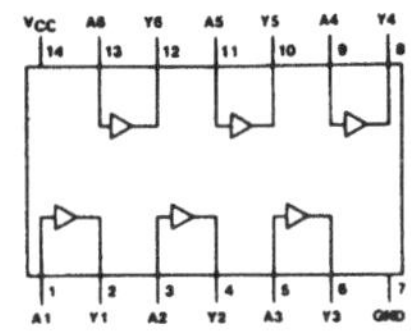

74ALS35
74ALS1035

37
Quad 2 Input NAND Buffer

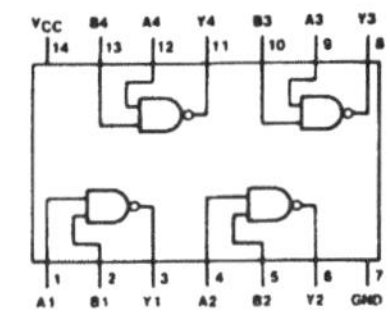

7437 74ALS37
74LS37 74ALS1037
74S37
74F37

38
Quad 2 Input NAND Buffer with OC

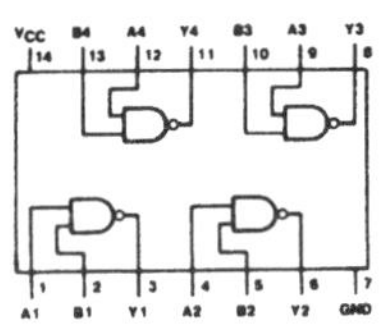

7438 74ALS38
74LS38
74S38
74F38

39
Quad 2 Input NAND Buffer with OC

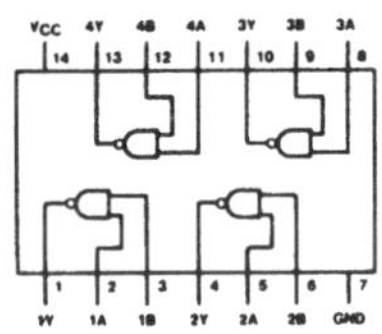

7439

40
Dual 4 Input NAND Buffer

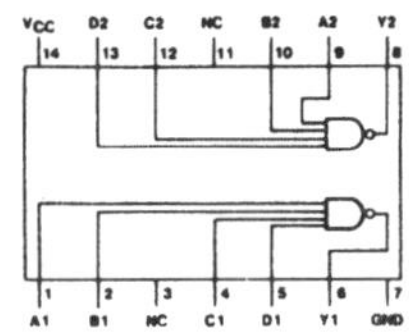

7440 74ALS1040
74LS40
74S40
74ALS40

41
BCD to Decimal Decorder/Driver

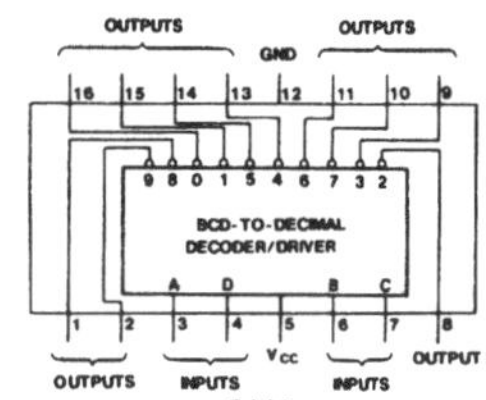

7441

42:BCD to Decimal Decoder
43:Excess 3 to Decimal Decoder
44:Excess 3 Gray to Decimal Decoder

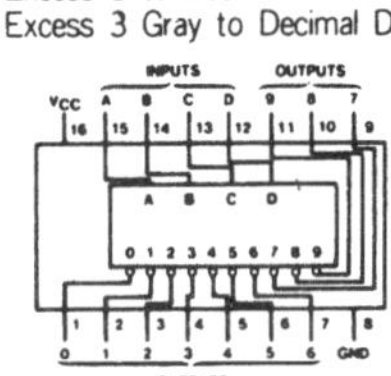

7442~44 74HC42
74LS42~44 74HCT42
40H042

45
BCD to Decimal Decoder 30V with OC

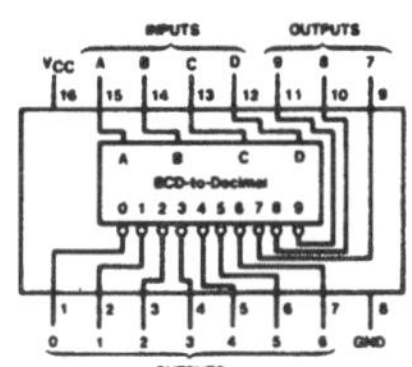

7445

46:BCD to Seven Segment Decoder 30V with OC
47:BCD to Seven Segment Decoder 15V with OC

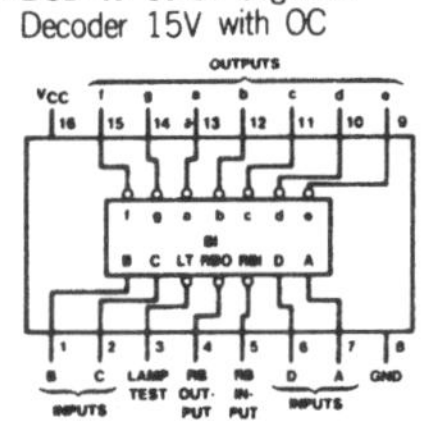

7446 7447
74LS47

48
BCD to Seven Segment Decoder 2kΩ pullup with OC

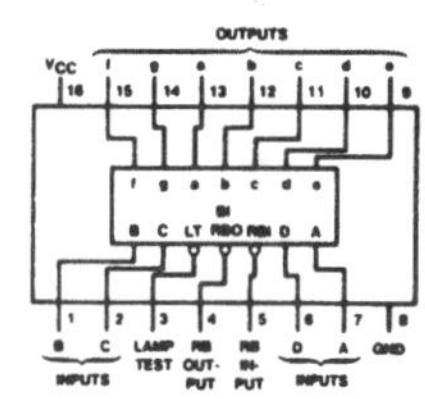

7448
74LS48

49
BCD to Seven Segment Decoder 5.5V with OC

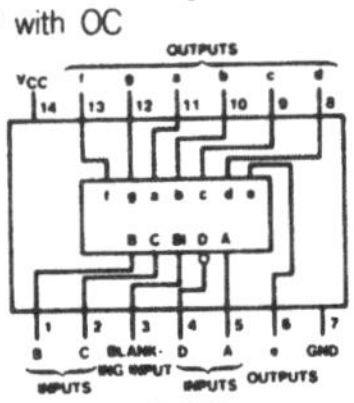

7449
74LS49

50
Dual 2 wide 2 Input AND OR INVERT

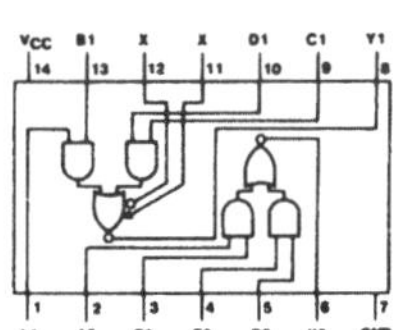

7450

51
Dual 2 wide 2 Input AND OR INVERT

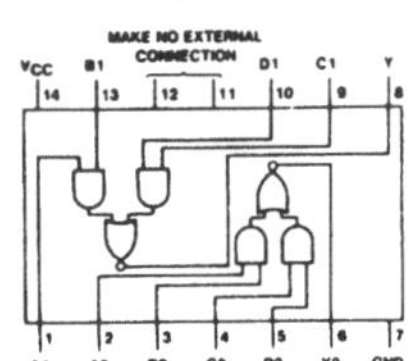

7451
74S51

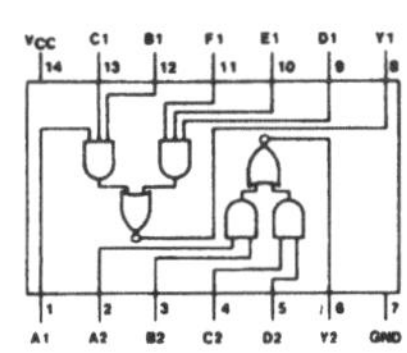

74LS51 74HC51
74ALS51 40H051

53
4 wide 2 Input AND OR INVERT

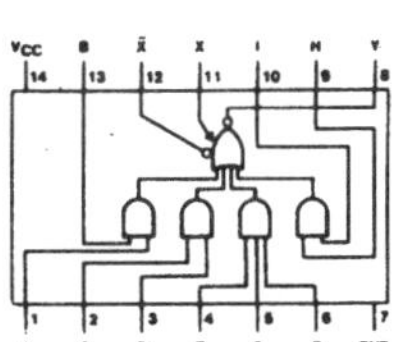

7453

54
4 wide 2 Input AND OR INVERT

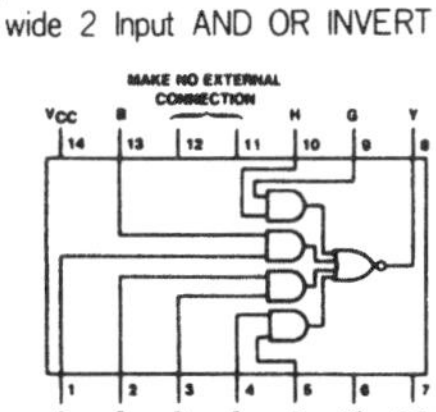

7454

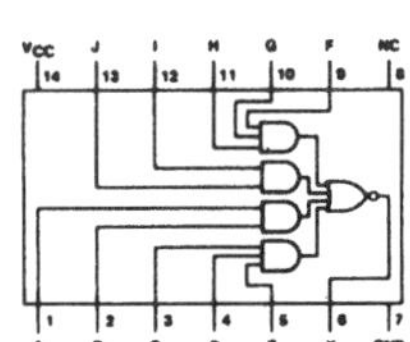

74LS54
74ALS54

55
Expandable 2 wide 4 Input AND OR INVERT

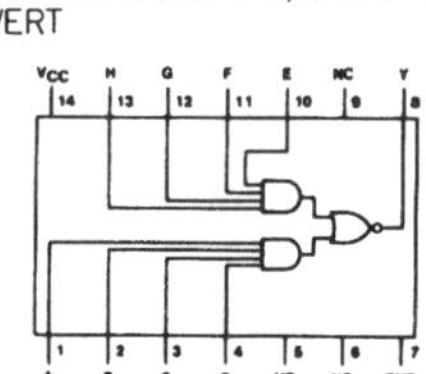

74LS55
74ALS55

60
Dual 4 Input Expander

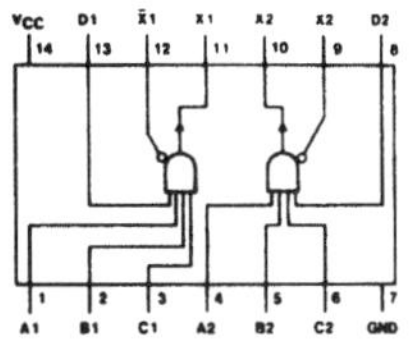

7460

63
Hex Current Sense Interface GATE

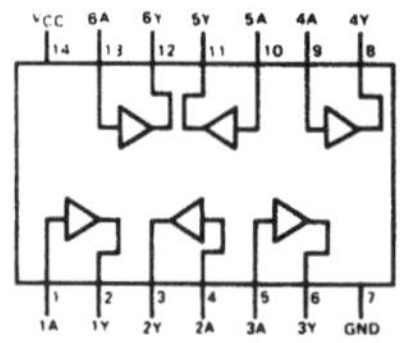

74LS63

64: 4-2-3-2 Input AND OR INVERT
65: 4-2-3-2 Input AND OR INVERT with OC

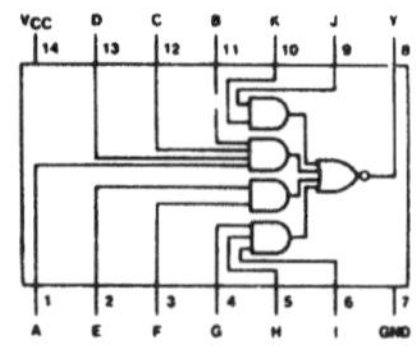

74S64 74S65
74F64 74ALS65
74ALS64

68
Dual Decade Counter

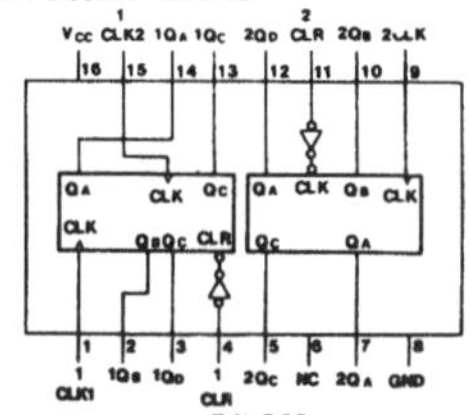

74LS68

69
Dual 4 Bit Binary Counter

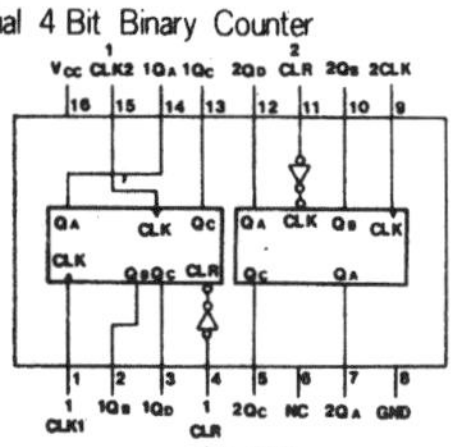

74LS69

70
AND-gated JK-FF with Preset and Clear

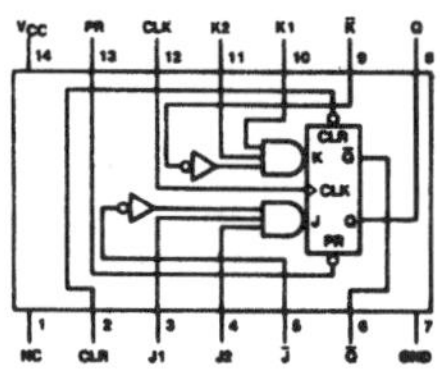

7470

72
AND-gated JK-FF with Preset and Clear

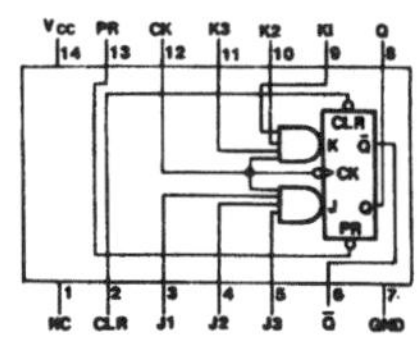

7472

73
Dual JK Flip Flop

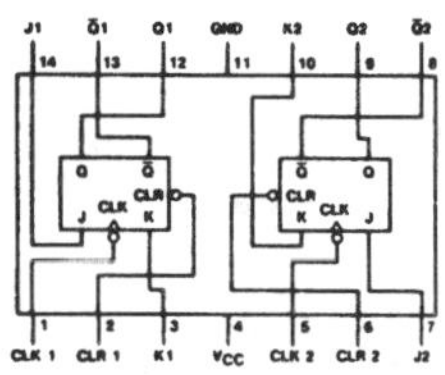

7473 74HC73
74LS73 74HCT73
74ALS73

FUNCTION TABLE

Inputs				Outputs	
CLR	CLK	J	K	Q	$\overline{Q}$
L	X	X	X	L	H
H	⊓	L	L	Q0	$\overline{Q}$0
H	⊓	H	L	H	L
H	⊓	L	H	L	H
H	⊓	H	H	TOGGLE	

7473

Inputs				Outputs	
CLR	CLK	J	K	Q	$\overline{Q}$
L	X	X	X	L	H
H	↓	L	L	Q0	$\overline{Q}$0
H	↓	H	L	H	L
H	↓	L	H	L	H
H	↓	H	H	TOGGLE	
H	H	X	X	Q0	$\overline{Q}$0

74LS73

74
Dual D Type Flip Flop

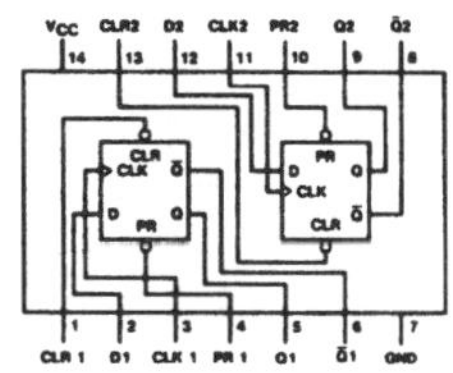

7474 74S74 74HC74
74LS74 74ALS74 74HCT74
74AS74 74F74 40H074

FUNCTION TABLE

Inputs				Outputs	
PR	CLR	CLK	D	Q	$\overline{Q}$
L	H	X	X	H	L
H	L	X	X	L	H
L	L	X	X	H*	H*
H	H	↑	H	H	L
H	H	↑	L	L	H
H	H	L	X	Q0	$\overline{Q}$0

75
4 Bit Latch

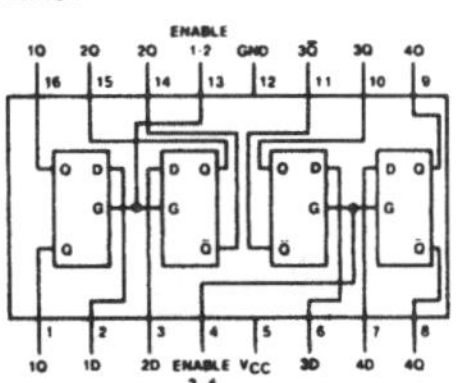

7475 74HC75
74LS75 74HCT75

FUNCTION TABLE
Each Latch

Inputs		Outputs	
D	G	Q	$\overline{Q}$
L	H	L	H
H	H	H	L
X	L	Q_0	$\overline{Q}_0$

76
Dual JK Flip Flop

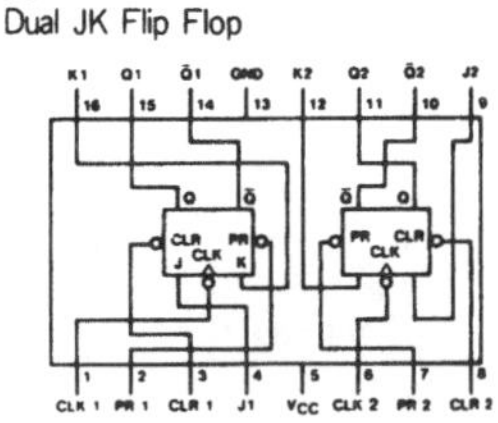

7476[1] 74HC76[1]
74LS76[2] 40H076[2]
74ALS76

FUNCTION TABLE

(1)

Inputs					Outputs	
PR	CLR	CLK	J	K	Q	$\overline{Q}$
L	H	X	X	X	H	L
H	L	X	X	X	L	H
L	L	X	X	X	H*	H*
H	H	⊓	L	L	Q0	$\overline{Q}$0
H	H	⊓	H	L	H	L
H	H	⊓	L	H	L	H
H	H	⊓	H	H	TOGGLE	

(2)

Inputs					Outputs	
PR	CLR	CLK	J	K	Q	$\overline{Q}$
L	H	X	X	X	H	L
H	L	X	X	X	L	H
L	L	X	X	X	H	H*
H	H	↓	L	L	Q0	$\overline{Q}$0
H	H	↓	H	L	H	L
H	H	↓	L	H	L	H
H	H	↓	H	H	TOGGLE	
H	H	H	X	X	Q0	$\overline{Q}$0

77
4 Bit Bistable Latch (Flat Pack Only)

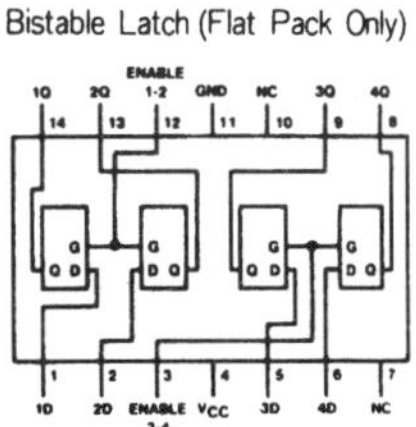

7477 74HC77
74LS77

FUNCTION TABLE
Each Latch

Inputs		Outputs	
D	G	Q	$\overline{Q}$
L	H	L	H
H	H	H	L
X	L	Q_0	$\overline{Q}_0$

78
Dual JK Flip Flop

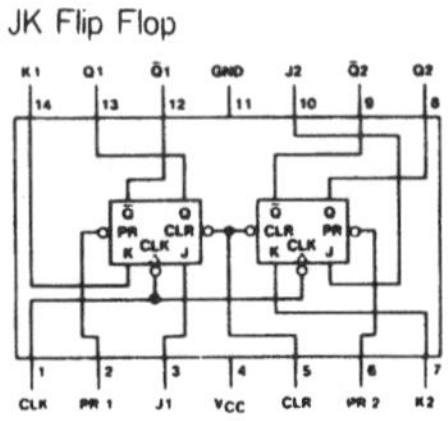

74LS78 74HC78
74ALS78

FUNCTION TABLE

Inputs					Outputs	
PR	CLR	CLK	J	K	Q	$\overline{Q}$
L	H	X	X	X	H	L
H	L	X	X	X	L	H
L	L	X	X	X	H*	H*
H	H	↓	L	L	Q0	$\overline{Q}$0
H	H	↓	H	L	H	L
H	H	↓	L	H	L	H
H	H	↓	H	H	TOGGLE	
H	H	H	X	X	Q0	$\overline{Q}$0

80
Gated Full Adder

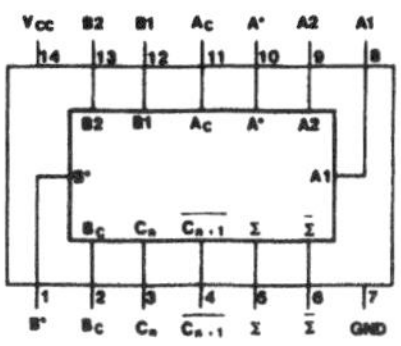

7480

81
16 Bit RAM (Open Collector)

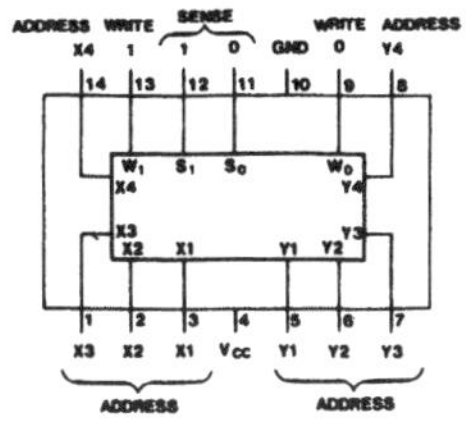

7481

82
2 Bit Full Adder

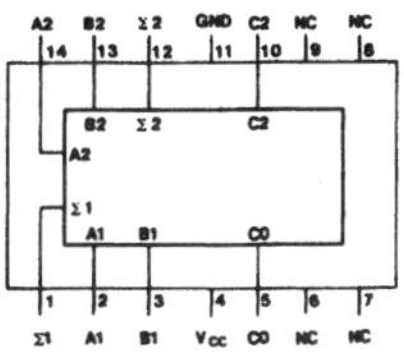

7482

83
4 Bit Binary Full Adder

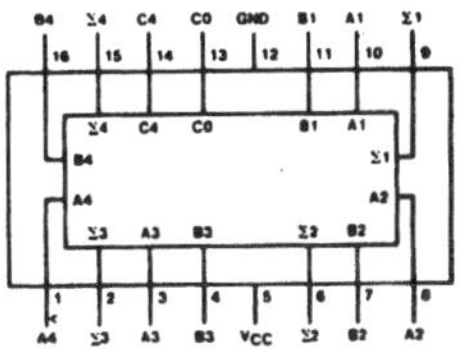

7483
74LS83

84
16 Bit RAM (Open Collector)

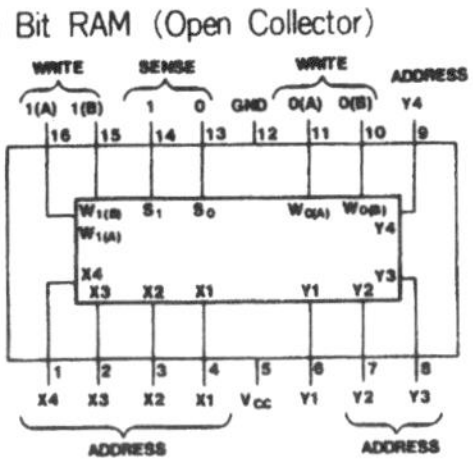

7484

85
4 Bit Comparator

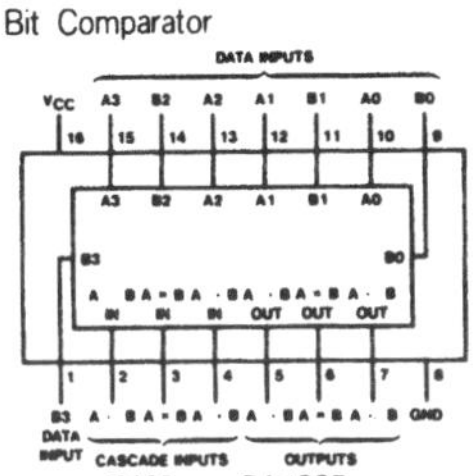

7485 74HC85
74LS85 74HCT85
74F85
74S85

86
Quad Exclusive OR

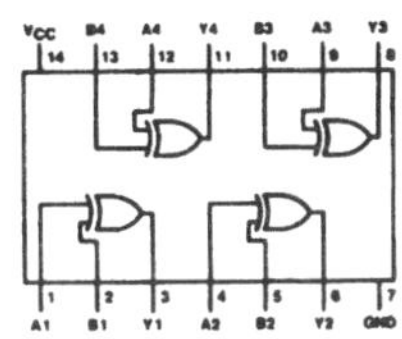

7486 74F86 74HC86
74LS86 74ALS86 74HCT86
74S86

89
64 Bit RAM (Open Collector)

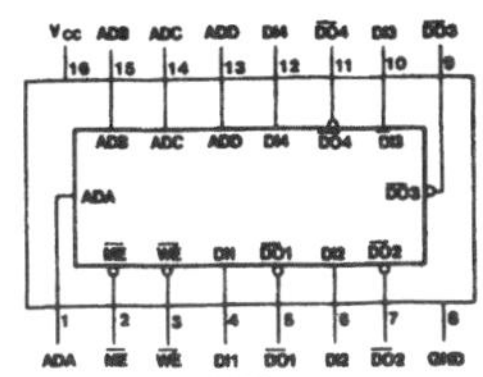

7489
74LS89
74S89

90
Decade Counter

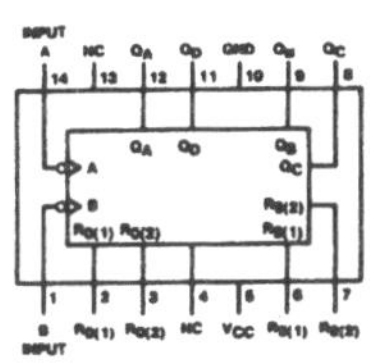

7490 74HC90
74LS90

91
8 Bit Shift Register SISO

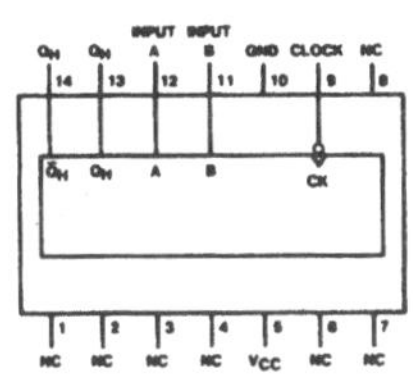

7491 74HC91
74LS91

92
Divide by 12 Counter

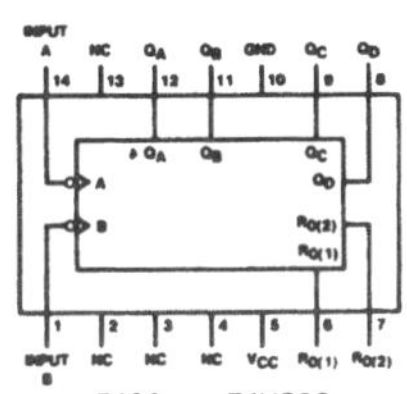

7492 74HC92
74LS92

93
4 Bit Binary Counter

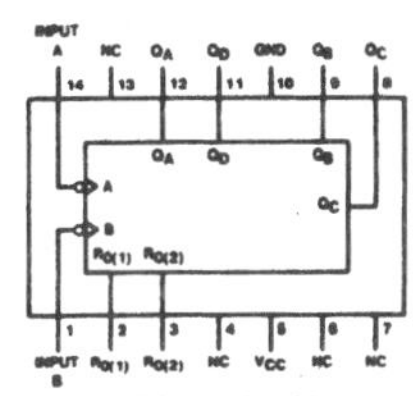

7493 74HC93
74LS93

94
4 Bit Shift Register

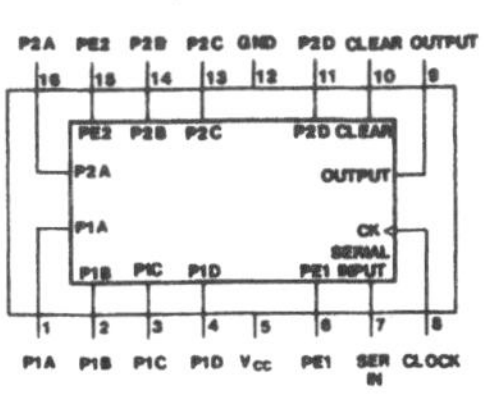

7494

95
4 Bit Shift Register PIPO

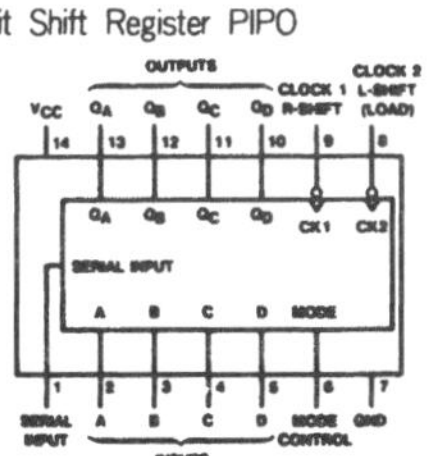

7495 74HC95
74LS95
74AS95

96
5 Bit Shift Register PIPO

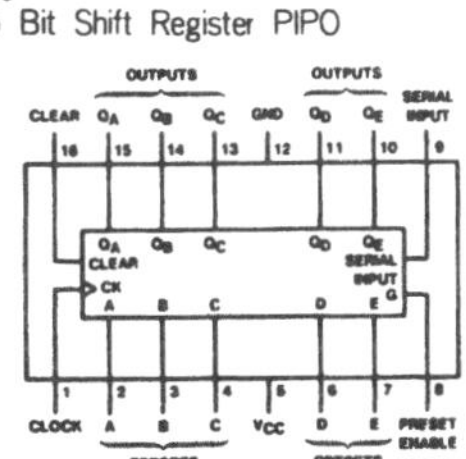

7496
74LS96
74S96

97
6 Bit Synchronous Binary Rate Multiplier

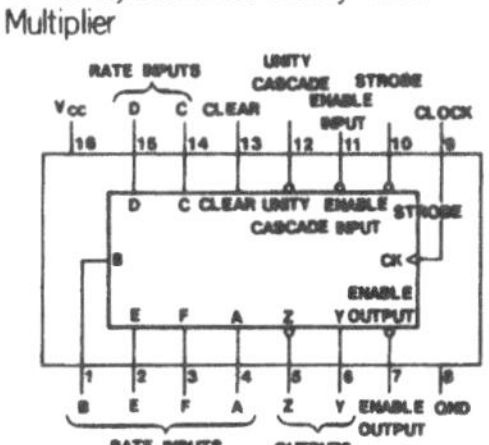

7497

100
8 Bit Latch

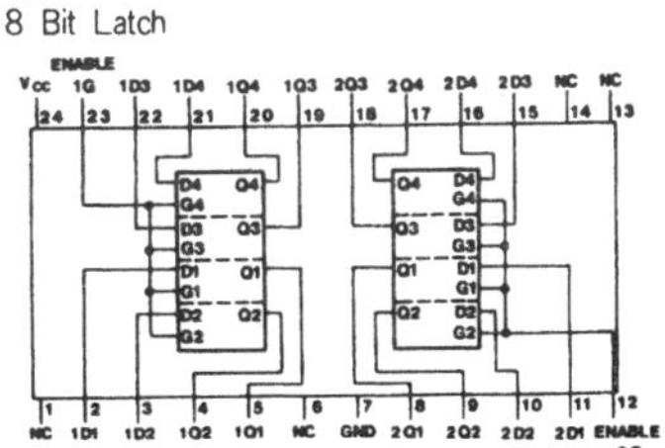

74100

104
AND-gated JK-FF with Preset and Clear

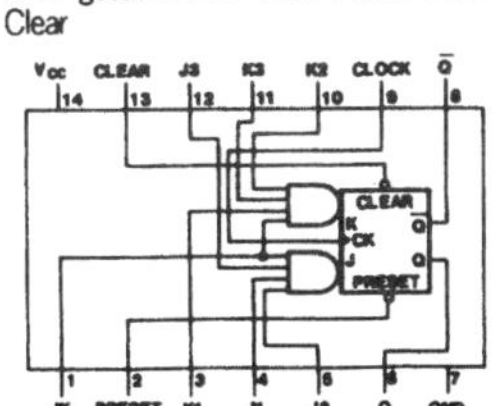

74104

105
AND-gated JK-FF with Preset and Clear

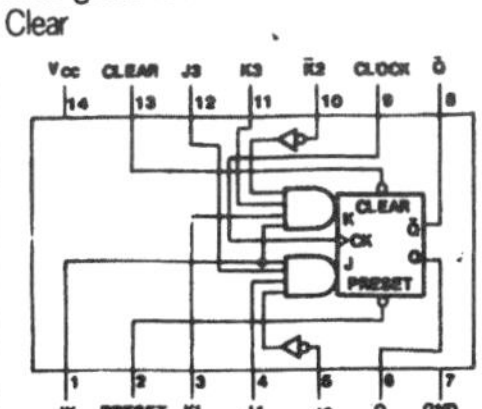

74105

107
Dual JK Flip Flop
(진리치표는 73과 같음)

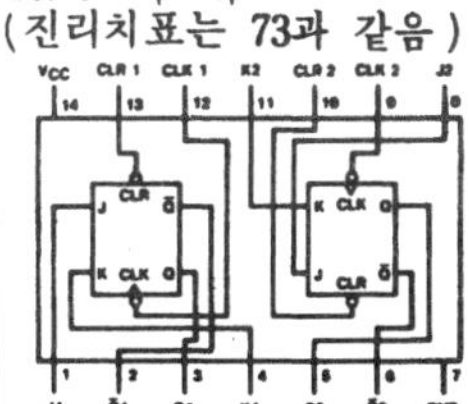

74107 74HC107
74LS107 74HCT107
74ALS107 40H107

109
Dual JK Flip Flop

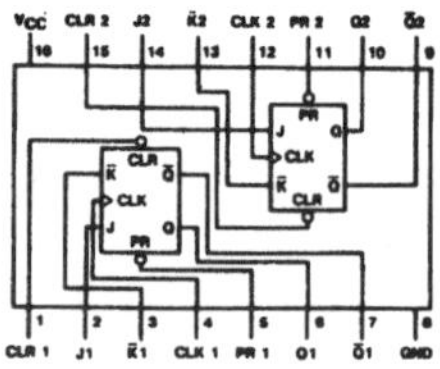

74109 74F109
74LS109 74S109
74ALS109 74AS109

FUNCTION TABLE

Inputs					Outputs	
PR	CLR	CLK	J	K̄	Q	Q̄
L	H	X	X	X	H	L
H	L	X	X	X	L	H
L	L	X	X	X	H*	H*
H	H	↑	L	L	L	H
H	H	↑	H	L	TOGGLE	
H	H	↑	L	H	Q0	Q̄0
H	H	↑	H	H	H	L
H	H	L	X	X	Q0	Q̄0

74HC109
74HCT109

110
AND-gated JK-FF with Preset and Clear

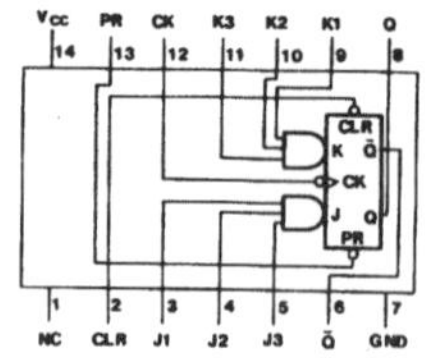

74110

111
Dual JK-FF with Preset and Clear

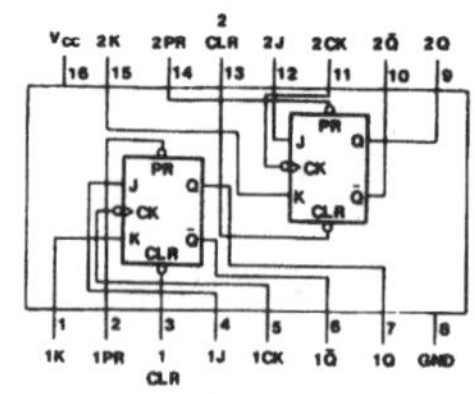

74111

112
Dual JK Flip Flop
(진리치표는 LS76과 같음)

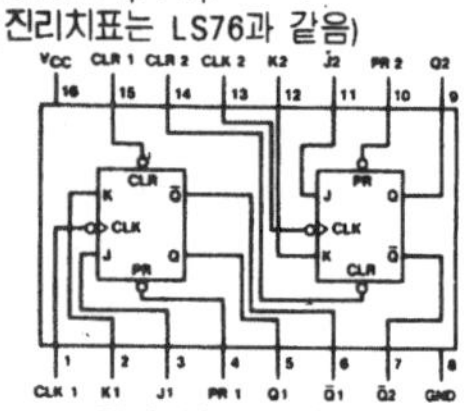

74LS112 74HC112
74ALS112 74HCT112
74S112
74F112
74AS112

113
Dual JK Flip Flop
(진리치표는 73과 같음)

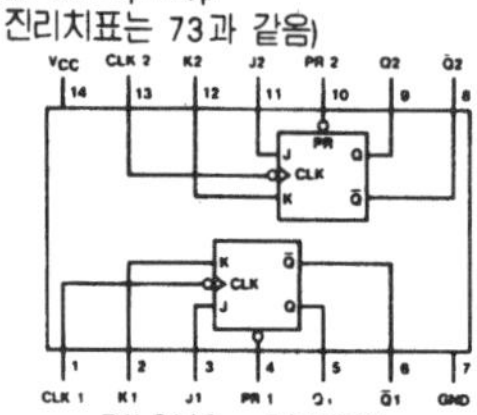

74LS113 74HC113
74ALS113
74S113
74F113
74AS113

114
Dual JK Flip Flop

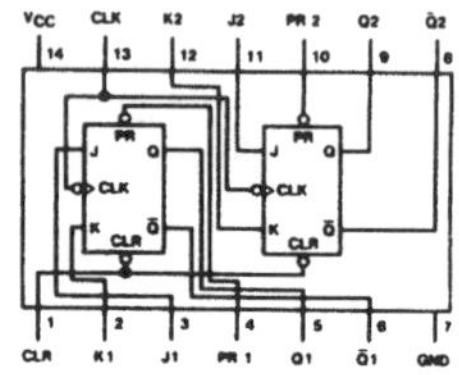

74LS114 74AS114 74HC114
74ALS114
74S114
74F114

FUNCTION TABLE

Inputs					Outputs	
PR	CLR	CLK	J	K	Q	Q̄
L	H	X	X	X	H	L
H	L	X	X	X	L	H
L	L	X	X	X	H*	H*
H	H	↓	L	L	Q0	Q̄0
H	H	↓	H	L	H	L
H	H	↓	L	H	L	H
H	H	↓	H	H	TOGGLE	
H	H	H	X	X	Q0	Q̄0

116
Dual 4 Bit Latch with Clear

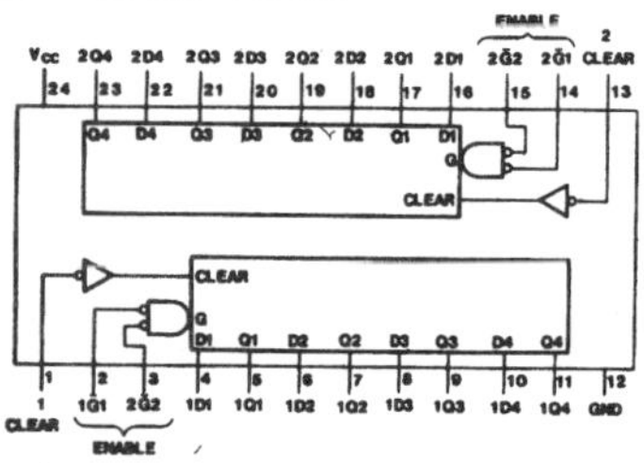

74116

120
Dual Pulse Synchronizer

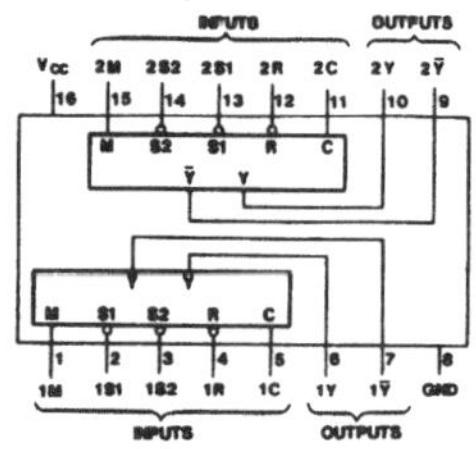

74120

121
Monostable Multivibrator

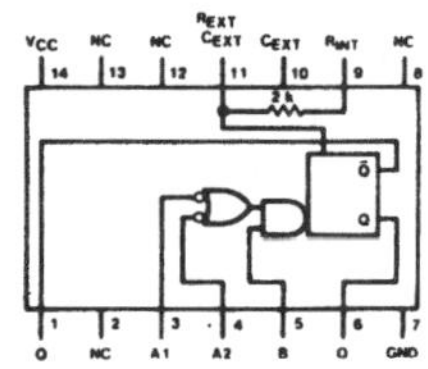

74121

FUNCTION TABLE

Inputs			Outputs	
A1	A2	B	Q	Q̄
L	X	H	L	H
X	L	H	L	H
X	X	L	L	H
H	H	X	L	H
H	↓	H	⊓	⊔
↓	H	H	⊓	⊔
↓	↓	H	⊓	⊔
L	X	↑	⊓	⊔
X	L	↑	⊓	⊔

122
Retriggerable Monostable Multivibrator

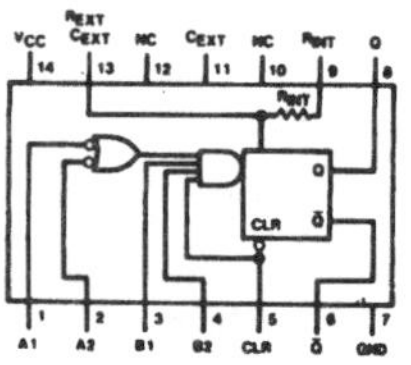

74122
74LS122

FUNCTION TABLE

Inputs					Outputs	
Clear	A1	A2	B1	B2	Q	Q̄
L	X	X	X	X	L	H
X	H	H	X	X	L	H
X	X	X	L	X	L	H
X	X	X	X	L	L	H
X	L	X	H	H	L	H
H	L	X	↑	H	⊓	⊔
H	L	X	H	↑	⊓	⊔
H	X	L	H	H	L	H
H	X	L	↑	H	⊓	⊔
H	X	L	H	↑	⊓	⊔
H	H	↓	H	H	⊓	⊔
H	↓	↓	H	H	⊓	⊔
H	↓	H	H	H	⊓	⊔
↑	L	X	H	H	⊓	⊔
↑	X	L	H	H	⊓	⊔

123
Dual Retriggerable Monostable Multivibrator

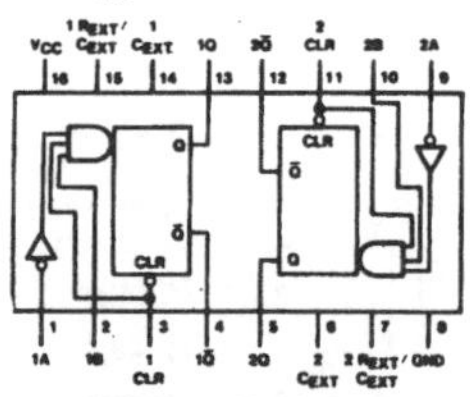

74123 74HC123
74LS123 74HCT123

FUNCTION TABLE

Inputs			Outputs	
Clear	A	B	Q	Q̄
L	X	X	L	H
X	H	X	L	H
X	X	L	L	H
H	L	↑	⊓	⊔
H	↓	H	⊓	⊔
↑	L	H	⊓	⊔

124
Dual VCO

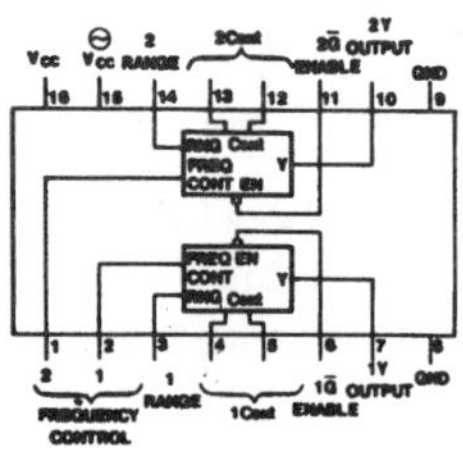

74LS124
74S124

125
Quad 3 State Buffer

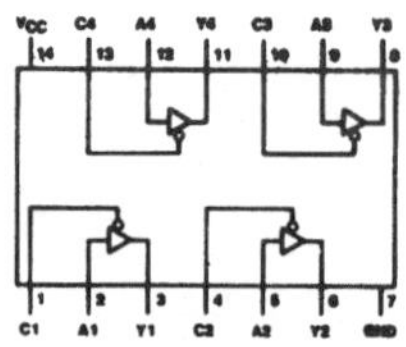

74125 74HC125
74LS125

126
Quad 3 State Buffer

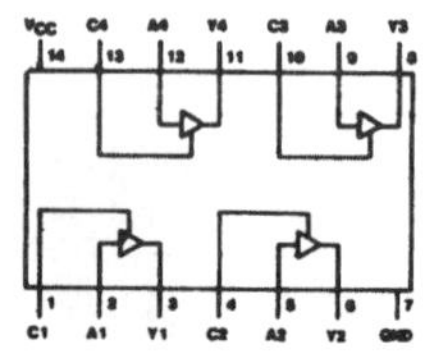

74126 74HC126
74LS126

128
Quad 2 Input NOR Line Driver (50Ω)

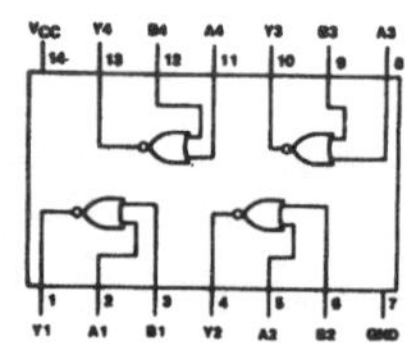

74128

131
3 to 8 Line Decoder with Address Latch

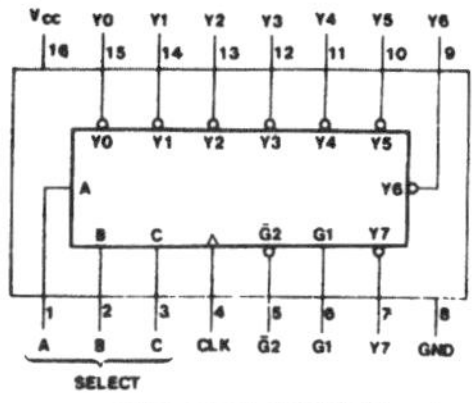

74ALS131 74HC131
74AS131

132
Quad 2 Input NAND Schmitt Trigger

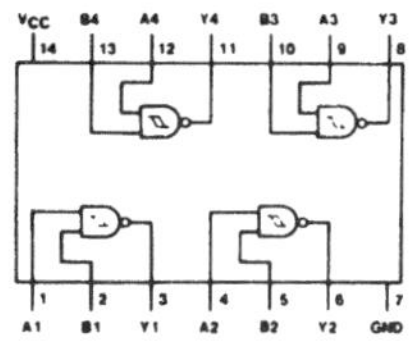

74132 74HC132
74LS132 74HCT132
74S132
74F132

133
13 Input NAND

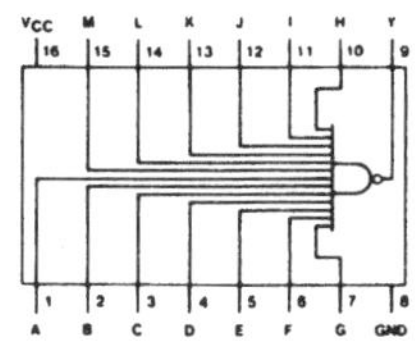

74LS133 74HC133
74ALS133
74S133

134
12 Input 3 State NAND

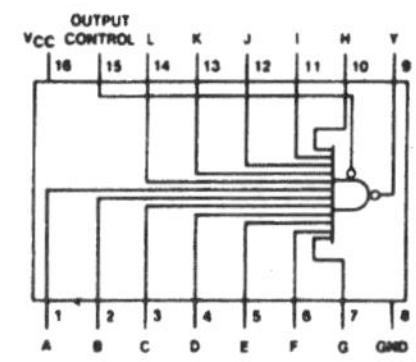

74S134

135
Quad Exclusive OR/NOR

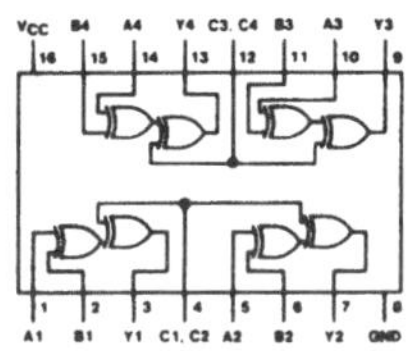

74S135

136
Quad Exclusive OR with OC

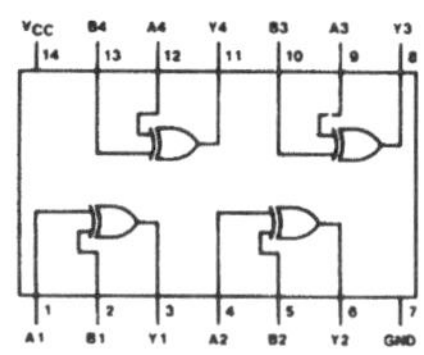

74136
74LS136
74ALS136
74S136

137
3 to 8 Line Decoder/Latch

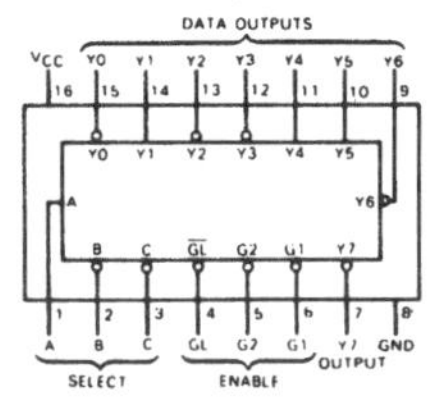

74LS137 74HC137
74S137 74HCT137
74ALS137
74S137
74AS137

138
3 to 8 Line Decoder

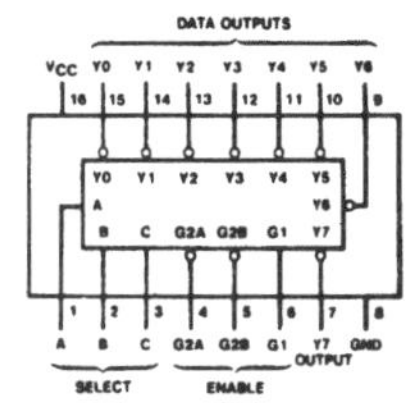

74LS138 74F138 74HC138
74S138 74AS138 74HCT138
74ALS138 40H138

139
Dual 2 to 4 Line Decoder

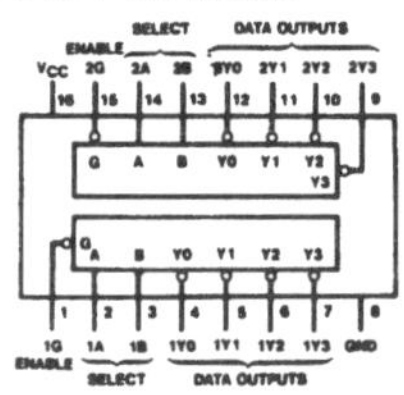

74LS139 74HC139
74S139 74HCT139
74ALS139 40H139
74AS139
74F139

140
Dual 4 Input NAND Line Driver (50Ω)

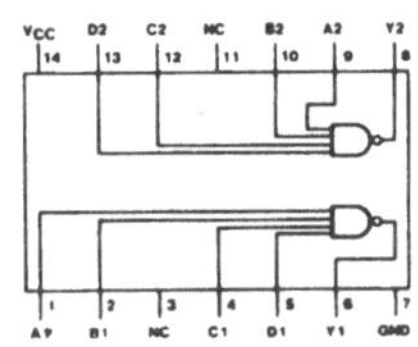

74S140

141
BCD to Decimal Decoder/Driver

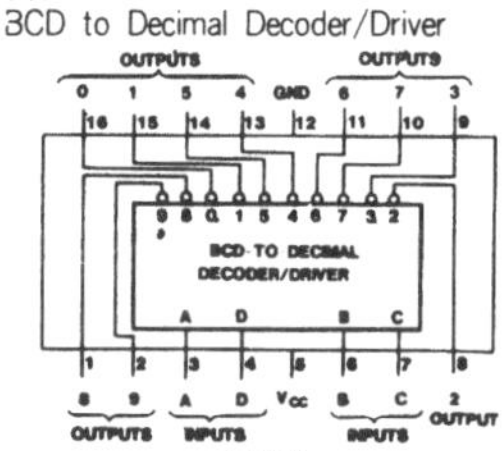

74141

142
BCD Counter/Latch/Decimal Decoder/Driver

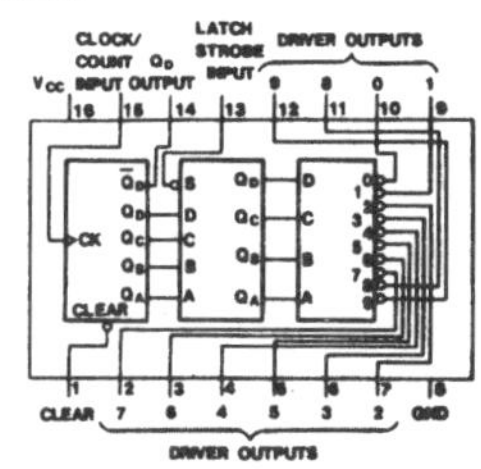

74142

143
BCD Counter/Latch/7 Segment Decoder/Driver

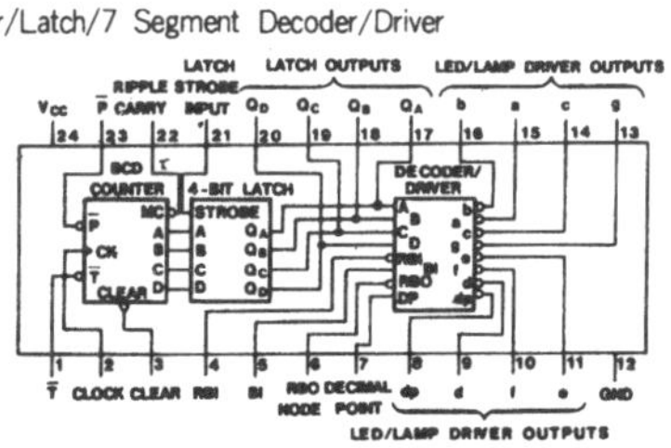

74143

144
BCD Counter/Latch/7 Segment Decoder/Driver

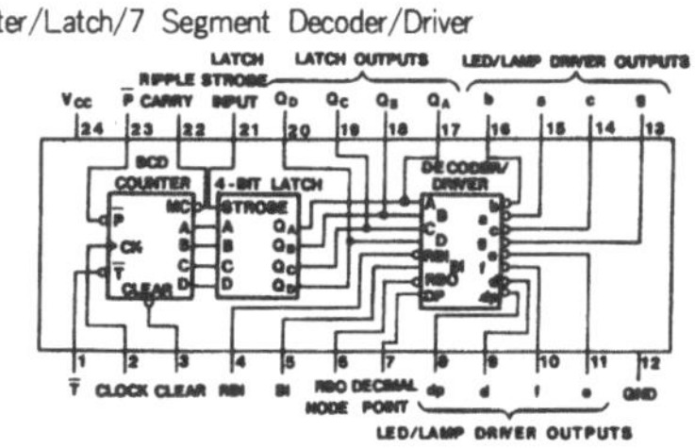

74144

145
BCD to Decimal Decoder 15V with OC

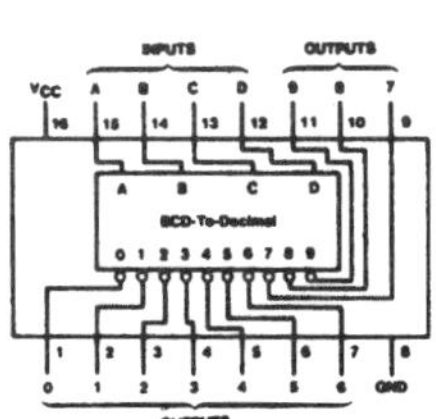

74145
74LS145

147
10 to 4 Line Priority Encoder

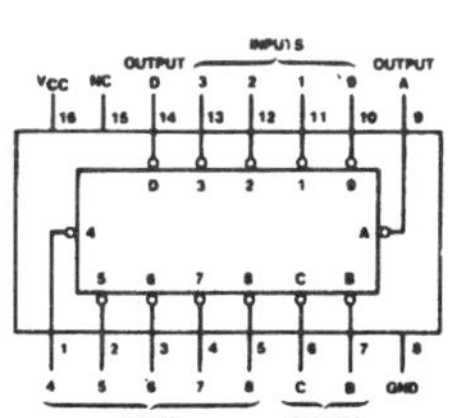

74147 74HC147
74LS147 74HCT147
40H147

148
8 to 3 Line Priority Encoder

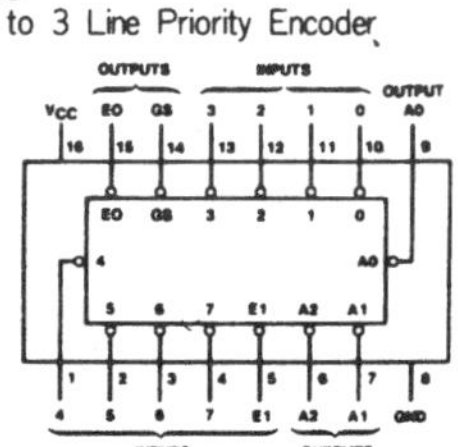

74148 74HC148
74LS148 40H148
74F148
TIM9907

150
16 to 1 Line Data Selector

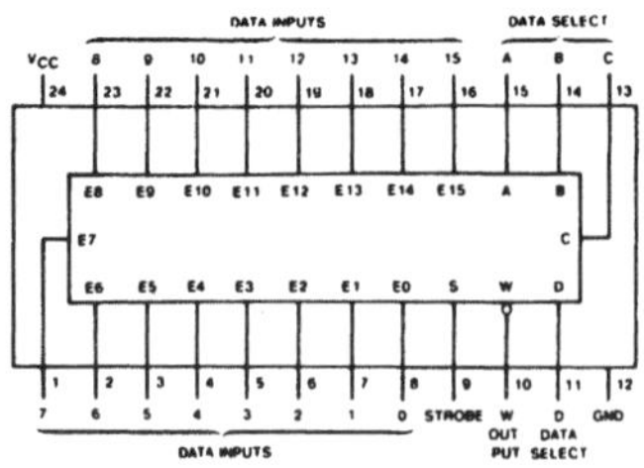

74150

151
8 to 1 Line Data Selector

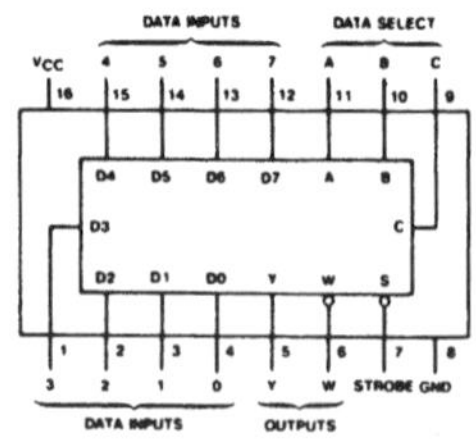

74151 74F151 74HC151
74LS151 74ALS151 74HCT151
74S151 74AS151 40H151

152
8 to 1 Line Data Selector

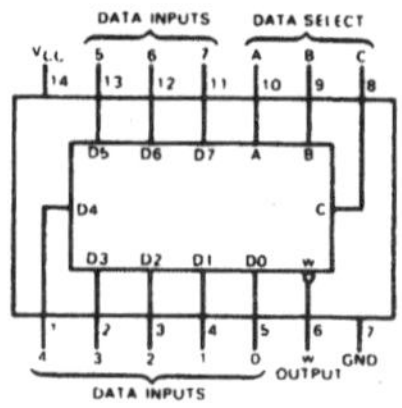

74152 74HC152
74LS152

153
Dual 4 to 1 Line Data Selector

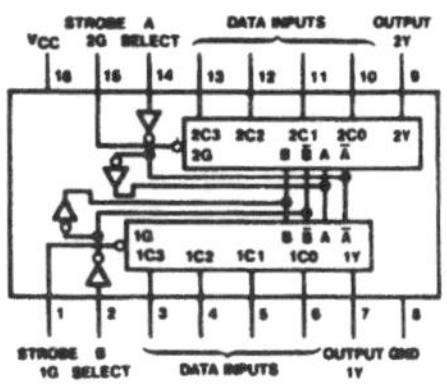

74153 74F153 74HC153
74LS153 74ALS153 74HCT153
74S153 74AS153 40H153

154
4 to 16 Line Decoder

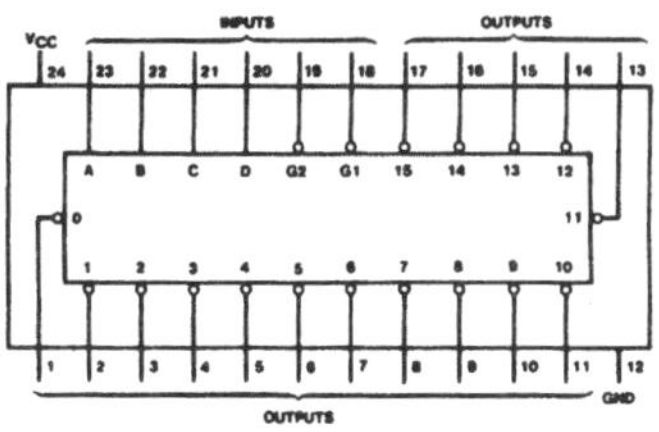

74154 74HC154
74LS154 74HCT154

155: Dual 2 to 4 Line Decoder
156: Dual 2 to 4 Line Decoder with OC

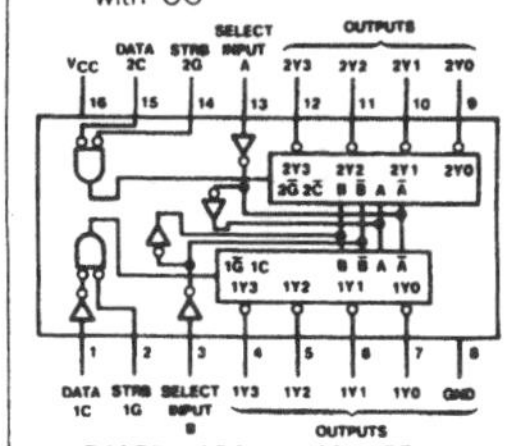

74155~156 40H155
74LS155~156 74HC155
74HCT155

157: Quad 2 to 1 Line Data Selector
158: Quad 2 to 1 Line Data Selector Inverting

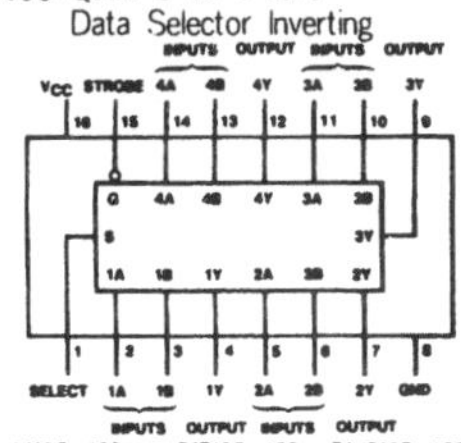

74157~158 74F157~158 74HC157~158
74LS157~158 74S157~158 40H157~158
74ALS157~158 74AS157~158 74HCT157~158

159
4 to 16 Line Decoder with OC

Open Collecter형
(Pin배치는 74154와 같음)

74159

160, 162: Synchronous Decoder Counter
161, 163: Synchronous Binary Counter

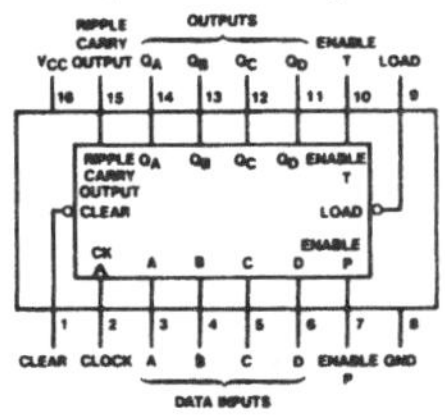

74160~163 74S162~163
74LS160~163 74HC160~163
74ALS160~163 40H160~163
74F160~163 74HCT160~163

164
8 Bit Shift Register

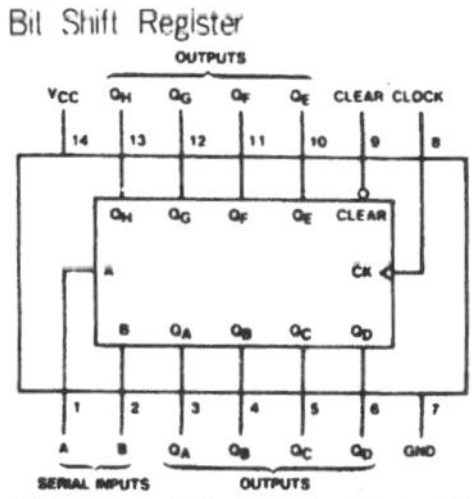

74164 74F164 74HC164
74LS164 74ALS164 74HCT164
40H164

165
8 Bit Shift Register PISO

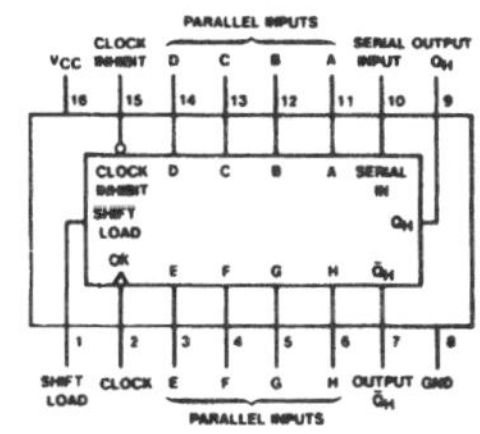

74165 74HC165
74LS165 74HCT165
74ALS165

166
8 Bit Shift Register PISO

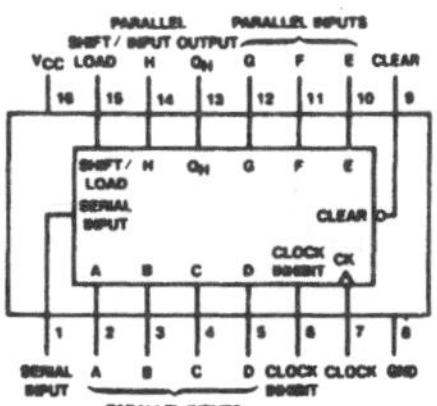

74166 40H166
74LS166 74HC166
74ALS166 74HCT166

167
BCD Synchronous Rate Multiplier

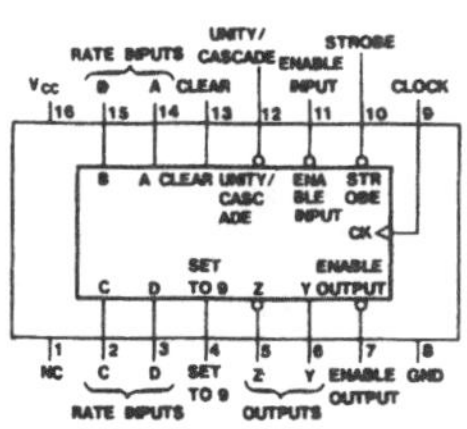

74167

168: Synchronous up down Decade Counter
169: Synchronous up down Binary Counter

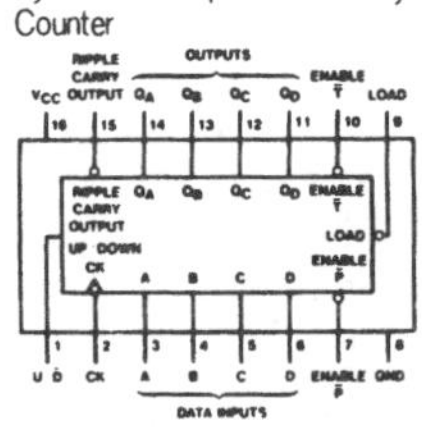

74LS168~169 74S168~169
74F168~169 74ALS168~169
74AS168~169

170
4 Word×4 Bit Register File with OC

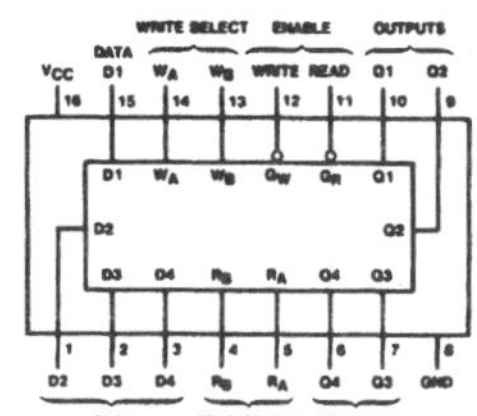

74170
74LS170

172
16 Bit Multiple-port Register File (3 state)

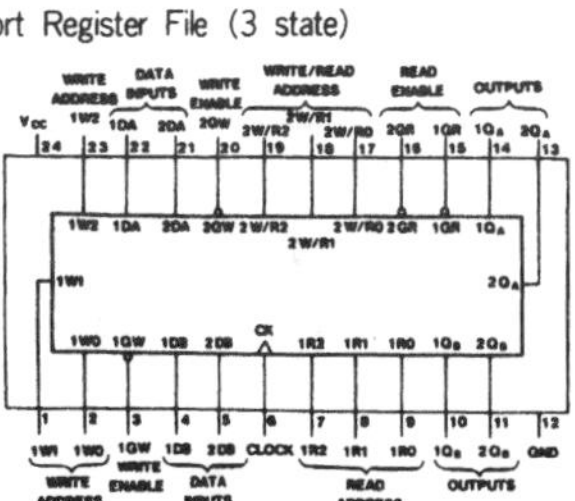

74172
74S172

173
Quad D Type Register (3 state)

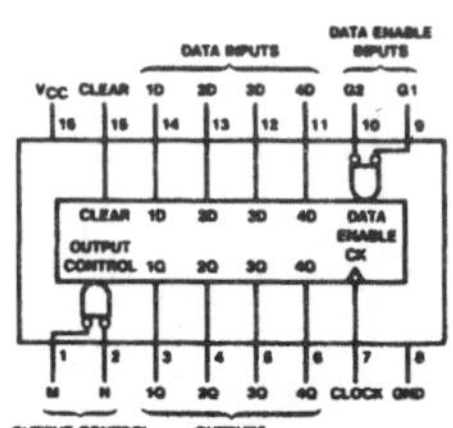

74173 74HC173
74LS173 74HCT173

174
Hex D Type Flip Flop

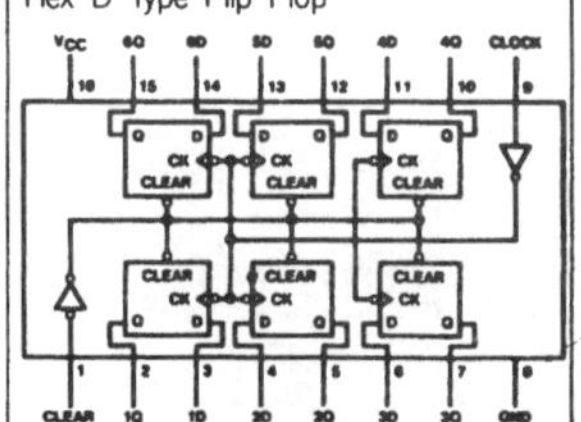

74174 74ALS174 74HC174
74LS174 74AS174 74HCT174
74S174 40H174
74F174

175
Quad D Type Flip Flop

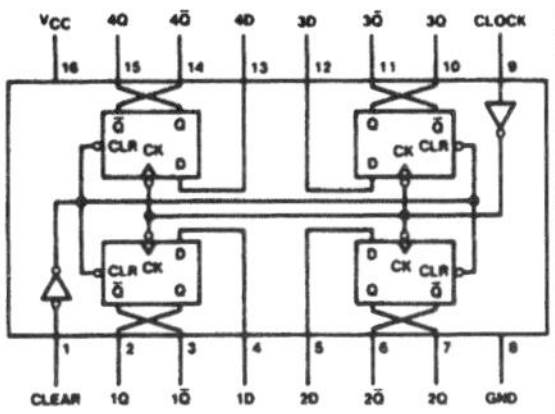

74175 74F175 74HC175
74LS175 74ALS175 74HCT175
74S175 74AS175 40H175

176:Presettable Decade Counter
177:Presettable Binary Counter

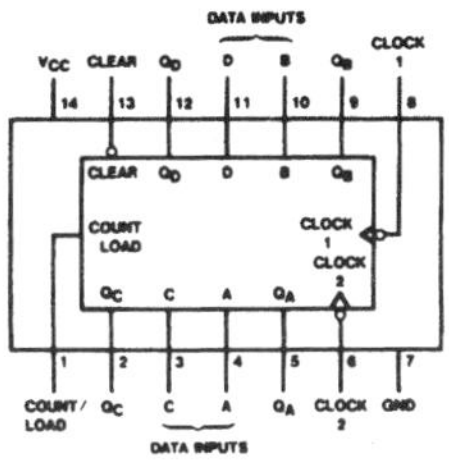

74176~177

178
4 Bit Shift Register PIPO

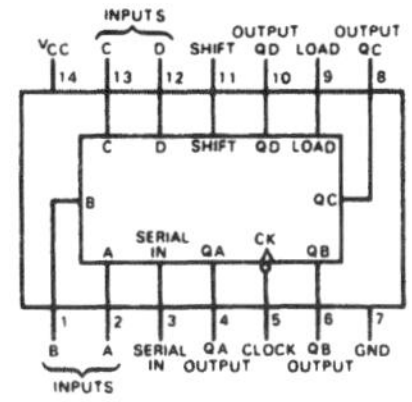

74178

179
4 Bit Shift Register PIPO

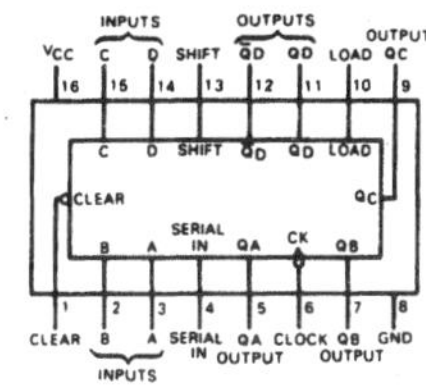

74179

180
9 Bit Parity Generator

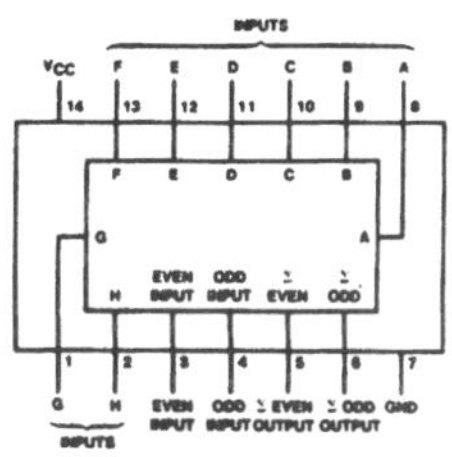

74180
74S180

181
4 Bit ALU/Function Generator

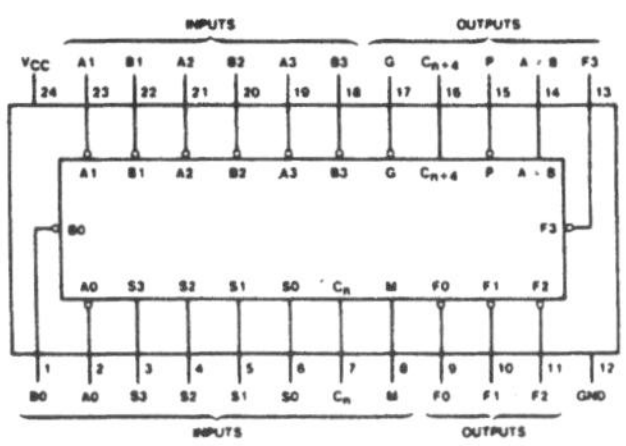

74181 74F181 74HC181
74LS181 74AS181
74S181

182
Look Ahead Carry Generator

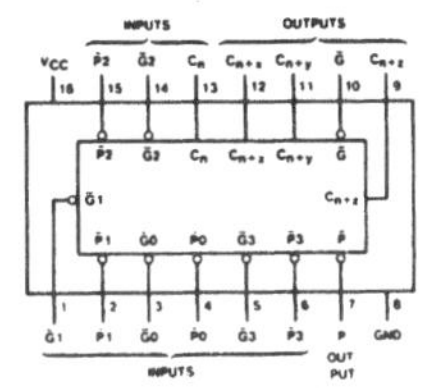

74182 74HC182
74LS182
74S182
74F182
74AS182

183
Dual Carry Save Full Adder

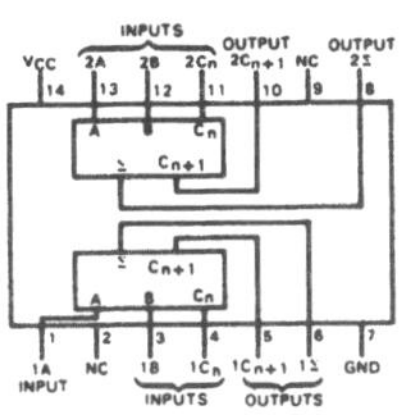

74183
74LS183

184
BCD to Binary Converter

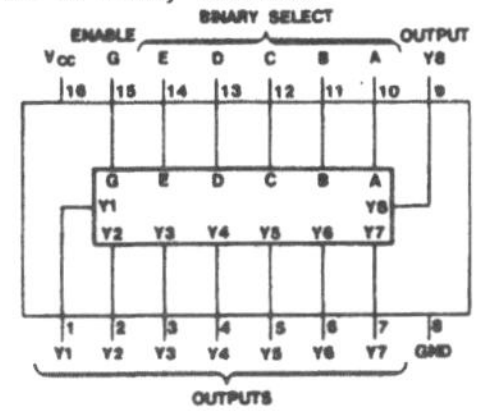

74184

185
Binary to BCD Converter

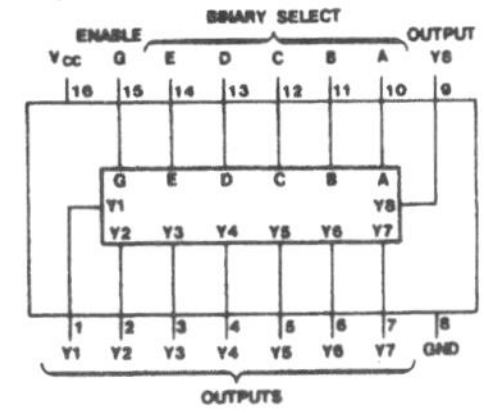

74185

190:Synchronous up down Decade Counter
191:Synchronous up down Binary Counter

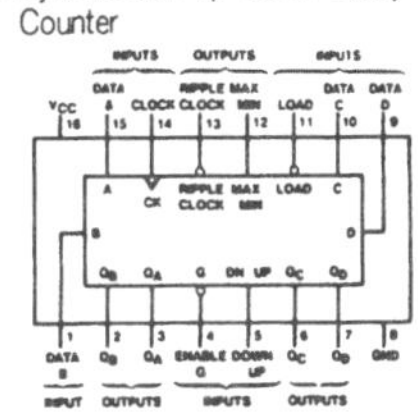

74190~191 74HC190~191
74LS190~191 74HCT190~191
74ALS190~191

192:Synchronous up down Decade Counter
193:Synchronous up down Binary Counter

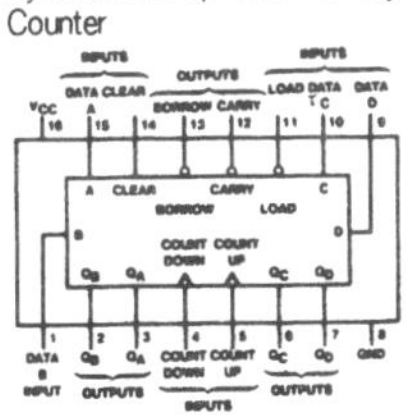

74192~193 74HC192~193
74LS192~193 74HCT192~193
74ALS192~193 40H192~193

194
4 Bit Bidirectional Shift Register PIPO

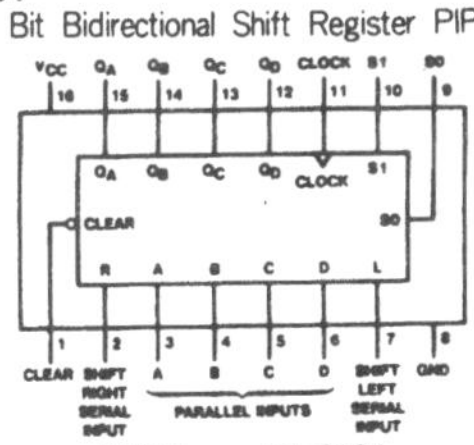

74194 74HC194
74LS194 74HCT194
74S194 40H194
74F194
74AS194

195
4 Bit Shift Register PIPO

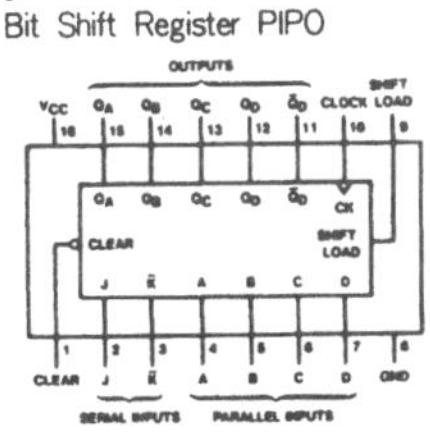

74195 74HC195
74LS195 74HCT195
74S195
74AS195
74F195

196:Presettable Decade Counter
197:Presettable Binary Counter

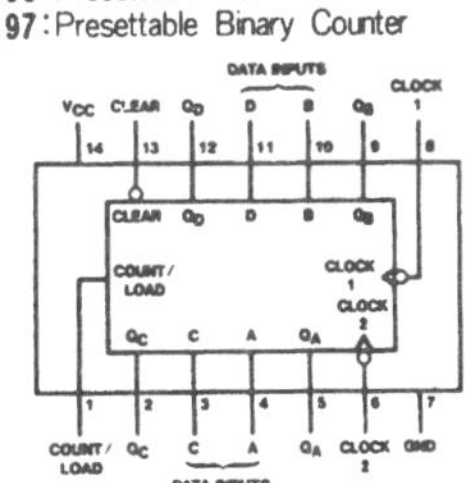

74196~197
74LS196~197
74S196~197

198
8 Bit Bidirectional Shift Register PIPO

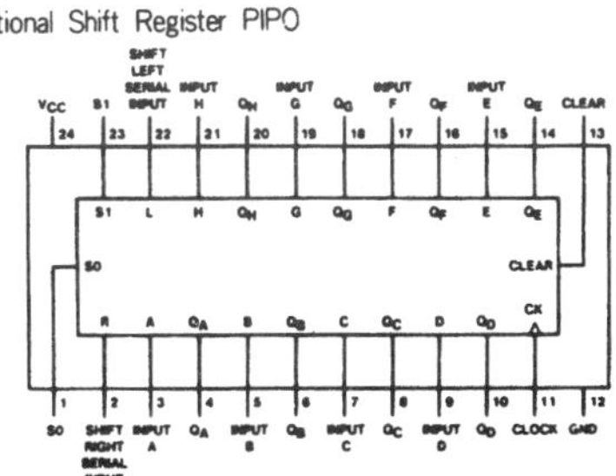

74198

199
8 Bit Shift Register PIPO

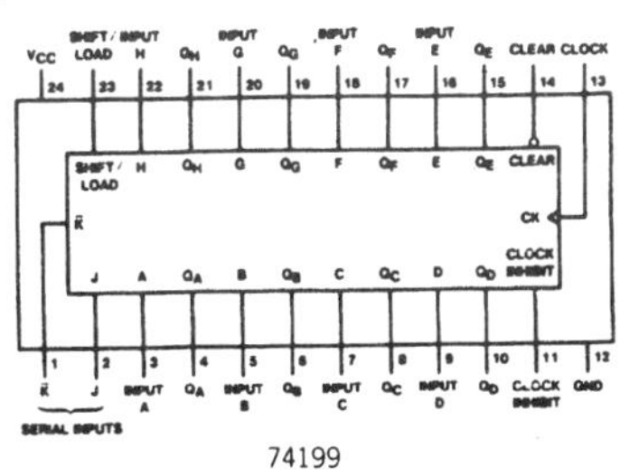

74199

221
Dual Monostable Multivibrator

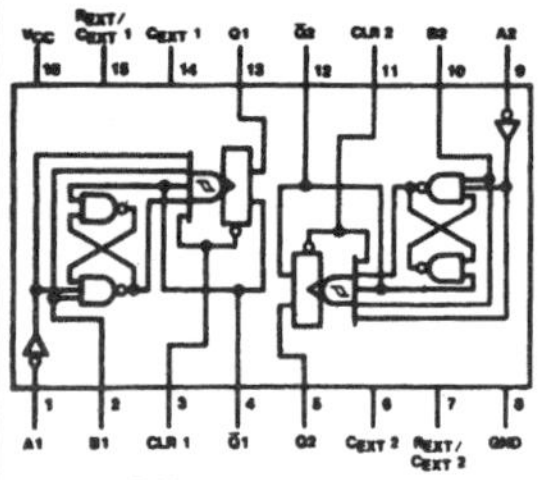

74221 74HC221
74LS221

230
Octal 3 state Bus Driver

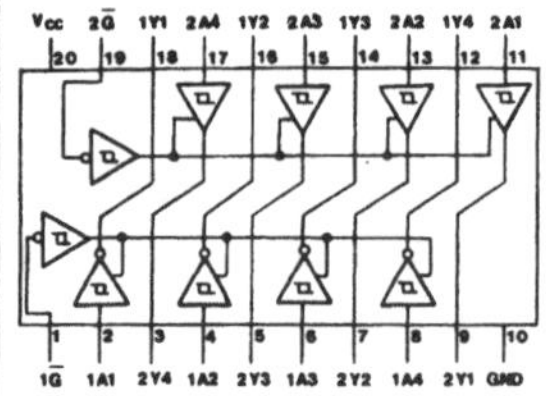

74AS230

231
Octal 3 state Bus Inverter

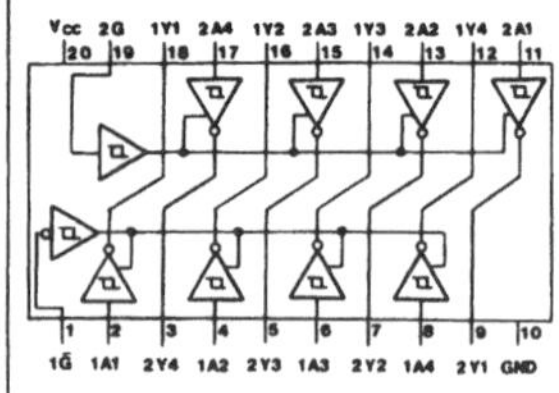

74AS231 67306

240
Octal 3 state Bus Inverter

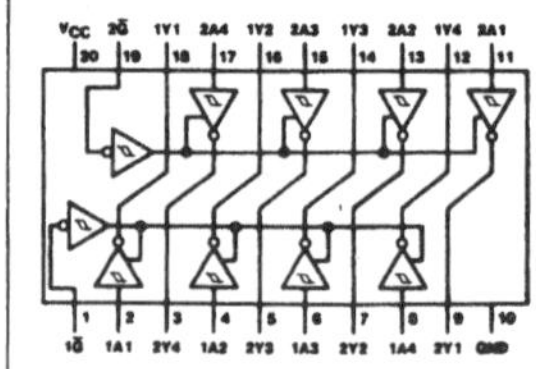

74LS240 74HC240
74ALS240 74HCT240
74S240 40H240
74F240
74ALS1240

241
Octal 3 state Bus Driver

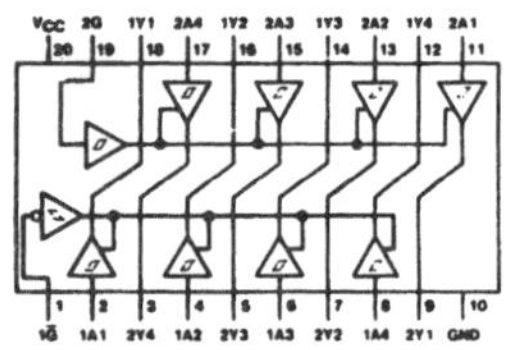

74LS241 74AS241
74ALS241 74HC241
74S241 74HCT241
74F241 40H241
74ALS1241

242
Quad 3 state Bus Transceiver

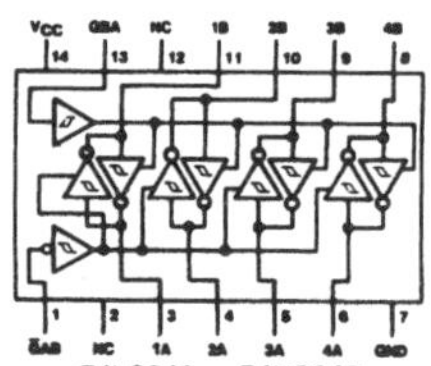

74LS242 74HC242
74ALS242 74HCT242
74F242 40H242
74S242
74AS242
74ALS1242

243
Quad 3 state Bus Transceiver

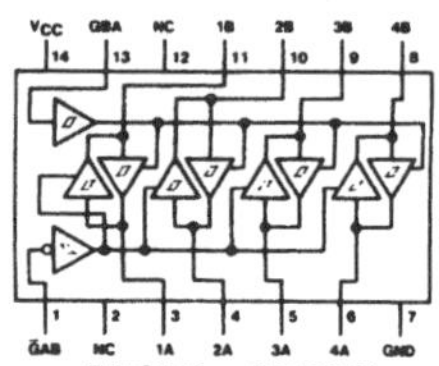

74LS243 74HC243
74ALS243 74HCT243
74F243 40H243
74S243
74AS243
74ALS1243

244
Octal 3 state Bus Driver

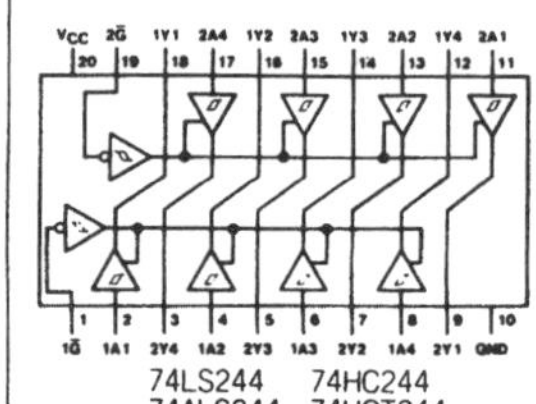

74LS244 74HC244
74ALS244 74HCT244
74S244 40H244
74F244
74AS244
74ALS1244

245
Octal 3 state Bus Transceiver

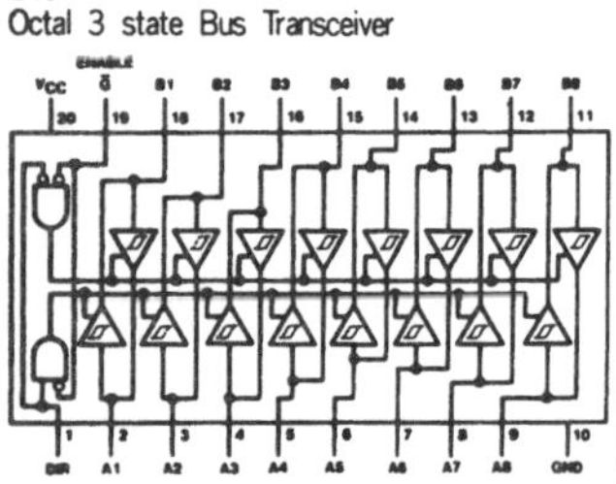

74LS245 74AS245 74HC245
74ALS245 74ALS1245 74HCT245
74F245 40H245

246: BCD to Seven Segment Decoder 30V with OC
247: BCD to Seven Segment Decoder 15V with OC

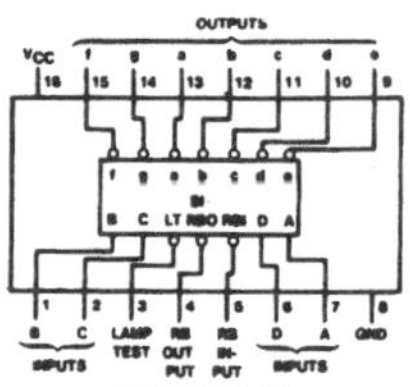

74246~247
74LS247

248: BCD to Seven Segment Decoder 2kΩ pullup with OC
249: BCD to Seven Segment Decoder 5.5V with OC

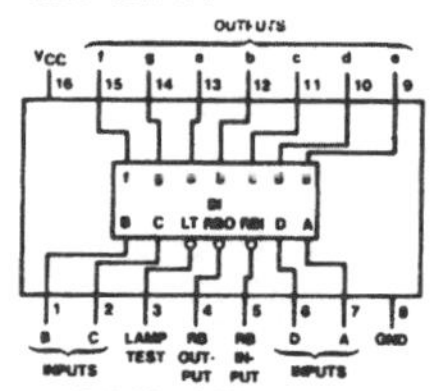

74248~249
74LS248~249

251
8 to 1 Line Data Selector 3 State

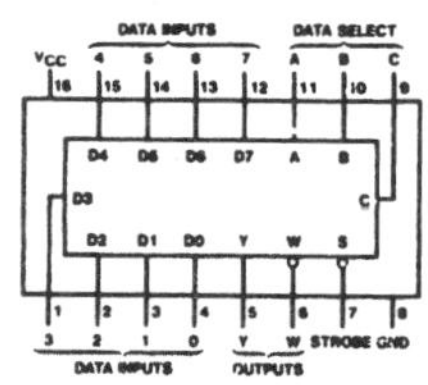

74241 74ALS251
74LS251 74AS251
74S251 74HC251
74F251 74HCT251

253
Dual 4 to 1 Line Data Selector 3 State

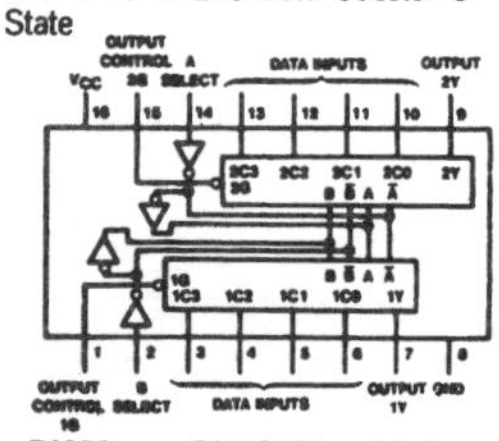

74253 74ALS253 74HC253
74LS253 74AS253 74HCT253
74S253
74F253

256
Dual 4 Bit Addressable Latch

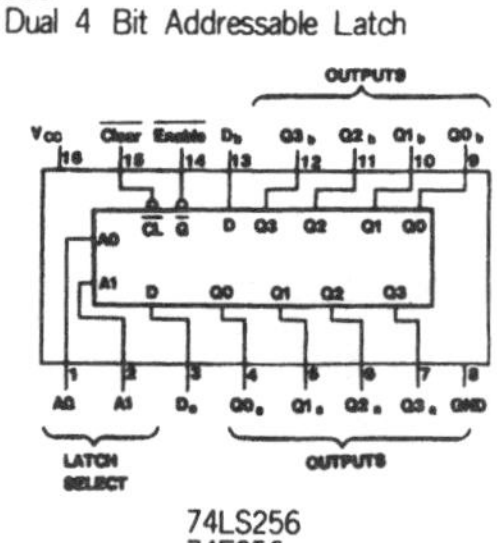

74LS256
74F256

257
Quad 2 to 1 Data Selector 3 State

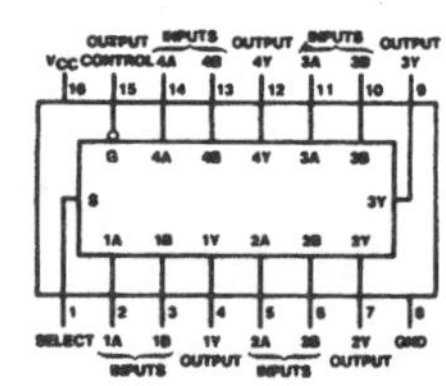

74257 74ALS257 74HC257
74LS257 74AS257 74HCT257
74S257
74F257

258
Quad 2 to 1 Data Selector 3 State

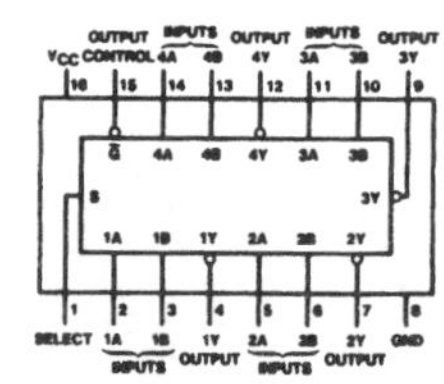

74LS258 74HC258
74S258
74F258
74ALS258
74AS258

259
8 Bit Addressable Latch

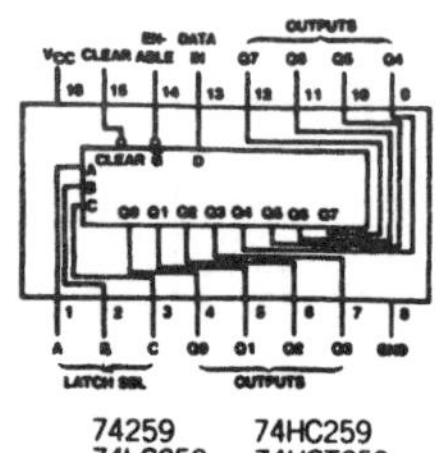

74259 74HC259
74LS259 74HCT259
74ALS259 40H259
74F259

260
Dual 5 Input NOR

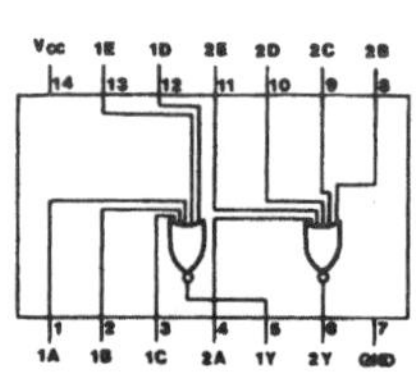

74LS260
74S260

261
2×4 Binary Multiplier

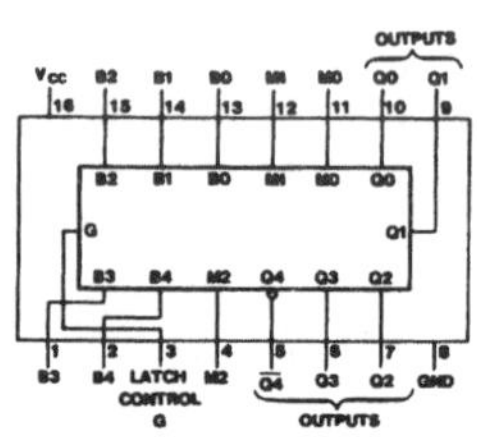

74LS261

265
Quad Complementary Output

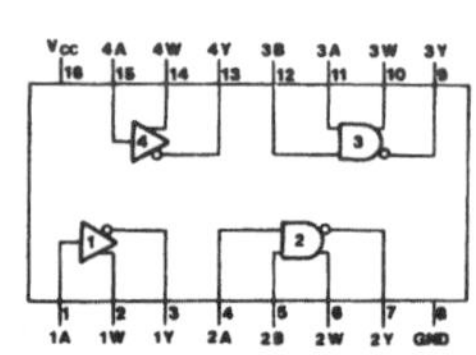

74265

266
Quad 2 Input Exclusive NOR with OC

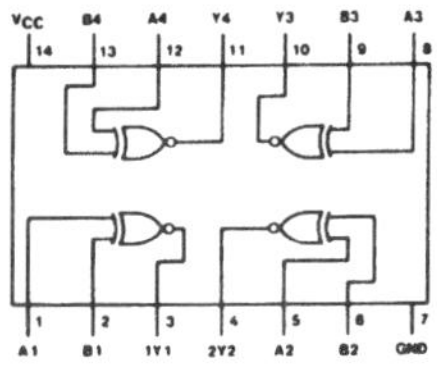

74LS266 74HC266

273
Octal D Type Flip Flop with Clear

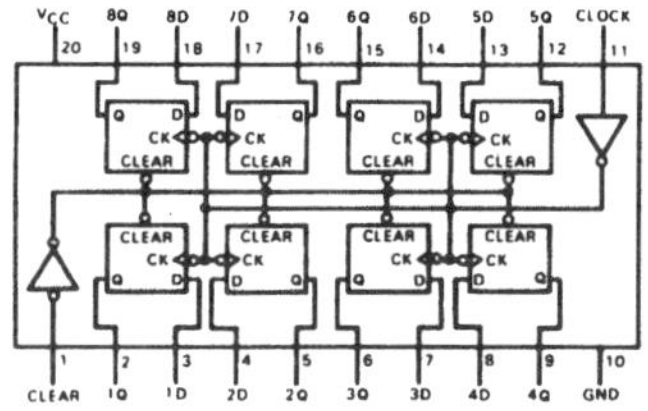

74273 74ALS273 74HC273
74LS273 74HCT273
74F273 40H273
74S273

274
4×4 Binary Multiplier

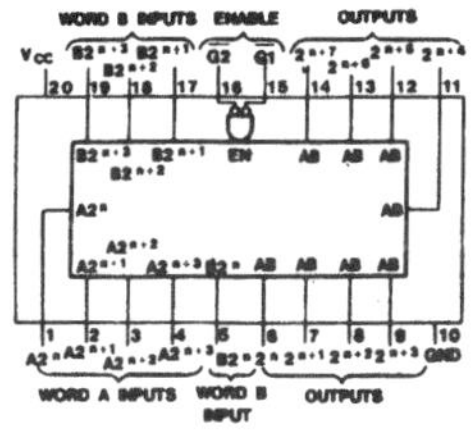

74S274

275
7 Bit Wallace Tree

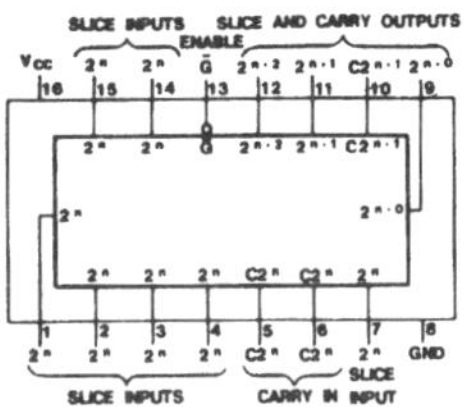

74LS275
74S275

276
Quad JK Flip Flop

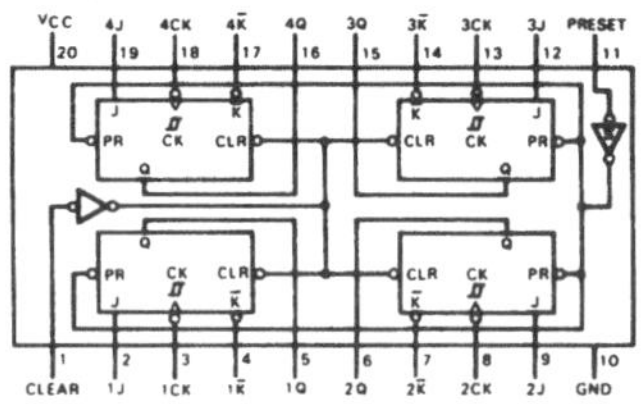

74276

278
4 Bit Cascadable Priority Register

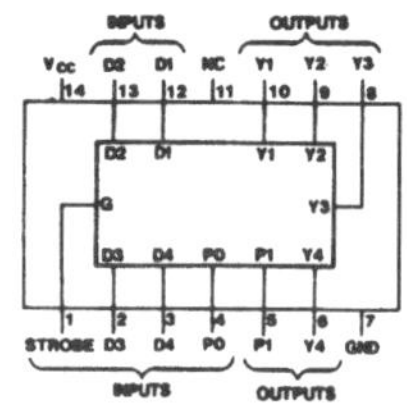

74278

279
Quad RS Latch

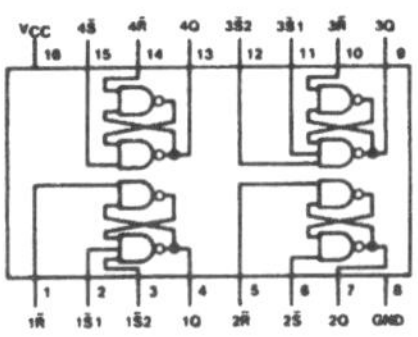

74279 74HC279
74LS279

280
9 Bit Parity Generator/Checker

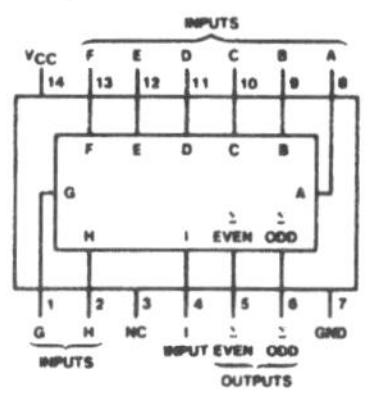

74LS280 74HC280
74S280 74HCT280
74F280
74ALS280
74AS280

281
4 Bit Binary Accumulator

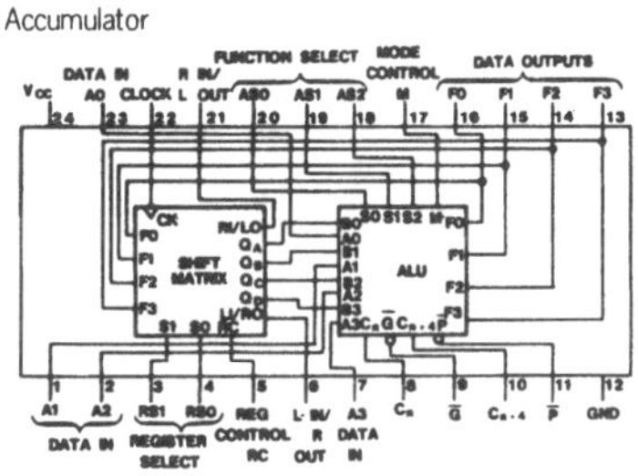

74LS281
74S281

283
4 Bit Binary Full Adder

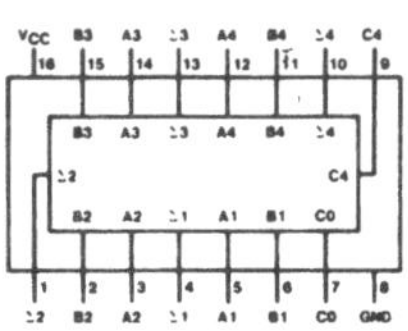

74283 74F283 74HC283
74LS283
74S283

284
4×4 Binary Multiplier

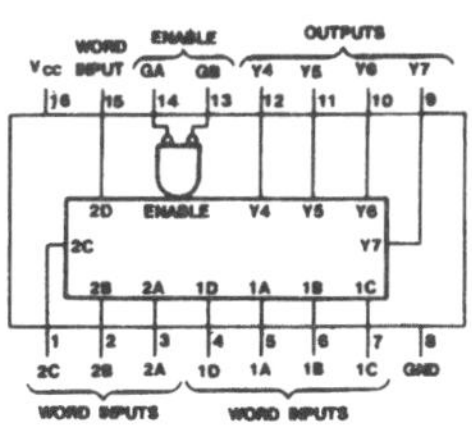

74284

285
4×4 Binary Multiplier

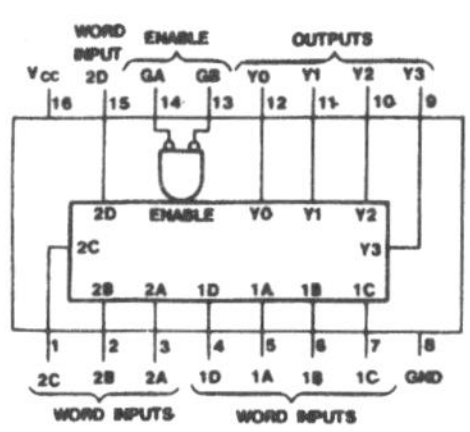

74285

290
Decade Counter

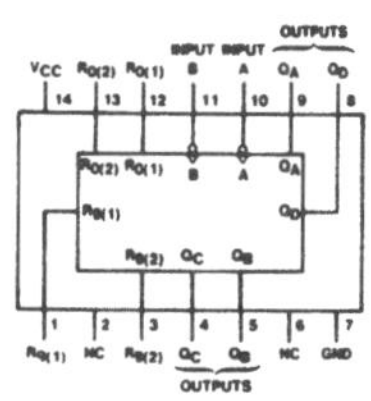

74290
74LS290

293
4 Bit Binary Counter

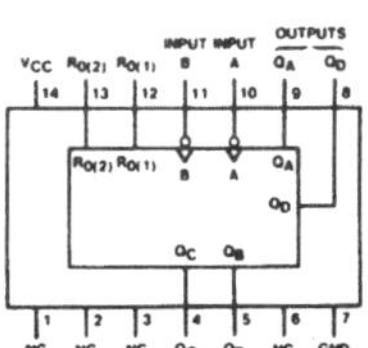

74293
74LS293

295
4 Bit Shift Register PIPO 3 State

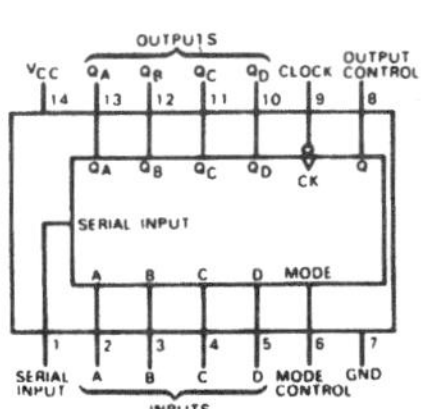

74LS295

298
Quad 2 Input Multiplexer with Storage

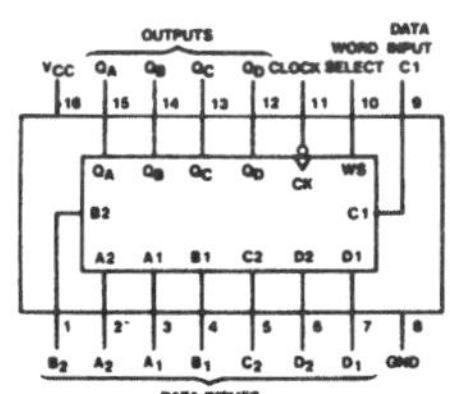

74298 74F298 74HC298
74LS298 74AS298

299
8 Bit Universal Shift/Storage Register

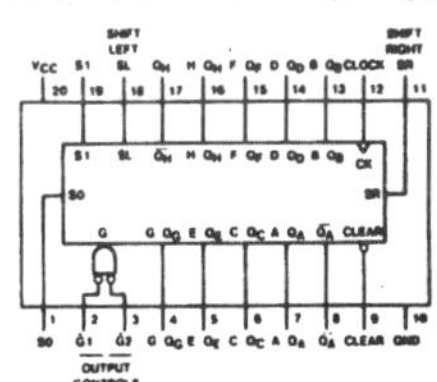

74LS299 74HC299
74S299 74HCT299
74ALS299
74F299
74S299

320
Crystal-Controlled Oscillator

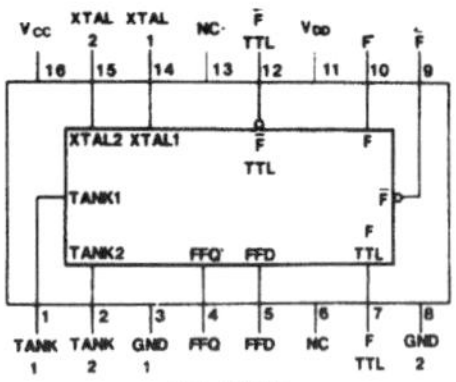

74LS320

321
Crystal-Controlled Oscillator (with F/2, F/4 Output)

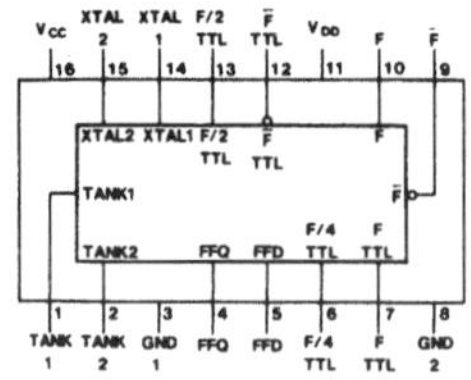

74LS321

322
8 Bit Shift Register with Sign Extend

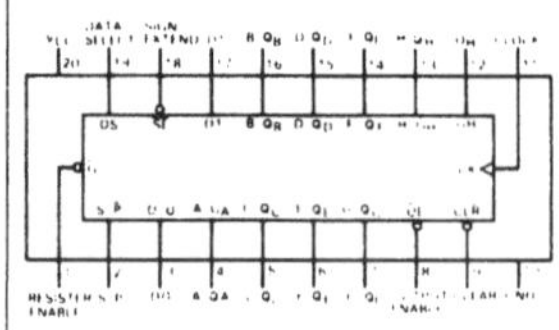

74LS322
74F322

323
8 Bit Shift Register 3 state

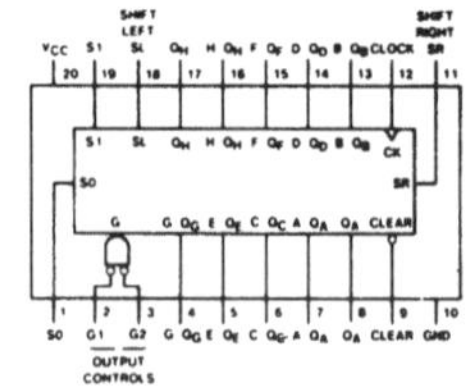

74LS323 74HC323
74ALS323
74S323
74AS323
74F323

347
BCD to 7 Segment Decoder/Driver

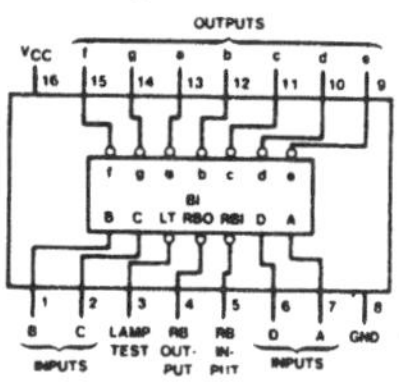

74LS347

348
8 to 3 Line Priority Encoder 3 state

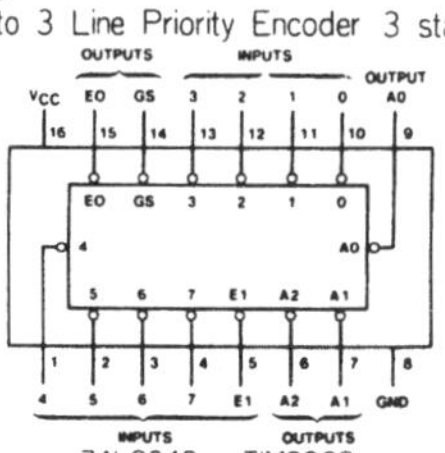

74LS348 TIM9908

350
4 Bit Shifter 3 state

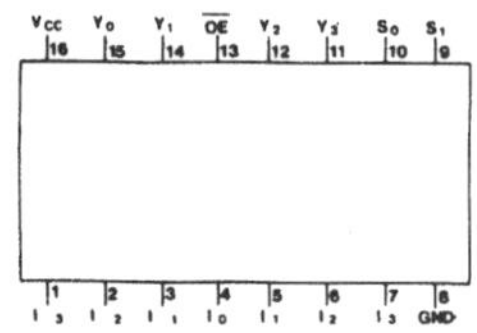

74S350
74F350

351
Dual 8 to 1 Line Data Selector 3 state

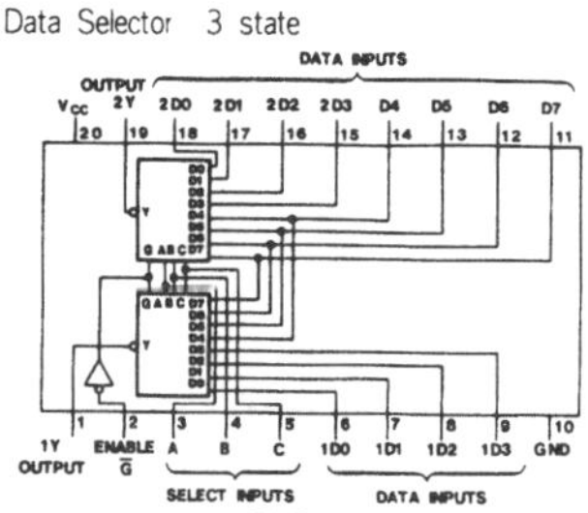

74351

352
Dual 4 to 1 Line Data Selector

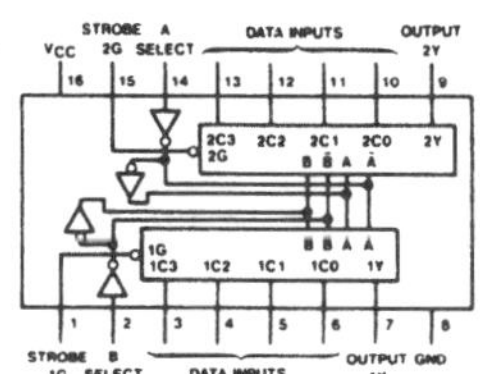

74LS352
74F352
74ALS352
74F352
74AS352

353
Dual 4 to 1 Line Data Selector 3 state

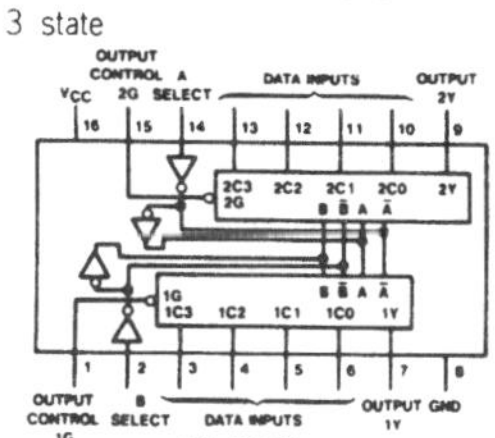

74LS353
74F353
74ALS353
74AS353

363
Octal Transparent Latch 3 state

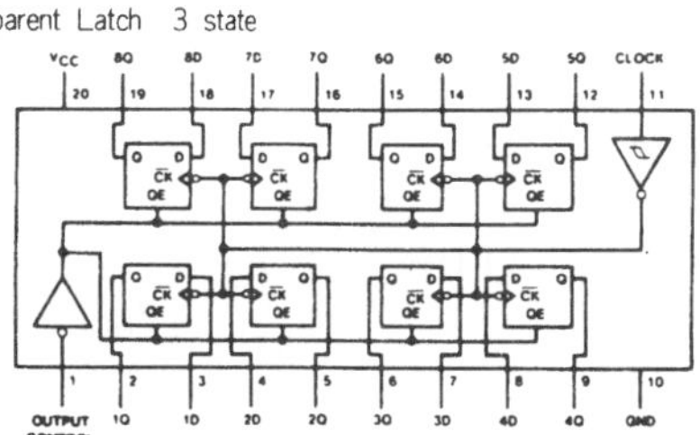

74LS363

364
Octal D Type Flip Flop 3 state

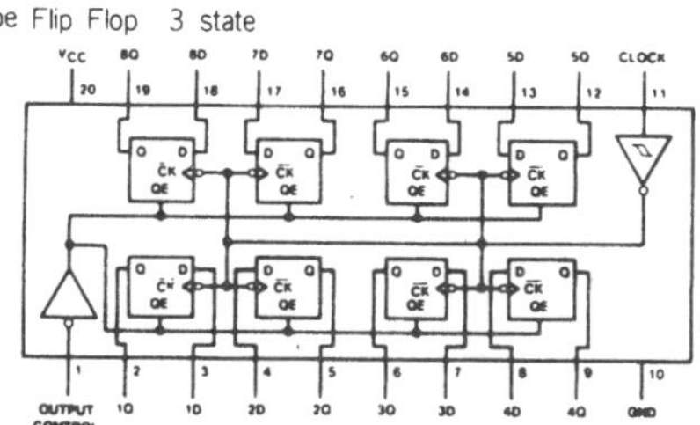

74LS364

365
Hex Bus Driver 3 State

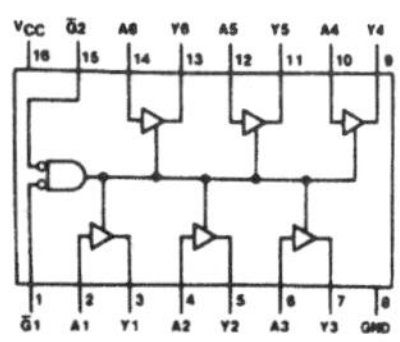

74365 74HC365
74LS365 74HCT365
74F365 40H365
74S365
74ALS365

366
Hex Bus Driver 3 State

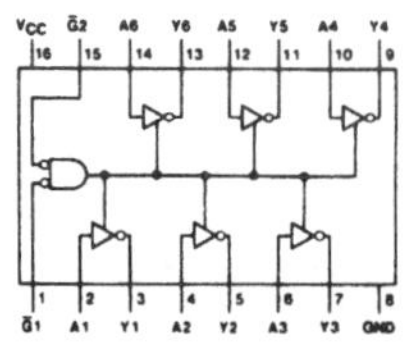

74366 74HC366
74LS366 74HCT366
74ALS366 40H366
74F366
74S366

367
Hex Bus Driver 3 State

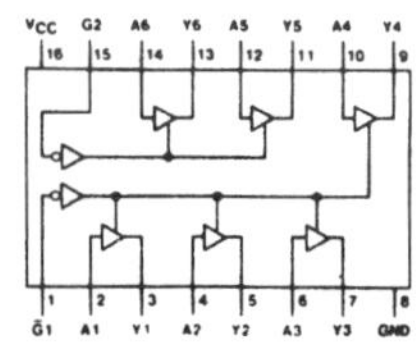

74367 74HC367
74LS367 74HCT367
74ALS367 40H367
74F367
74S367

368
Hex Bus Driver 3 State

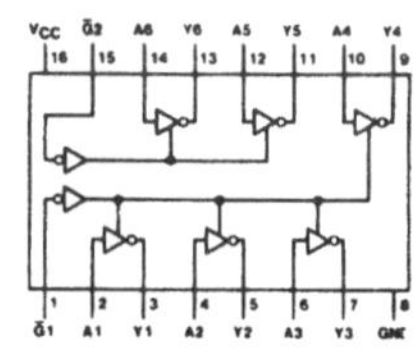

74368 74HC368
74LS368 74HCT368
74ALS368 40H368
74F368
74S368

373
Octal Transparent Latch 3 state

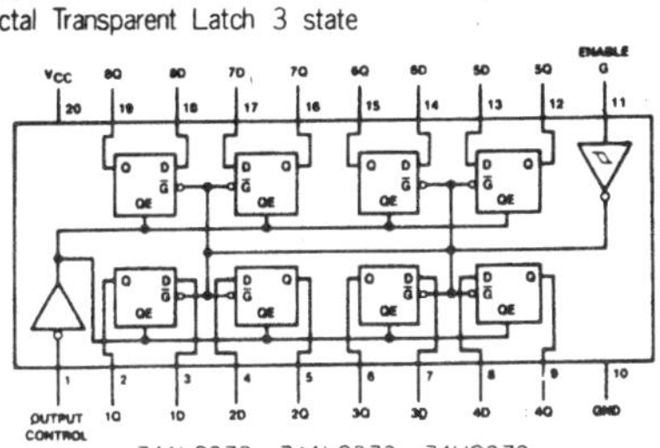

74ALS373 74ALS373 74HC373
74S373 74AS373 74HCT373
74F373 40H373

374
Octal D Type Flip Flop 3 state

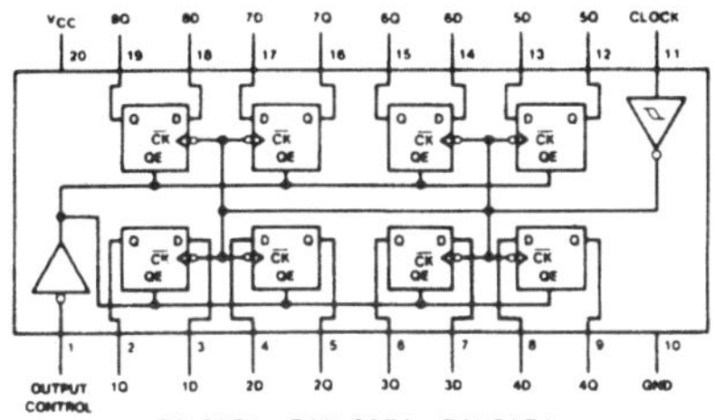

74LS374 74ALS374 74HC374
74S374 74AS374 74HCT374
74F374 40H374

375
4 Bit Latch

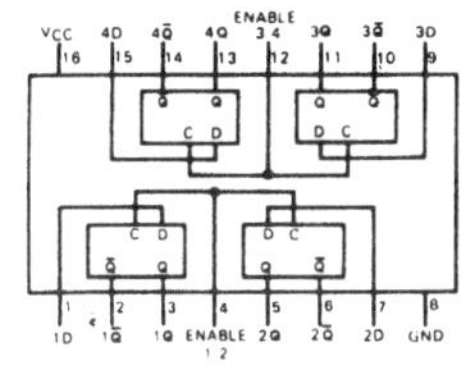

74LS375 74HC375
40H375

376
Quad JK Flip Flop

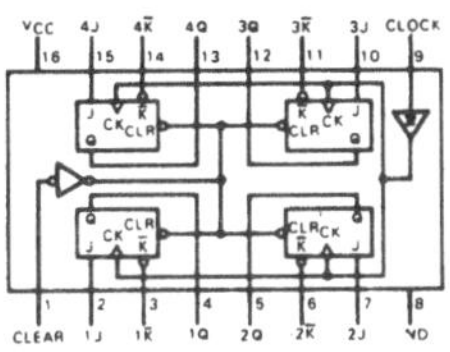

74376

377
Octal D Type Flip Flop with Enable

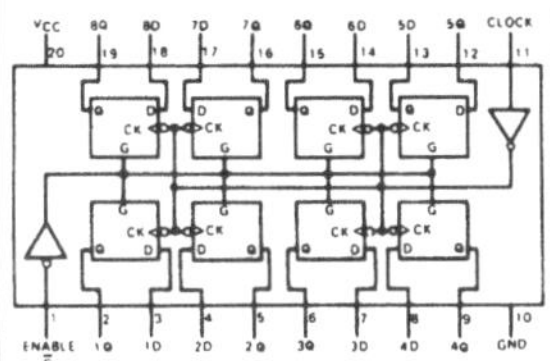

74LS377 74HC377
74ALS377 74HCT377
74F377

378
Hex D Type Flip Flop with Enable

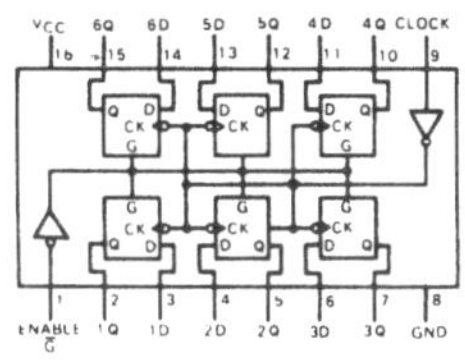

74LS378
74F378
74S378

379
4 Bit D Type Flip Flop with Enable

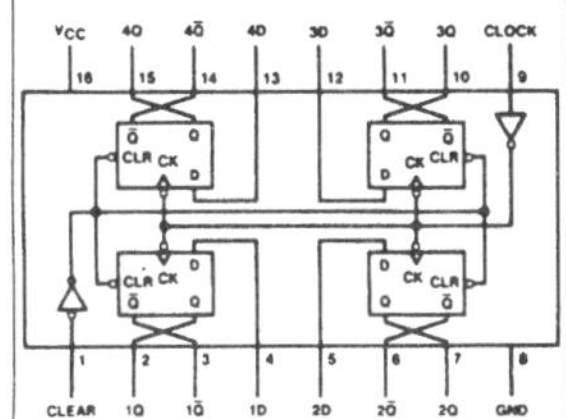

74LS379
74F379
74S379

381, 382
ALU/Function Generator

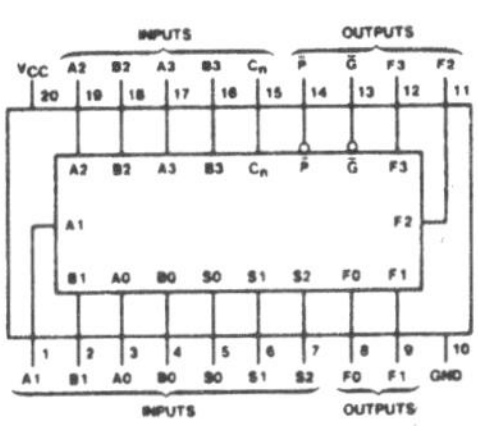

74LS381~382 74F381~382
74S381

384
8 Bit by 1 Bit 2's Complement Multiplier

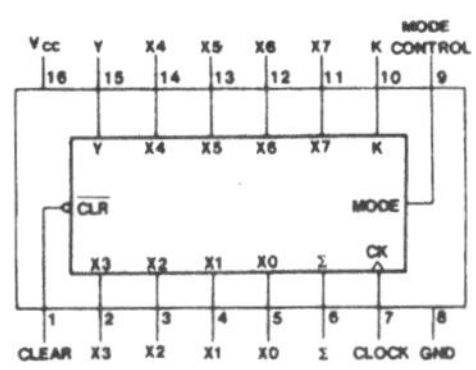

74LS384 74HC384
74F384 74HCT384

385
Quad Serial Adder/Subtractor

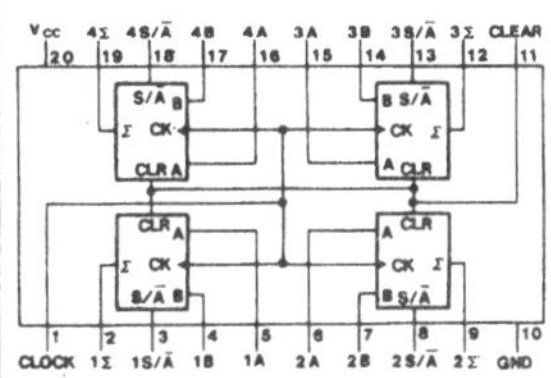

74LS385
74F385

386
Quad Exclusive OR

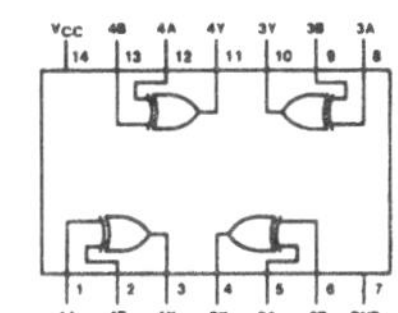

74LS386 74HC386
40H386

388
Quad D Type Flip Flop 3 state

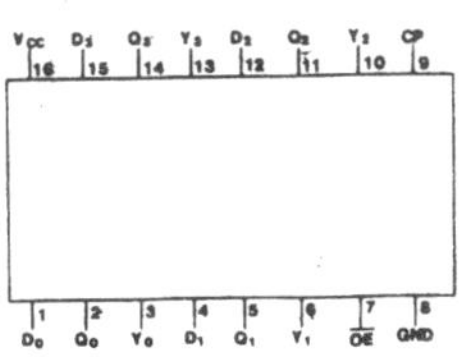

74LS388
74S388

390
Dual Decade Counter

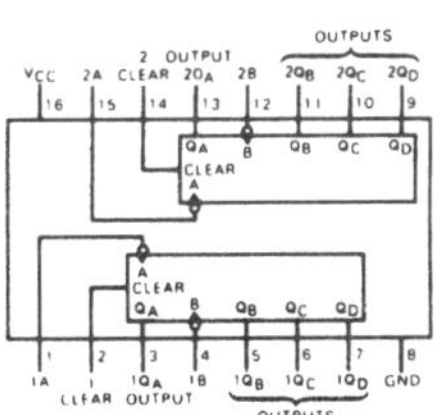

74390 74HC390
74LS390 74HCT390
40H390

393
Dual 4 Bit Binary Counter

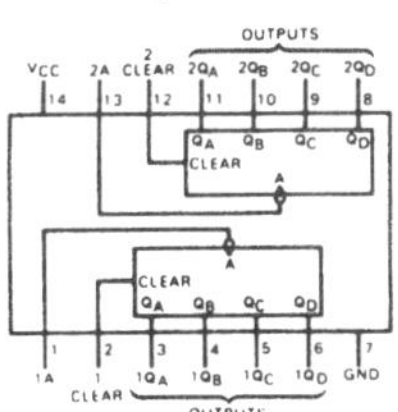

74393 74HC393
74LS393 74HCT393
40H393

395
4 Bit Shift Register PIPO

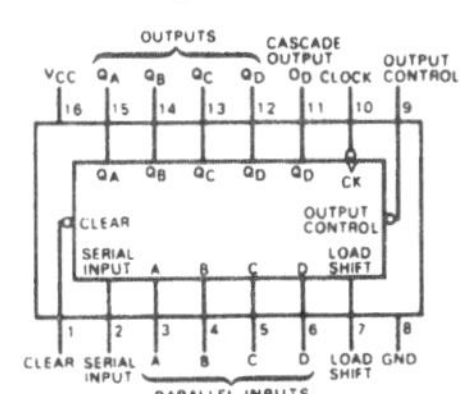

74LS395
74F395
74AS395

396
Octal Storage Register

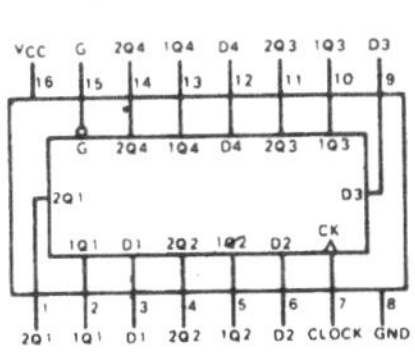

74LS396

398
4 Bit 2 Input Multiplexer with Storage

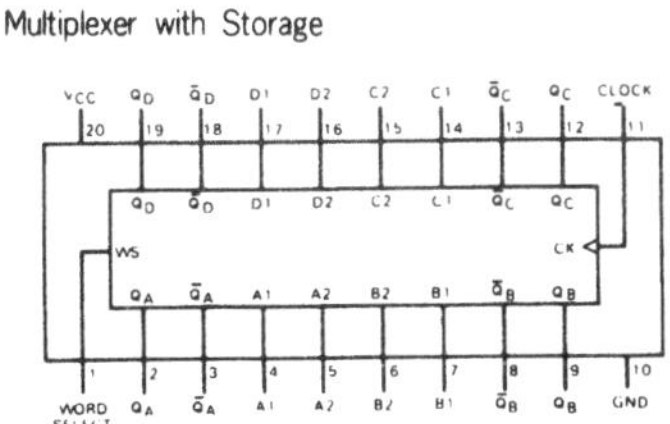

74LS398
74F398

399
4 Bit 2 Input Multiplexer with Storage

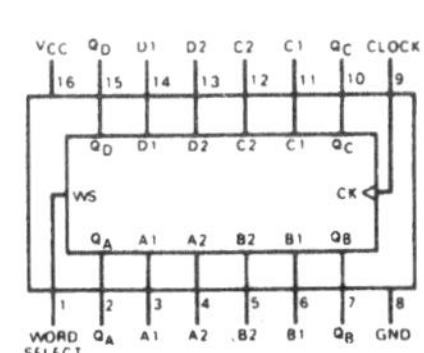

74LS399
74F399
74S399

422
Monostable Multivibrator

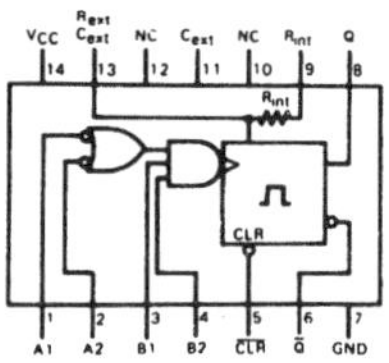

INPUTS					OUTPUTS	
CLEAR	A1	A2	B1	B2	Q	Q
L	X	X	X	X	L	H
X	H	H	X	X	L	H
X	X	X	L	X	L	H
X	X	X	X	L	L	H
H	L	X	↑	H	⊓	⊔
H	L	X	H	↑	⊓	⊔
H	X	L	↑	H	⊓	⊔
H	X	L	H	↑	⊓	⊔
H	H	↓	H	H	⊓	⊔
H	↓	↓	H	H	⊓	⊔
H	↓	H	H	H	⊓	⊔

74LS422

423
Dual Monostable Multivibrator

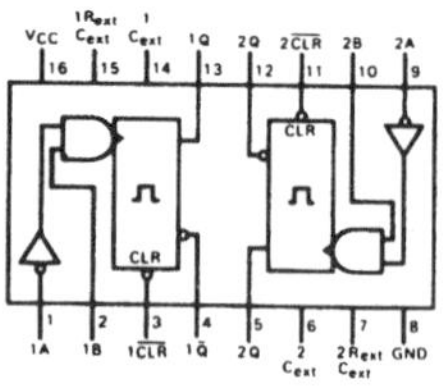

74LS423 74HC423

425
Quad 3 state Bus Buffer

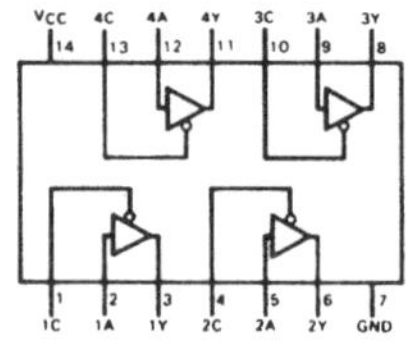

74425

426
Quad 3 State Bus Buffer

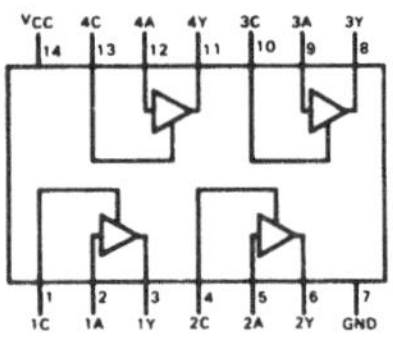

74426

440~444
Quad Tridirectional Bus Transceiver

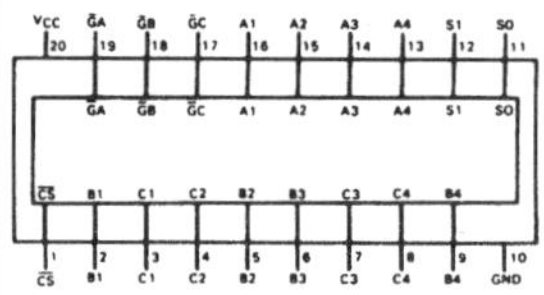

74LS440~444

445
BCD to Decimal Decoder/Driver with OC

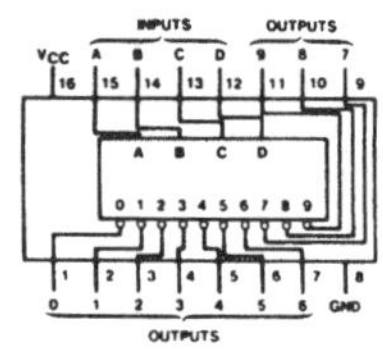

74LS445

447
BCD to 7 segment Decoder/Driver

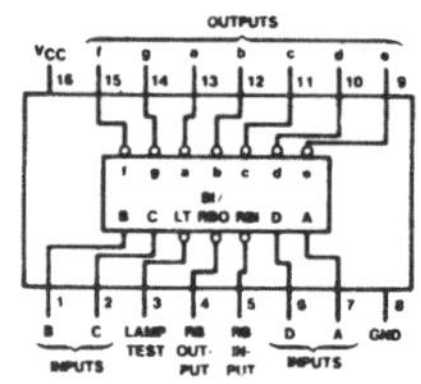

74LS447

448
Quad Tridirectional Bus Transceiver with OC

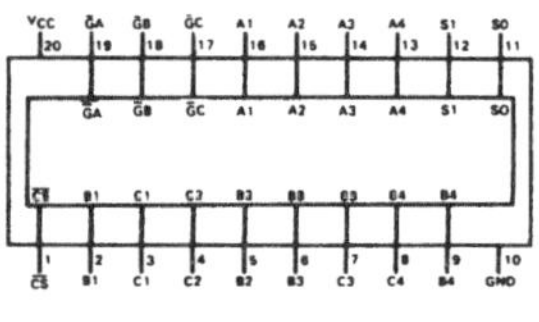

74LS448

465
Octal 3 state Bus Buffer

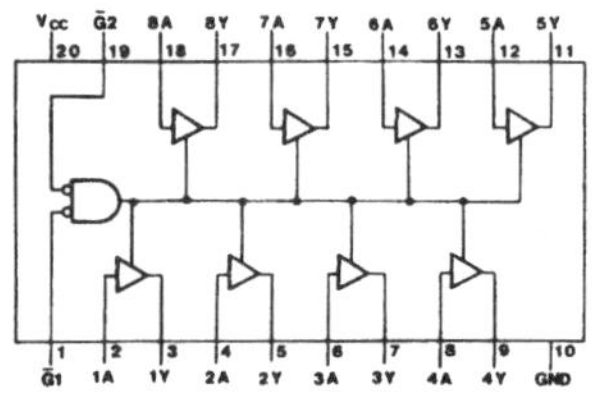

74LS465 81LS95
74ALS465

466
Octal 3 state Bus Buffer Inverter

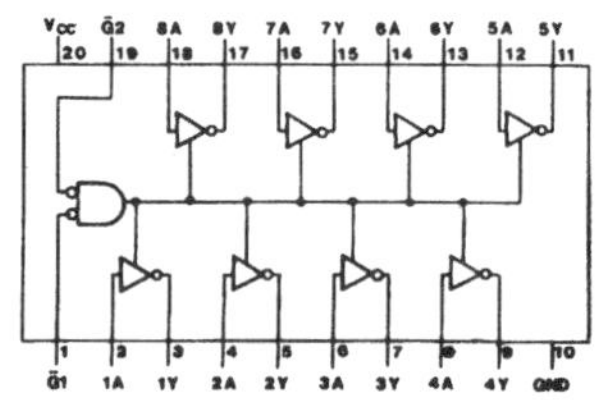

74LS466 81LS96
74ALS466

467
Octal 3 state Bus Buffer

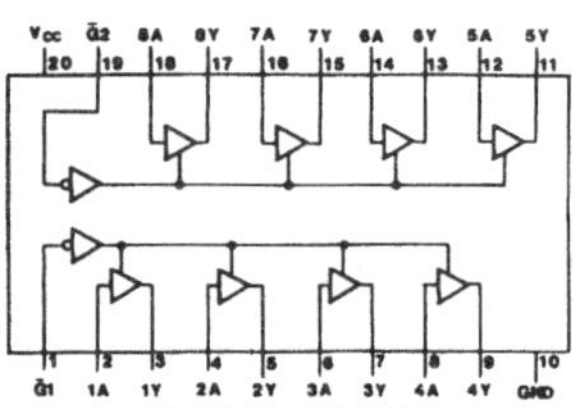

74LS467 81LS97
74ALS467

468
Octal 3 state Bus Buffer Inverter

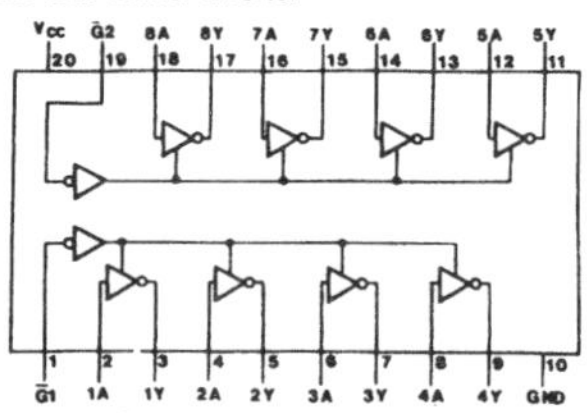

74LS468 81LS98
74ALS468

490
Dual Decade Counter

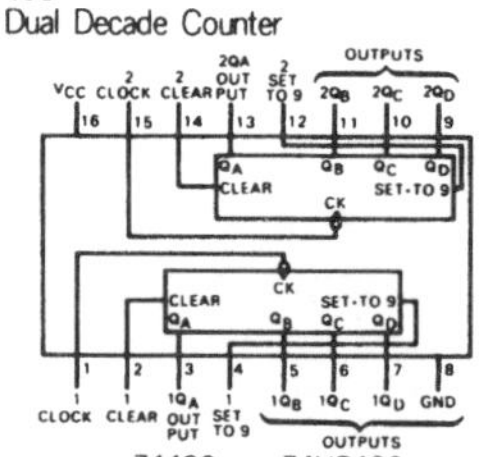

74490 74HC490
74LS490

502
8 Bit Successive Approximation Register

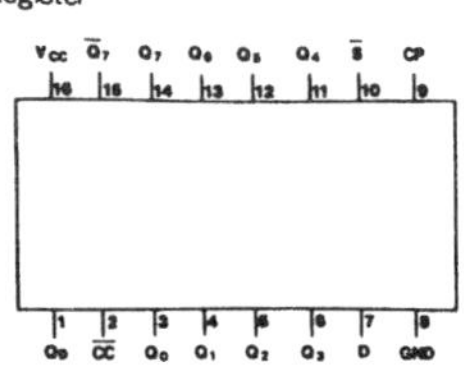

74502
74LS502

503
8 Bit Successive Approximation Register

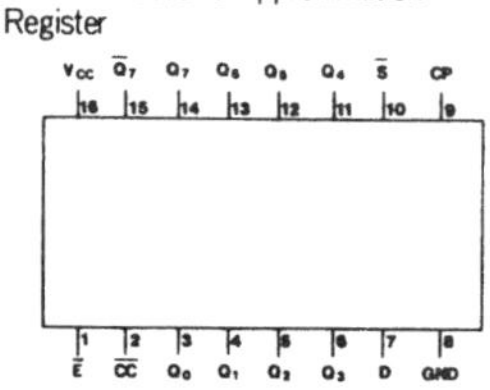

74503
74LS503

504
12 Bit Successive Approximation Register

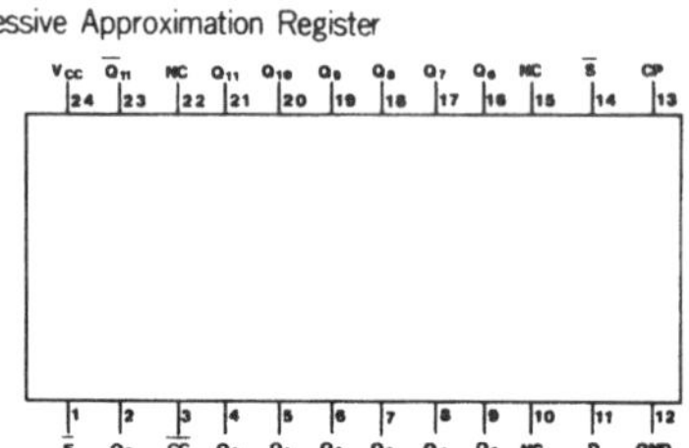

74504
74LS504

518
8 Bit Equal to Comparator with OC

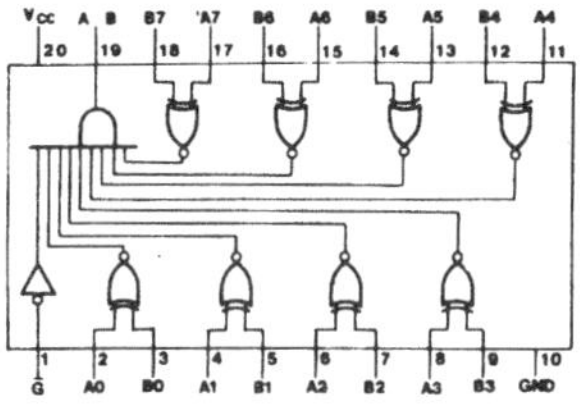

74ALS518

519
8 Bit Equal to Comparator with OC

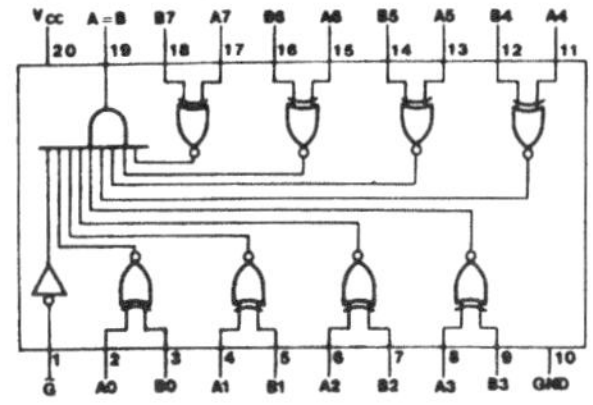

74ALS519

520
8 Bit Equal to Comparator

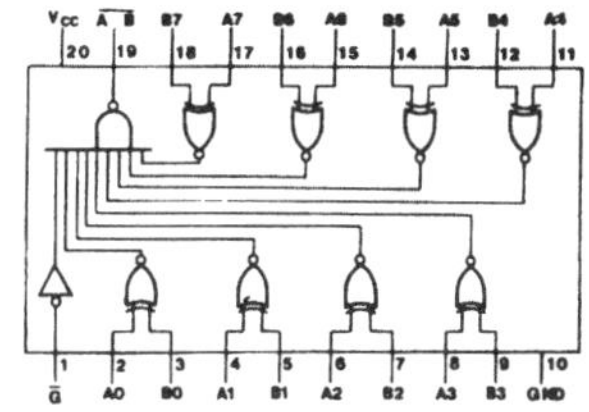

74ALS520

521
8 Bit Equal to Comparator

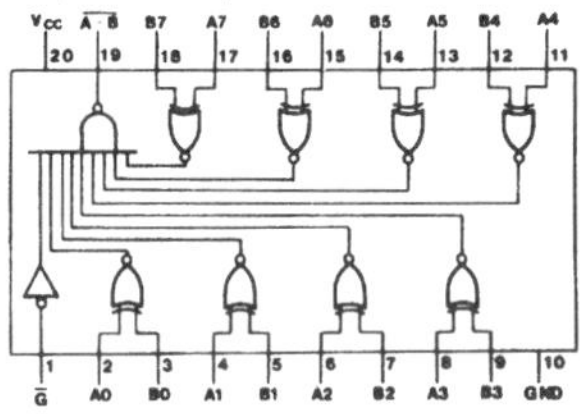

74LS521 25LS2521
74ALS521
74F521

522
8 Bit Equal to Comparator with OC

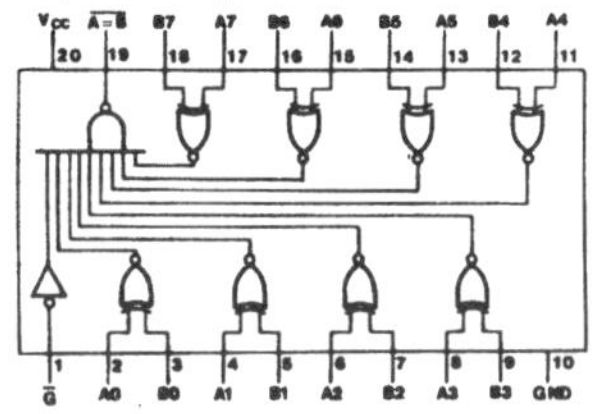

74ALS522

533
Octal 3 state Transparent Latch (Inverted)

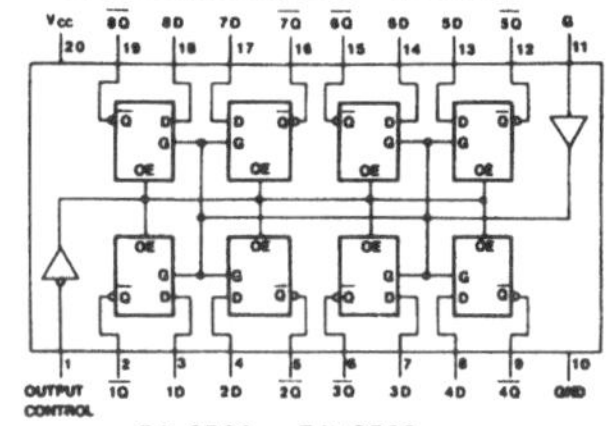

74LS533 74HC533
74ALS533 74HCT533
74S533
74F533

534
Octal 3 state D Type Flip Flop (Inverted)

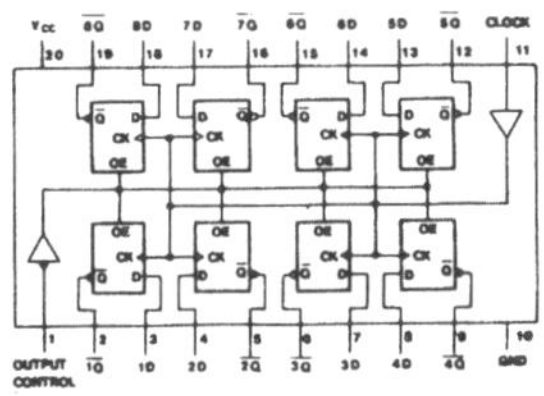

74LS534 74HC534
74ALS534 74HCT534
74S534
74AS534
74F534

537
BCD to Decimal Decoder (3 state)

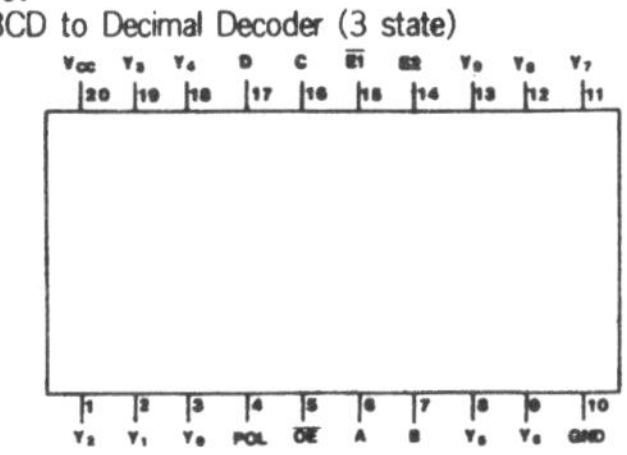

74LS537 25LS2537
74ALS537
74F537

538
3 to 8 Line Decoder (3 state)

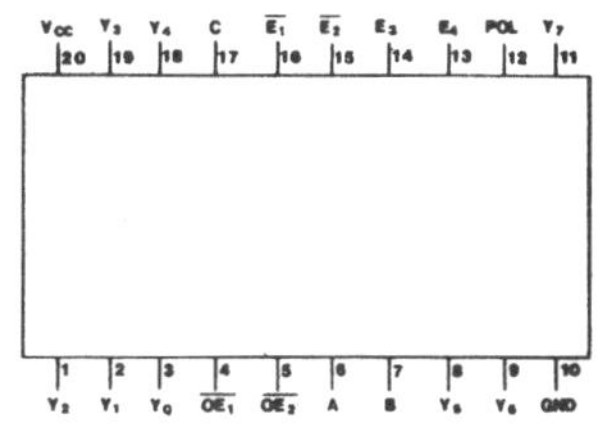

74LS538 25LS2538
74ALS538
74F538

539
Dual 2 to 4 Line Decoder (3 state)

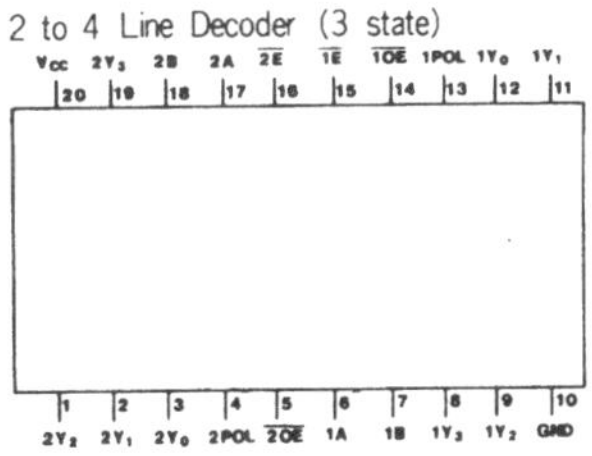

74LS539 25LS2539
74ALS539
74F539

540
Octal 3 state Bus Buffer (Inverted)

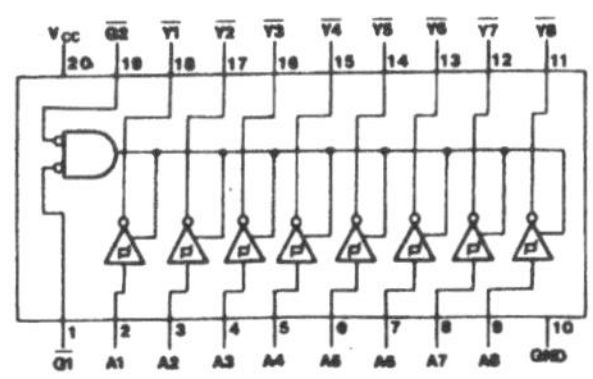

74LS540 74HC540
74ALS540 74HCT540

541
Octal 3 state Bus Buffer

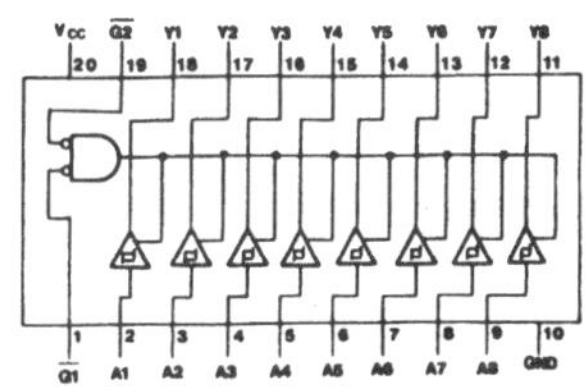

74LS541 74HC541
74ALS541 74HCT541

560
Synchronous Presettable Decade Counter (3 state)

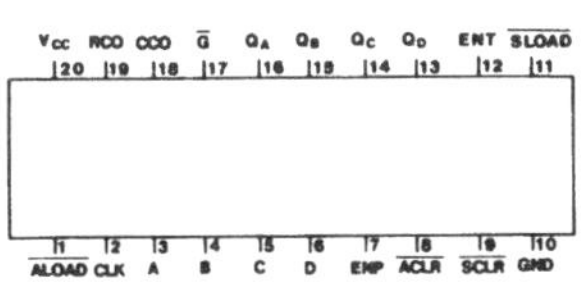

74ALS560

561
Synchronous Presettable Decade Counter (3 state)

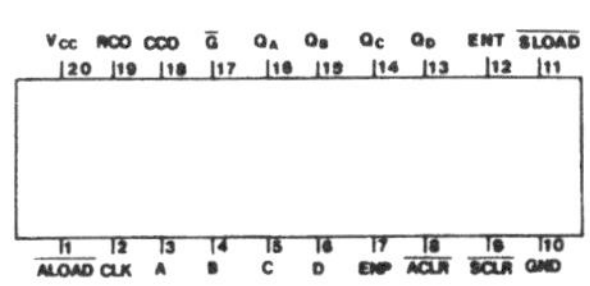

74ALS561

563
Octal 3 state Transparent Latch (Inverted)

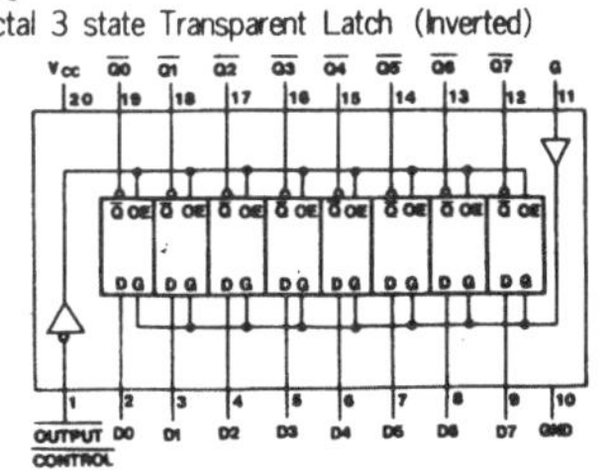

74LS563 74HC563
74ALS563 74HCT563
74S563

564
Octal 3 state D Type Flip Flop (Inverted)

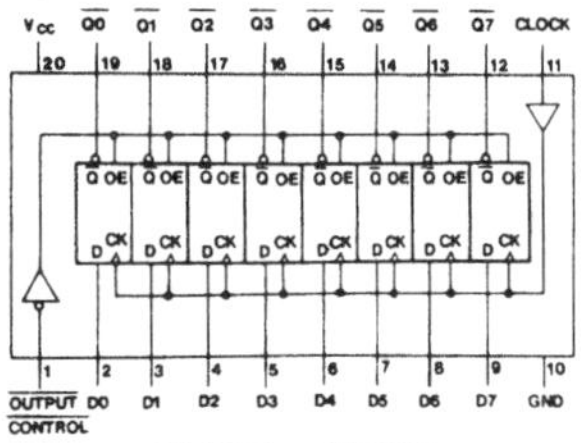

74LS564 74HC564
74ALS564 74HCT564

568
Synchronous Presettable Up/Down Counter (3 state)

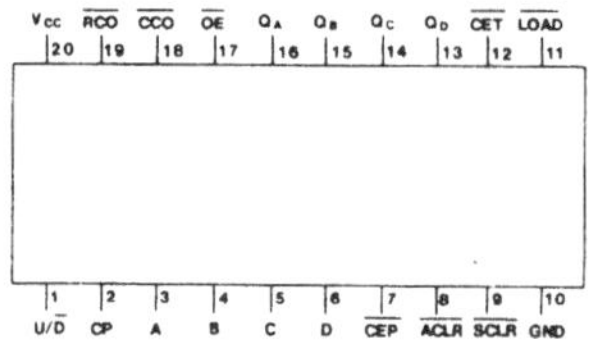

74LS568 74F568
74ALS568

569
Synchronous Presettable Up/Down Binary Counter (3 state)

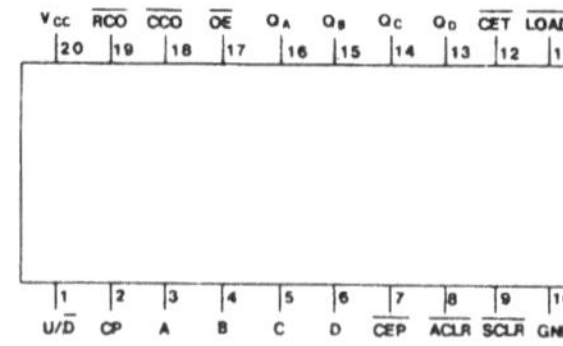

74LS569
74ALS569
74F569

573
Octal 3 state Transparent Latch

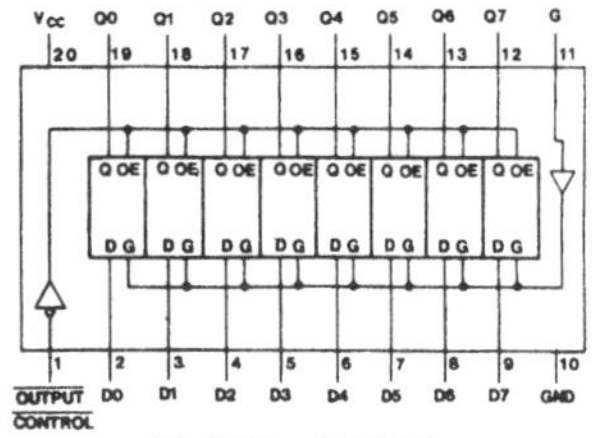

74LS573 74HC573
74ALS573 74HCT573
74S573
74AS573

574
Octal 3 state D Type Flip Flop

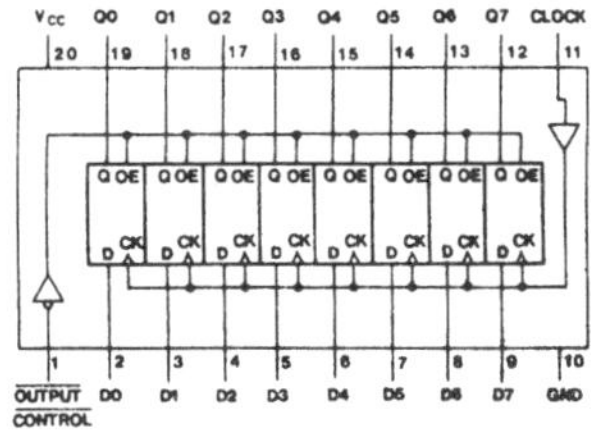

74LS574 74HC574
74ALS574 74HCT574
74AS574

575
Octal 3 state D Type Flip Flop with Clear

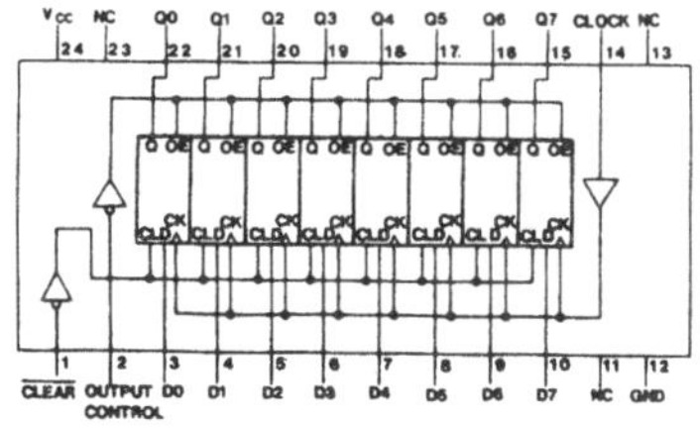

74ALS575
74AS575

576
Octal 3 state D Type Flip Flop (Inverted)

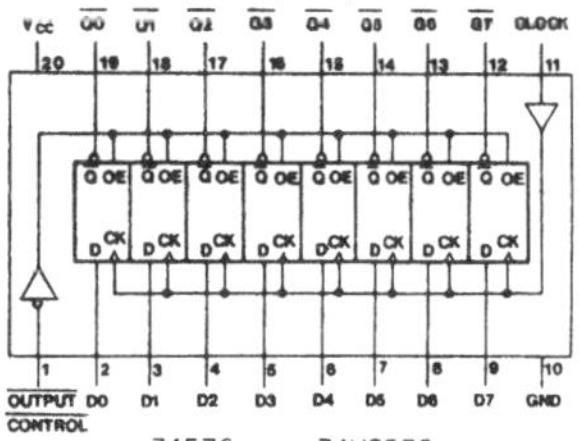

74576 74HC576
74ALS576 74HCT576
74AS576

577
Octal 3 state D Type Flip Flop with Clear (Inverted)

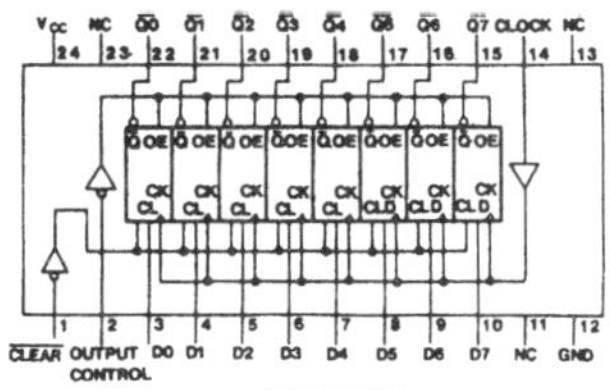

74ALS577
74AS577

580
Octal 3 state Transparent Latch (Inverted)

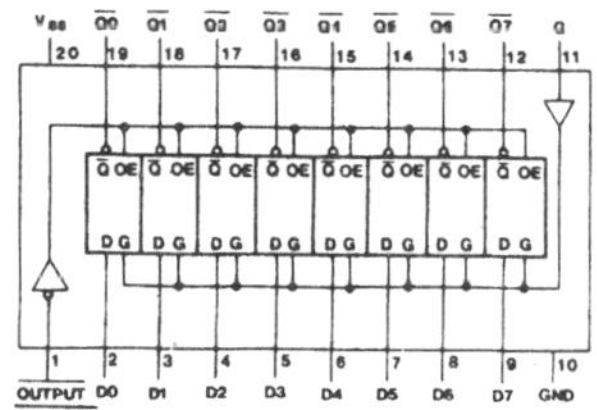

74580 74HC580
74ALS580 74HCT580
74S580
74AS580

620
Octal 3 state Bus Transceiver (Inverted)

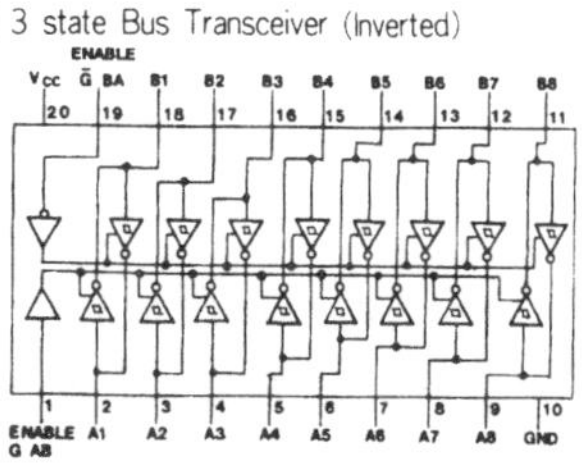

74LS620
74ALS620
74F620
74AS620

621
Octal Bus Transceiver with OC

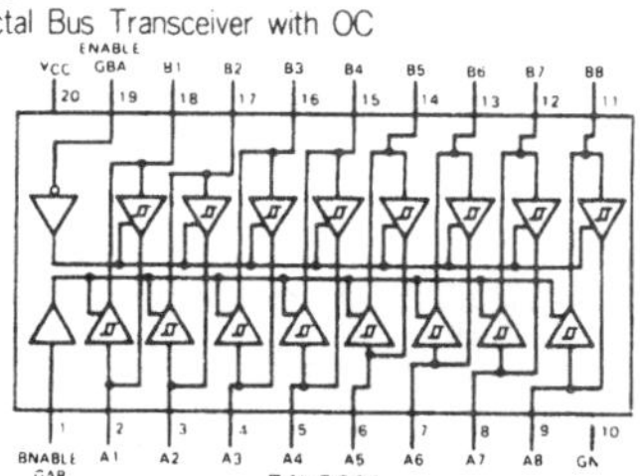

74LS621
74ALS621
74F621
74AS621

622
Octal Bus Transceiver with OC (Inverted)

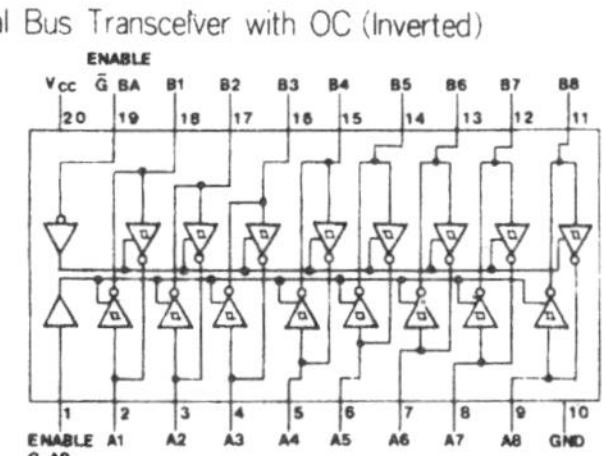

74LS622
74ALS622
74F622
74AS622

623
Octal 3 state Bus Transceiver

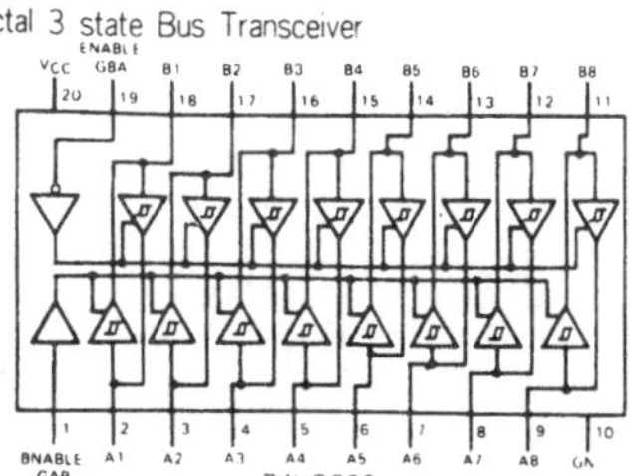

74LS623
74ALS623
74F623
74AS623

624
VCO

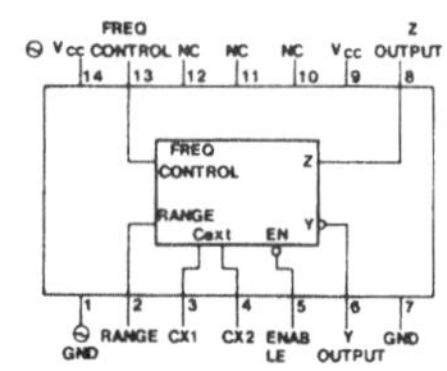

74LS624

625
Dual VCO

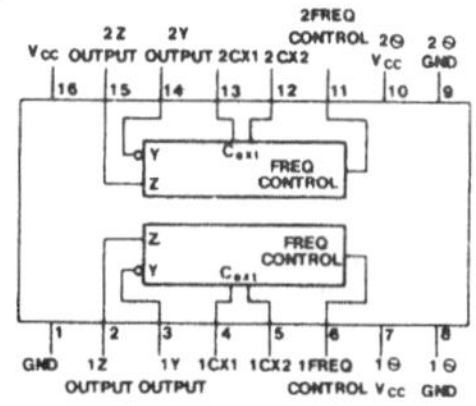

74LS625

626
Dual VCO

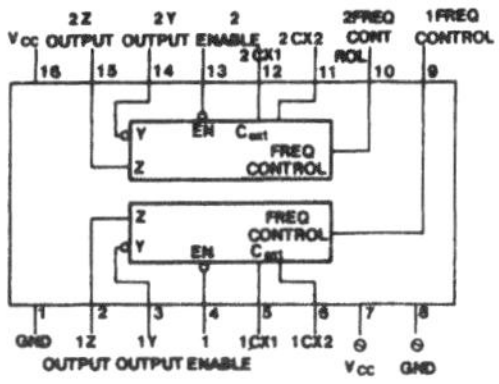

74LS626

627
Dual VCO

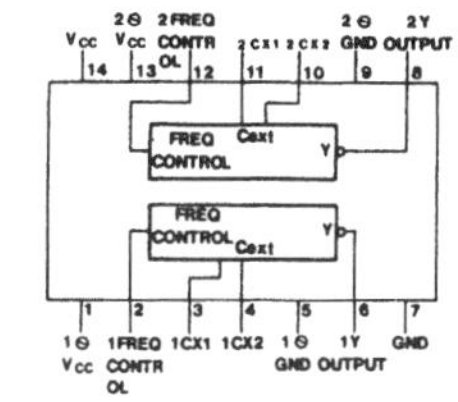

74LS627

628
VCO

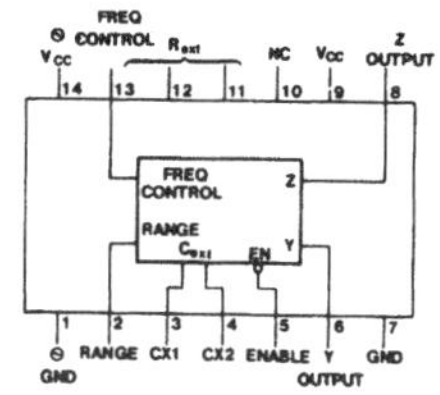

74LS628

629
Dual VCO

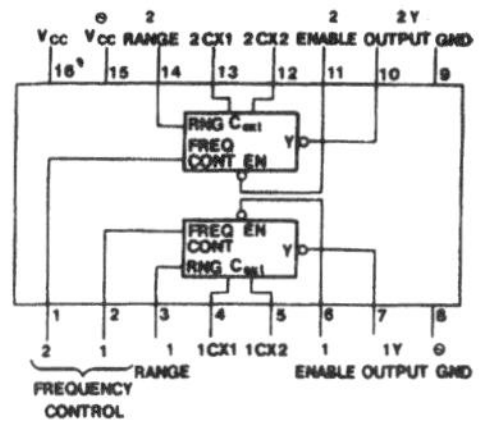

74LS629

638
Octal Bus Transceiver with OC (3 state)

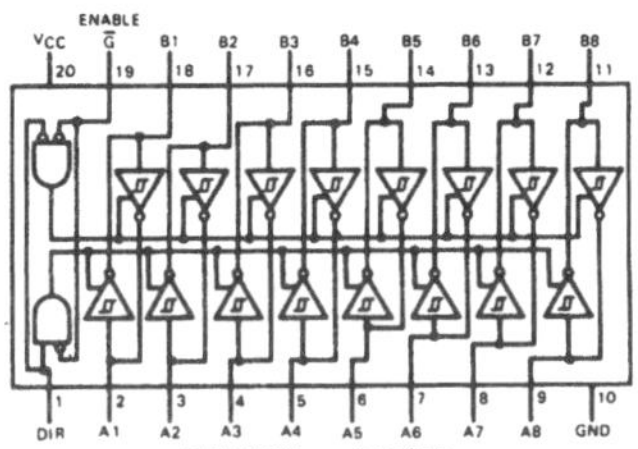

74LS638 74F638
74ALS638 74AS638
74ALS1638

639
Octal Bus Transceiver with OC (3 state)

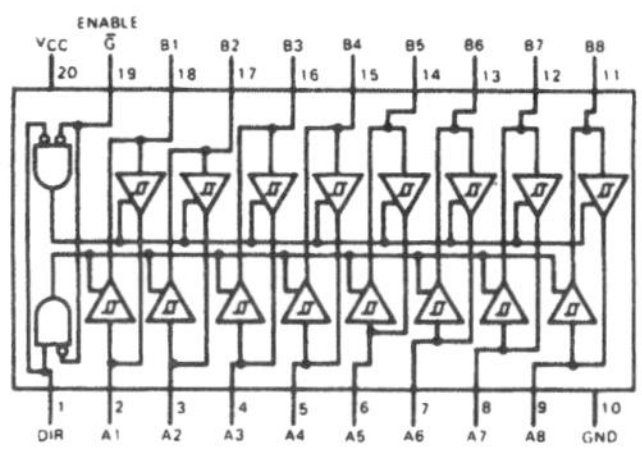

74LS639 74F639 74ALS1639
74ALS639 74AS639

640
Octal Bus Transceiver (3 state)

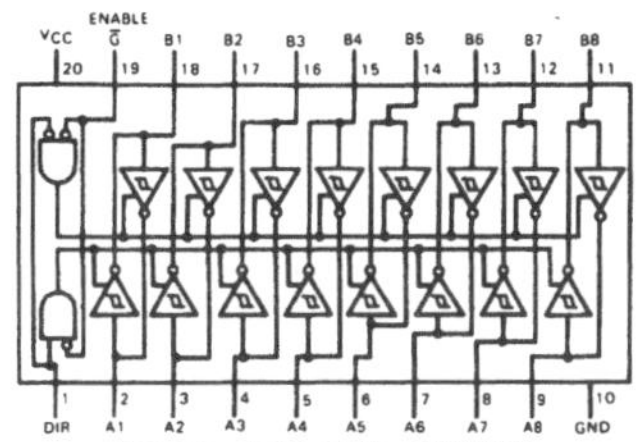

74LS640 74ALS640 74HC640
74AS640 74S640 74HCT640
74F640

641
Octal Bus Transceiver with OC

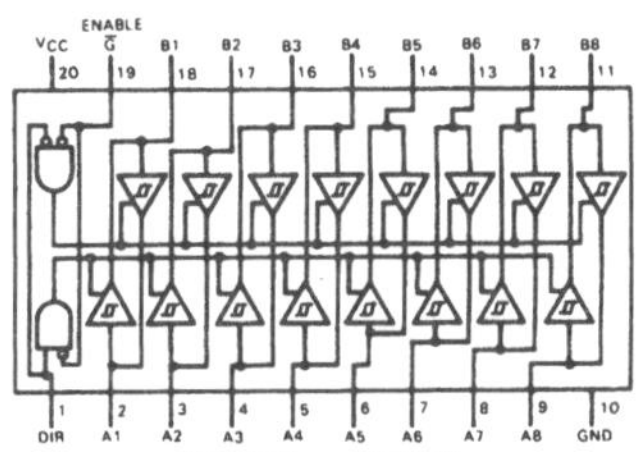

74LS641 74AS641
74ALS641 74ALS1641

642
Octal Bus Transceiver with OC

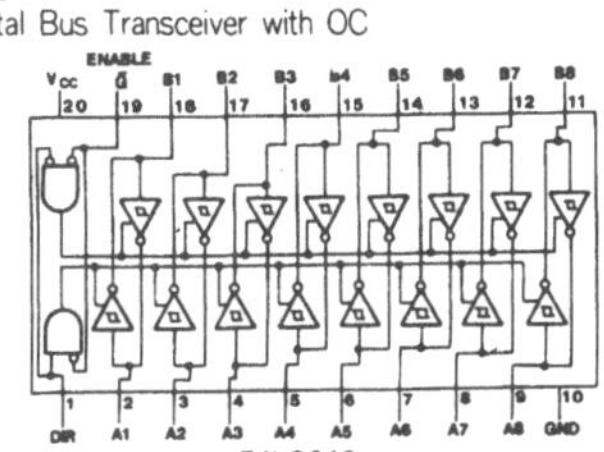

74LS642
74ALS642
74ALS1642
74AS642

643
Octal Bus Transceiver (3 state)

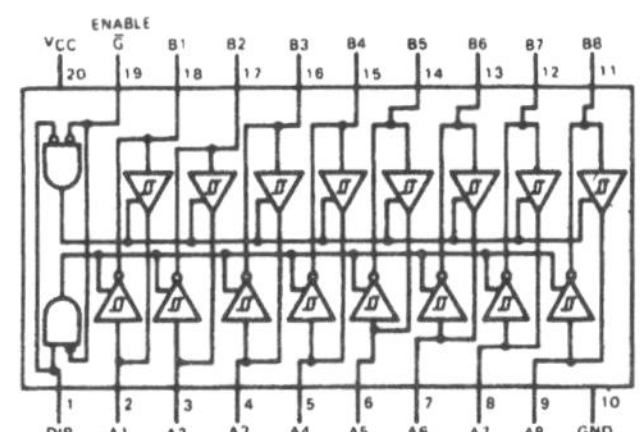

74LS643 74S643 74HC643
74ALS643 74F643 74HCT643
74ALS1643

644
Octal Bus Transceiver with OC

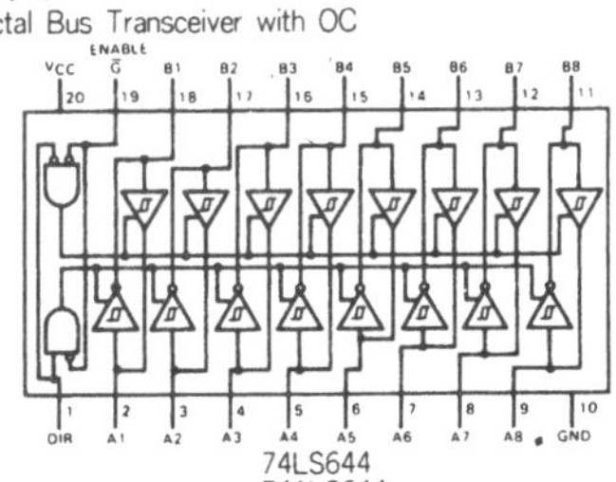

74LS644
74ALS644
74ALS1644
74AS644

645
Octal 3 state Bus Transceiver

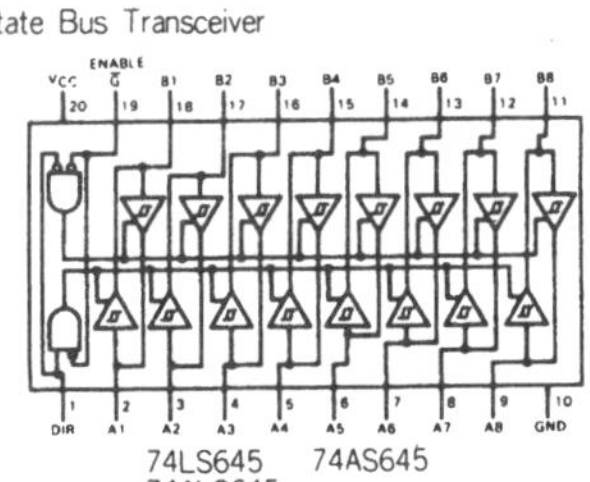

74LS645 74AS645
74ALS645
74ALS1645
74F645
74S645

668
Synchronous Presettable up down Decade Counter

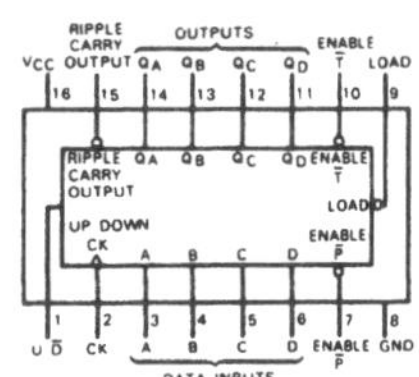

74LS668

669
Synchronous Presettable up down Binary Counter

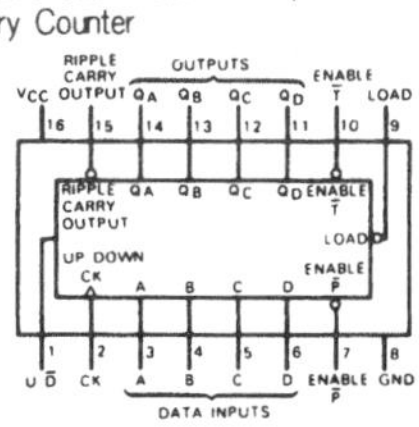

74LS669

670
4Word×4Bit Register File 3 state

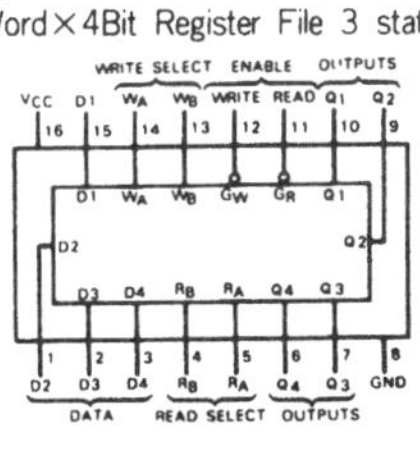

74LS670 74HC670
74HCT670

673
16 Bit Shift Register

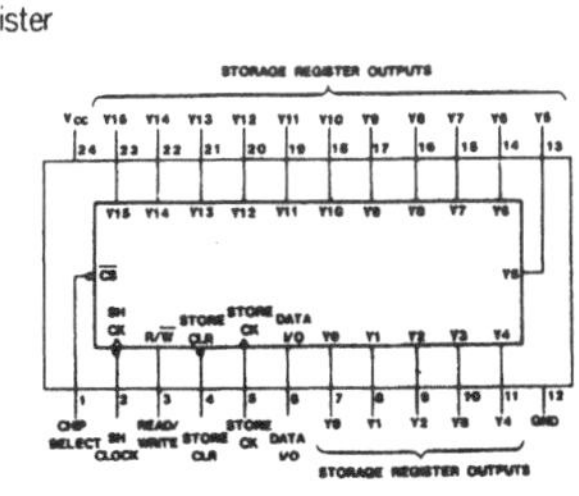

74LS673
74F673

674
16 Bit Shift Register

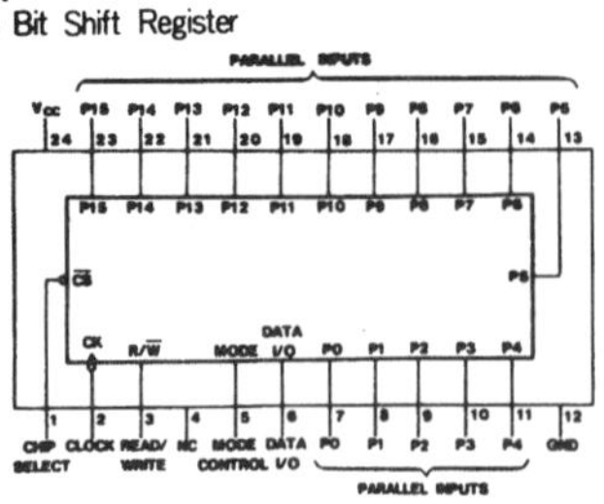

74LS674
74F674

681
4 Bit Parallel Binary Accumulator

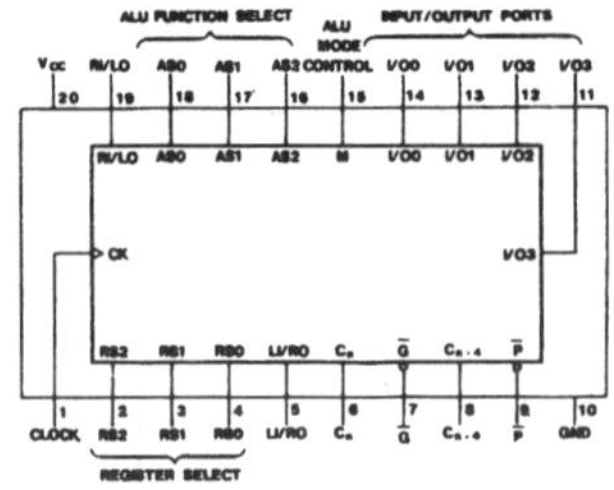

74LS681

688
8 Bit Equal to Comparator with OC

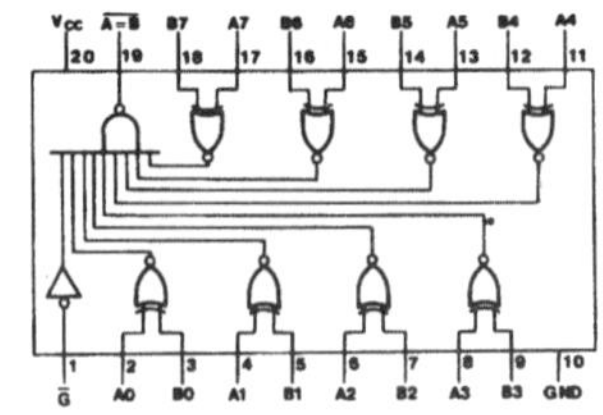

74LS688 74HC688
74ALS688 74HCT688

689
8 Bit Equal to Comparator with OC

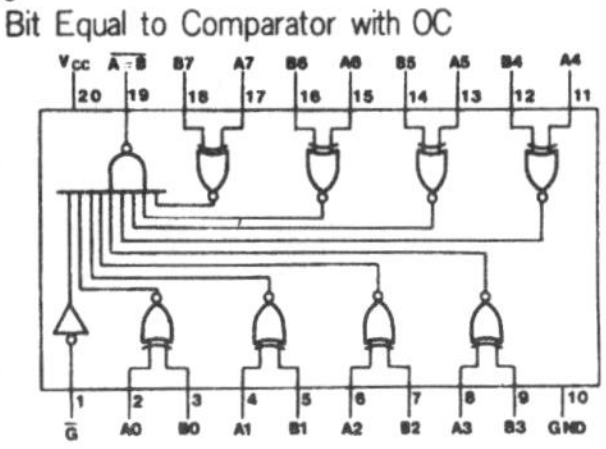

74LS689
74ALS689

690
BCD Synchronous Counter

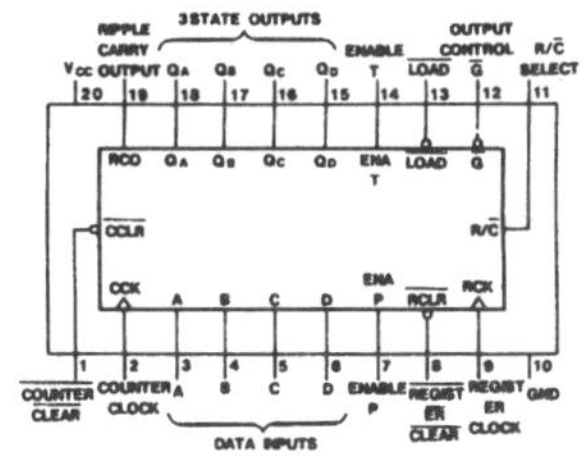

74LS690 74HC690
74ALS690

691
Binary Synchronous Counter

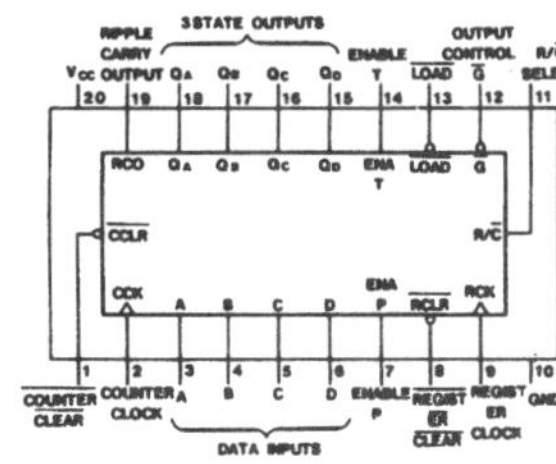

74LS691 74HC691
74ALS691

692
BCD Synchronous Counter

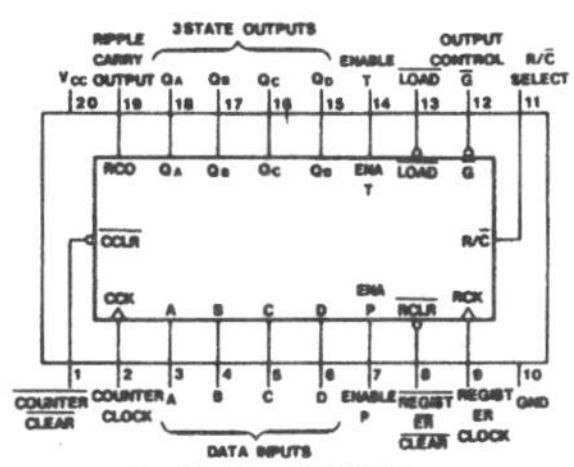

74LS692 74HC692
74ALS692

693
Binary Synchronous Counter

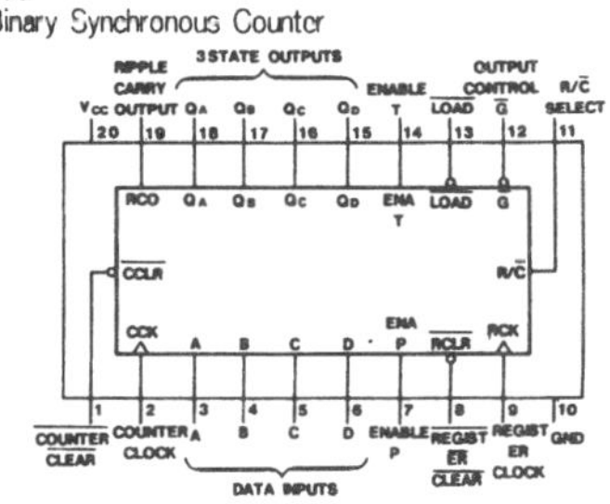

74LS693 74HC693
74ALS693

696
BCD Synchronous up down Counter

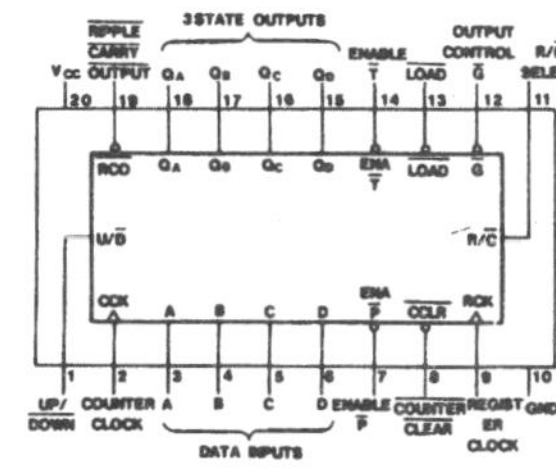

74LS696 74HC696
74ALS696

697
Binary Synchronous up down Counter

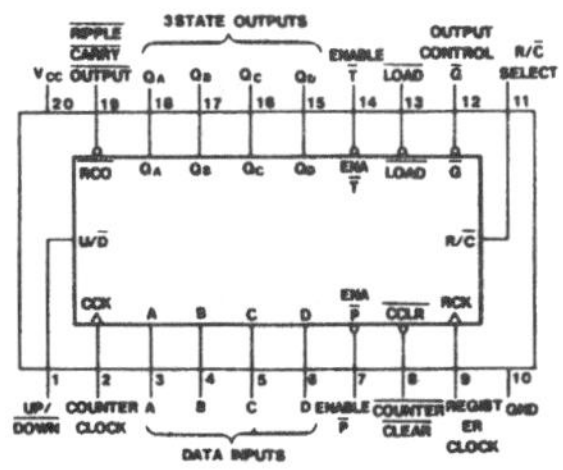

74LS697 74HC697
74ALS697

698
BCD Synchronous up down Counter

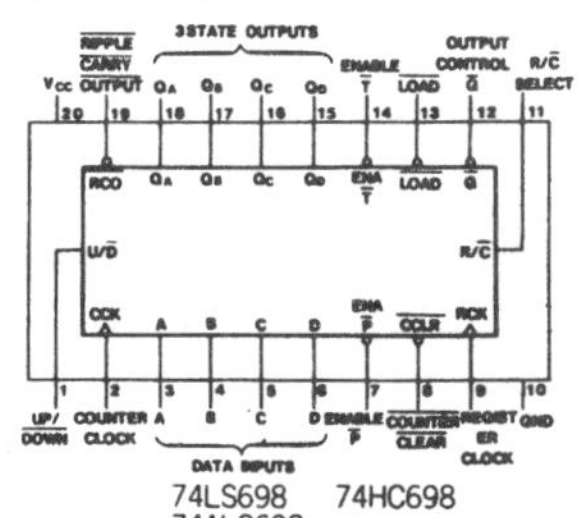

74LS698 74HC698
74ALS698

699
Binary Synchronous up down Counter

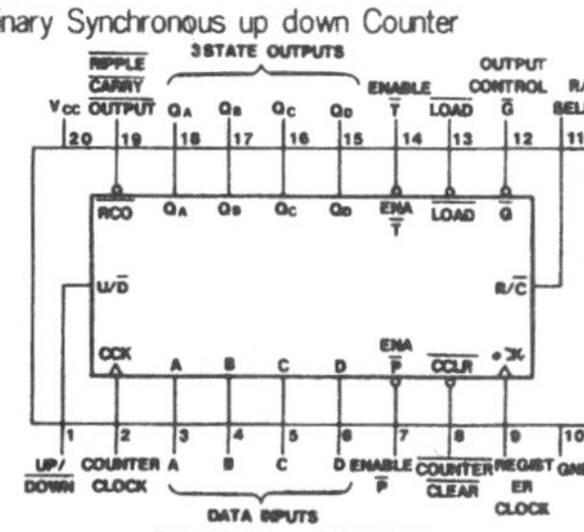

74LS699 74HC699
74ALS699

795
Octal 3 state Bus Buffer

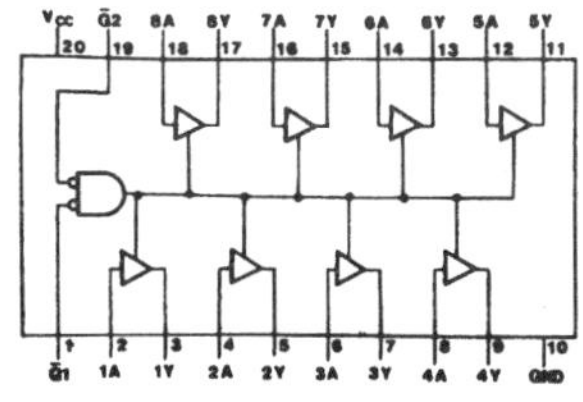

74LS795 81LS95

796
Octal 3 state Bus Buffer

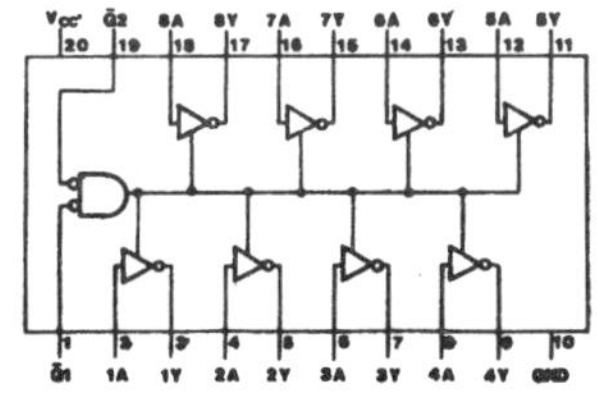

74LS796 81LS96

797
Octal 3 state Bus Buffer

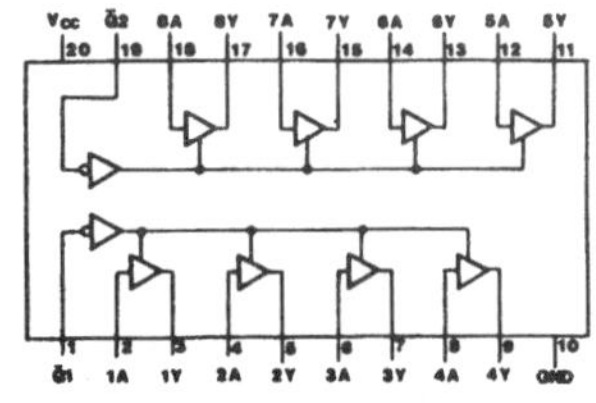

74LS797 81LS97

디지털공학 실험

2013년 7월 20일 인쇄
2013년 7월 25일 발행

저 저 ◎ 최병철 · 이근만 · 고재원 · 김재일

발행자 ◎ 조 승 식

발행처 ◎ (주) 도서출판 북스힐
서울강북구 수유2동 258-20

등 록 ◎ 제 22-457 호

TEL (02) 994-0071

FAX (02) 994-0073

E-MAIL bookswin@unitel.co.kr
www.bookshill.com

값 11,000원

ISBN 978-89-5526-604-7